HEYNE BÜCHER SACHBUCH

David Lambert

Die Dinosaurier

Die geheimnisvolle Welt der Urzeitriesen

Aus dem Englischen von Rainer Brand

WILHELM HEYNE VERLAG
MÜNCHEN

HEYNE SACHBUCH
Nr. 19/187

Titel der Originalausgabe
A FIELD OF GUIDE TO DINOSAURS
Erschienen bei Diagram Visual Information Ltd.

Ungekürzte Taschenbuchausgabe
im Wilhelm Heyne Verlag GmbH & Co. KG, München

Printed in Germany 1992
Umschlagfoto: The Image Bank, München
Umschlaggestaltung: Atelier Adolf Bachmann, Reischach
Herstellung: H + G Lidl, München
Satz: Satz & Repro Grieb, München
Druck und Verarbeitung: Pressedruck, Augsburg

ISBN 3-453-05223-4

Vorwort

Dieses Buch ist ein genaues, hochaktuelles Nachschlagewerk über die Dinosaurier: über ihren Körperbau, ihr Verhalten, ihre Entwicklung, ihr Aussterben, ihre Fossilwerdung, ihre Entdeckung und ihre Ausstellung in Museen. Daneben werden alle heute bekannten Dinosauriergattungen beschrieben, ein Fünftel davon wurde erst nach 1970 beschrieben. Der Autor erklärt alles in einfachen Worten, daneben stehen die wissenschaftlichen Namen, deren Bedeutung erklärt wird. Jeder, vom Elfjährigen bis zum Wissenschaftler, kann diesen nützlichen Führer über die erfolgreichste Gruppe der Wirbeltiere, die jemals das Land bewohnte, benutzen. Die Abbildungen beruhen auf Rekonstruktionen von Skeletten in Museen und wissenschaftlichen Veröffentlichungen. Neben den ausgearbeiteten Illustrationen stehen Silhouetten, Diagramme, Stammbäume und Karten, woran der Leser auf einen Blick wichtige Informationen ablesen kann.

Das Buch hat sechs Kapitel. Vor jedem steht eine kurze einleitende Erklärung, dann folgen einzelne Kapitel zu allen wichtigen Themen.

Kapitel 1 (Wer waren die Dinosaurier?) beschreibt kurz, wie Dinosaurier gebaut waren, wie ihre Körpersysteme gearbeitet haben und wie ihr Leben aussah.

Kapitel 2 (Die Entstehung der Dinosaurier) erklärt, wie und wann sich die Dinosaurier aus frühen Reptilien entwickelt haben. Dann folgt ein kurzer Überblick über die zwei Ordnungen der Dinosaurier.

Kapitel 3 (Beschreibung der Dinosaurier) ist der Hauptteil des Buches. Seine sechs Abschnitte beschreiben alle wichtigen Dinosaurier-Untergruppen, ihre mehr als 50 Familien und deren mehr als 340 Gattungen.

Kapitel 4 (Die Welt verändert sich) beschreibt kurz, wie sich Kontinente, Klimabedingungen, Pflanzen und Tiere im Zeitalter der Dinosaurier wandelten, und endet mit dem geheimnisvollen Aussterben dieser Tiere.

Kapitel 5 (Die Entdeckung der Dinosaurier) zeigt, wie Dinosaurierknochen in Gesteinen erhalten wurden und wann ihre Ausgrabungen in sechs Kontinenten erfolgten.

Kapitel 6 (Ausstellungen von Dinosauriern) zeigt, wie Museen fossile Dinosaurier reinigen und rekonstruieren, und listet die wichtigsten Museen und Dinosaurierausstellungen auf.

Das Buch endet mit einer Liste weiterführender Literatur und einem Register. Der Autor ist für alle Fakten in diesem Buch verantwortlich, aber er möchte sich auch bei den vielen Experten bedanken, deren großzügige Hilfe dieses Projekt überhaupt erst möglich machte.

Inhalt

Erklärung der Symbole

Hier und anderswo in diesem Buch werden Symbole benutzt, um eine schnelle Information über die verschiedenen Gruppen der Dinosaurier zu geben. Bei jedem Beispiel steht das erste Symbol für die Ordnung, zu der der Dinosaurier gehört. (Für eine Erklärung der Einteilung s. Seiten 30–31.)

Die Symbole für die zwei Ordnungen sind:

A) Saurischer
B) Ornithischier

Ein zweites Symbol steht für die Unterordnung, die Teilordnung oder eine Gruppe nahe verwandter Teilordnungen:

a) Coelurosaurier
b) Carnosaurier
c) Prosauropoden
d) Sauropoden
e) Ornithopoden
f) Scelidosaurier
g) Stegosaurier
h) Ankylosaurier
i) Ceratopsier

Seit Hunderten von Jahren hat man Dinosaurierknochen gefunden. Einige waren so groß, daß sie zur Bildung von Sagen über Riesen führten, die einst die Erde bewohnten. Später konnten Wissenschaftler die Knochen genauer bestimmen und datieren, obwohl erst in den 20er Jahren des 19. Jahrhunderts Dinosaurier (= schreckliche Echsen) zum ersten Mal richtig beschrieben wurden. Dieses Kapitel zeigt zuerst die große Vielfalt der Dinosaurier. Dann erfährt man, wie diese Tiere gebaut waren, wie sie sich bewegten, was sie fraßen, wie sie ihre Feinde abwehrten und wie sie sich fortpflanzten.

Diese Abbildung der *Iguanodon*-Knochen erschien vor hundert Jahren in Sir Richard Owens *A History of British Fossil Reptiles.* Obwohl dieser britische Wissenschaftler den Namen »Dinosaurier« prägte, beruhte seine Kenntnis dieser Tiere nur auf unvollständigen Funden. Seit Owens Zeiten wurde unser Wissen durch Tausende neuer Funde wesentlich erweitert.

Kapitel 1 Wer waren die Dinosaurier?

Die Vielfalt der Dinosaurier

Zu Beginn der 70er Jahre hatte man die alte Vorstellung endgültig über Bord geworfen, die Dinosaurier seien nur riesige Reptilien mit einem erbsengroßen Hirn. Die meisten Dinosaurier hatten eine reptilähnliche Haut; aber viele waren aktiver als alle heute lebenden Reptilien. Ihre nahen Verwandten waren die Vorfahren der Krokodile, aber ihre nächsten heute lebenden Verwandten sind vielleicht die Vögel.

Die meisten haben die Vorstellung, daß Dinosaurier riesengroß waren. Einige waren tatsächlich wahre Monster, vielleicht so schwer wie ein Blauwal, den man einst für das größte Tier hielt, das jemals gelebt hat. Daneben lebten auch Dinosaurier, die nicht größer als ein Huhn waren. Dazwischen gab es viele Formen und Größen, wie die Abbildungen zeigen. Einige stampften auf allen vieren, während andere wie Strauße auf zwei Beinen liefen.

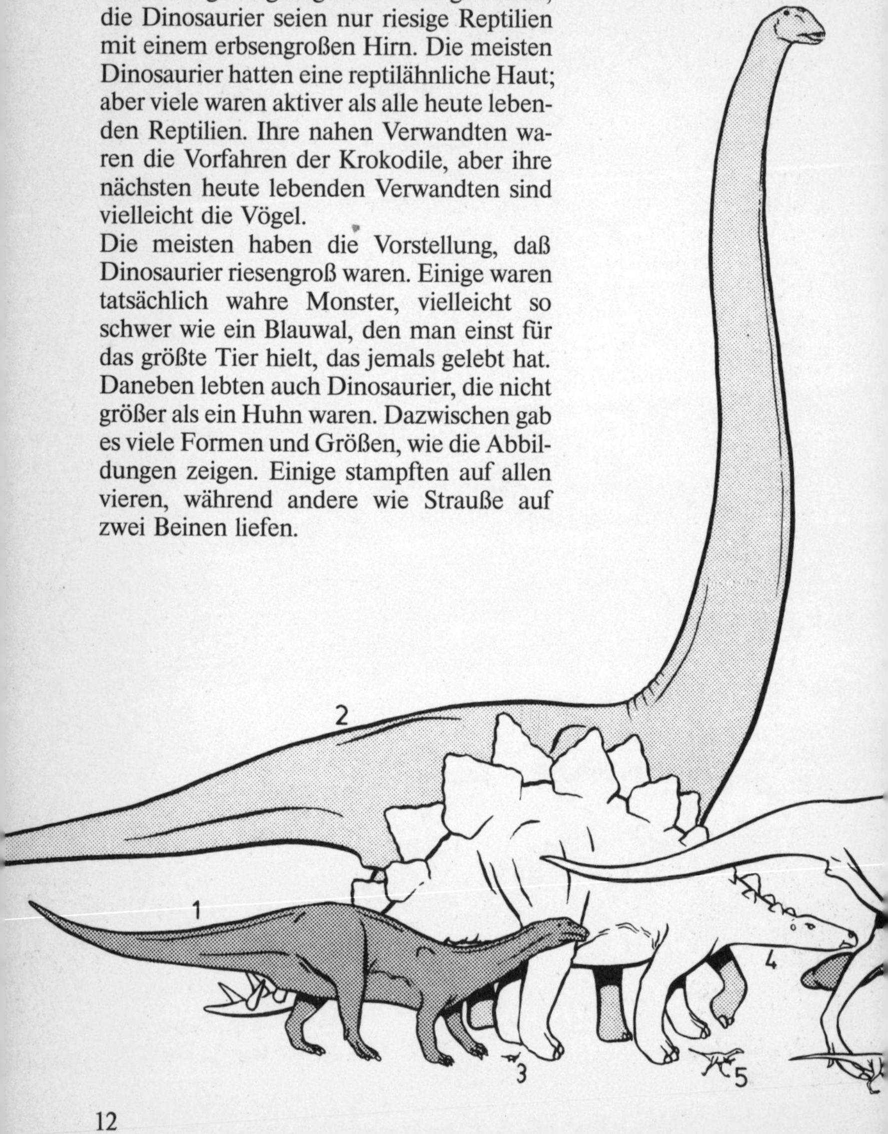

Da gab es z.B. schreckliche Raubsaurier (Fleischfresser) und harmlose Pflanzenfresser. Insgesamt waren die Dinosaurier fast ebenso an verschiedene Bedingungen angepaßt wie die heute lebenden Säugetiere. Die ersten Dinosaurier erschienen vor 205 Millionen Jahren, die letzten starben vor etwa 65 Millionen Jahren aus – mehr als 60 Millionen Jahre, bevor der Mensch die Bildfläche betrat. Viele glauben, Dinosaurier seien eine Fehlkonstruktion der Natur ohne jede Intelligenz gewesen, da sie alle ausgestorben sind. In Wirklichkeit war keine andere Gruppe der landbewohnenden Wirbeltiere so erfolgreich. Dinosaurier beherrschten die Welt mehr als 140 Millionen Jahre, mehr als 30mal solange, wie es den Menschen gibt. Dabei entstanden Hunderte von Gattungen, die sich mindestens ebenso unterschieden wie Löwen und Bären oder Kühe und Pferde. Bis in die 80er Jahre hatte man etwa 340 Gattungen gefunden, aber zweifellos werden noch weitere entdeckt werden.

Eine Dinosaurier-Parade
Hier sind 14 von mehr als 340 bekannten Gattungen der Dinosaurier neben einem Menschen abgebildet.
Die verschiedenen Gattungen lebten zu verschiedenen Zeiten im Mesozoikum vor 225–65 Millionen Jahren).

1. *Plateosaurus*
2. *Barosaurus*
3. *Mussaurus* (Jugendform)
4. *Stegosaurus*
5. *Compsognathus*
6. *Ornitholestes*
7. *Deinonychus*
8. *Daspletosaurus*
9. *Hypsilophodon*
10. *Lambeosaurus*
11. *Spinosaurus*
12. *Ankylosaurus*
13. *Torosaurus*
14. *Dromiceiomimus*
15. *Mensch*

Das Knochengerüst

Fossile Knochen sind praktisch alles, woraus wir die ausgestorbenen Dinosaurier rekonstruieren können.

Wie bei den meisten Wirbeltieren trägt auch bei den Dinosauriern das Knochengerüst das Gewicht, verankert die Muskeln und schützt wichtige Organe wie das Gehirn. Kleine, schnelle Dinosaurier hatten meist leichte Hohlknochen. Saurier, die so groß wie Elefanten waren, brauchten dickwandige Schenkelknochen. Oft waren aber auch Löcher in den Wirbelknochen und an der Seite des Schädels, die wohl das Gewicht verringern sollten.

Die Knochen von Hüfte, Schenkel und Knöchel verraten uns viel über die Besonderheiten der Dinosaurier. Vor allem die geraden Schenkelknochen mit ihrem deutlich nach innen gebogenen Abschluß, der in ein Loch der Hüftknochen eingepaßt war, zeigen, daß die Dinosaurier aufgerichtet wie Pferde gingen und nicht krochen. Hohe Knöchel und lange Fußknochen beweisen, daß sie auf ihren Zehen gingen. Lange Schienbeinknochen zeigen, daß Straußdinosaurier schnell laufen konnten. Steife Knöchelverbindungen lassen vermuten, daß alle

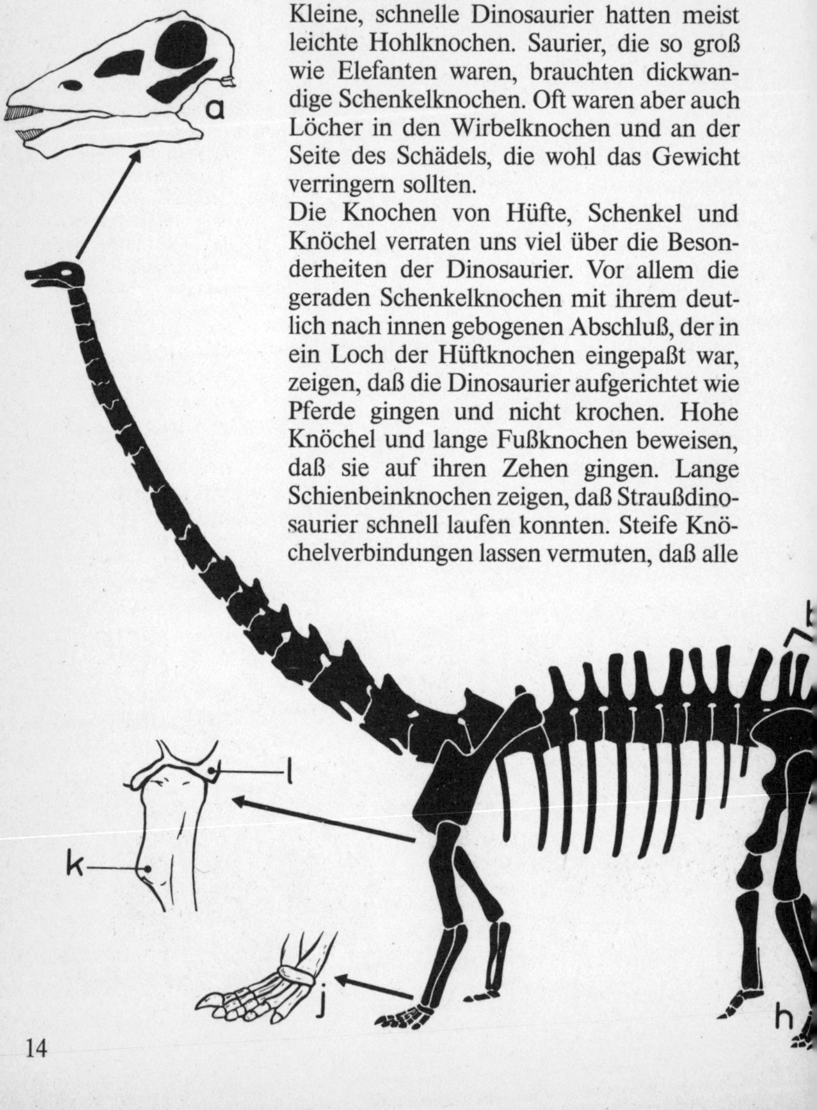

Dinosaurier ebenen Boden bevorzugten und vermutlich keiner von ihnen auf einen Baum klettern konnte.
Fossile Spuren bekräftigen diese Überlegungen. Enge Spuren legen nahe, daß die meisten Saurier wirklich aufgerichtet gingen, und die langen Schritte mancher Fleischfresser zeigen, daß sie schneller als ein Mensch waren. Andere Spuren sind Beweise dafür, daß Dinosaurier schwimmen konnten.
Erhöhungen und Vertiefungen der Knochen machen deutlich, wo die Muskeln befestigt waren; so kann man auch die Körperformen anhand der Skelette rekonstruieren. Zähne und Kiefer verraten, welche Dinosaurier Pflanzenfresser und welche Fleischfresser waren. Größe und Anordnung von Löchern im Schädel weisen auf Gehirn, Ohren, Augen und Nasenlöcher hin. So wissen wir, daß einige Saurier mehr Gehirn als lebende Reptilien besaßen und daß viele gut sehen, hören und riechen konnten. Manchmal reicht ein einzelner Knochen, um einem Experten klarzumachen, um welchen Saurier es sich handelt. Andere Knochen wiederum geben selbst Fachleuten unlösbare Rätsel auf.

Merkmale der Dinosaurier
Viele dieser Merkmale treten auch bei den nahen Verwandten auf.
a) Schädel mit »Fenstern« (bei manchen Dinosauriern geschlossen), eines vor jedem Auge
b) Von 2 bis 11 Kreuzbeinwirbeln Verbindungen zu:
c) Hüftgürtel mit Loch (nicht bei anderen Reptilien). Sein starker oberer Rand hilft dem Sockel folgendes aufzunehmen:
d) Den nach innen gedrehten Oberteil des Schenkelknochens
e) Einen Flansch zur Verankerung der Muskeln, die das Bein nach hinten ziehen.
f) Erhöhung, die der Kniestreckung hilft
g) Hoher, steifer Knöchel
h) Gang auf Zehenspitzen
i) 3 bis 5 Zehen mit Klauen oder Hufen
j) 2 bis 5 Finger mit Klauen oder Hufen
k) Erhöhung am Oberarmknochen für die Rückwärtsbewegung des Vorderbeins
l) Schultersockel, der Hin- und Herbewegung der Vorderbeine verhindert
m) Haut glatt oder schuppig, manchmal mit Knochenplatten

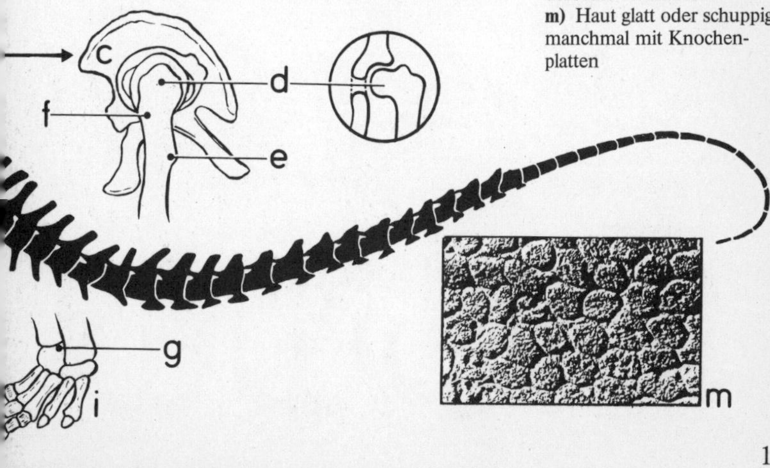

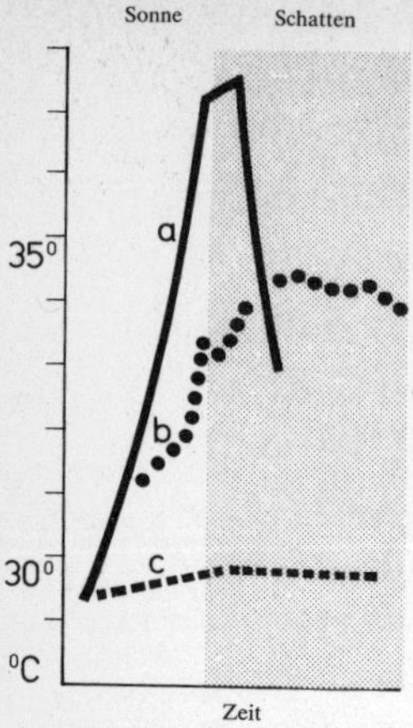

Waren Dinosaurier Warmblüter?

Man hat immer geglaubt, daß die Saurier wie Krokodile oder Eidechsen kaltblütige Repitilien waren. Heute sind viele Experten der Meinung, daß mindestens einige Saurier Warmblüter wie Vögel und Säugetiere waren.

Wenn dies zutrifft, könnte es erklären, warum die Saurier so zahlreich wurden und das Land so lange Zeit beherrschten. Kaltblüter wie die Eidechsen können ihre Körpertemperatur nicht kontrollieren: Sie werden mit ihrer Umgebung aufgewärmt oder abgekühlt. Eidechsen liegen in der Sonne und werden so warm genug, um sich schnell bewegen zu können. Wenn sie zu warm werden, müssen sie in den Schatten, sonst sterben sie an Überhitzung. Selbst eine warme Eidechse kann nicht lange schnell laufen: Ihr Herz kann die Muskeln nicht mit genügend sauerstoffreichem Blut versorgen. Bei warmblütigen Tieren wie Vögeln und Säugetieren fördert die ständige Blutzufuhr die »Verbrennung«, die den Körper erwärmt, wobei ein natürlicher »Thermostat« vor Überhitzung schützt. So haben Warm-

Sonne und Schatten (oben) Kleine Kaltblüter werden schneller aufgewärmt und abgekühlt als große. Das Diagramm zeigt die Körpertemperaturen bei einem kleinen Alligator (a), einem mittelgroßen Alligator (b) und einem großen Dinosaurier, wenn dieser Kaltblüter war (c).

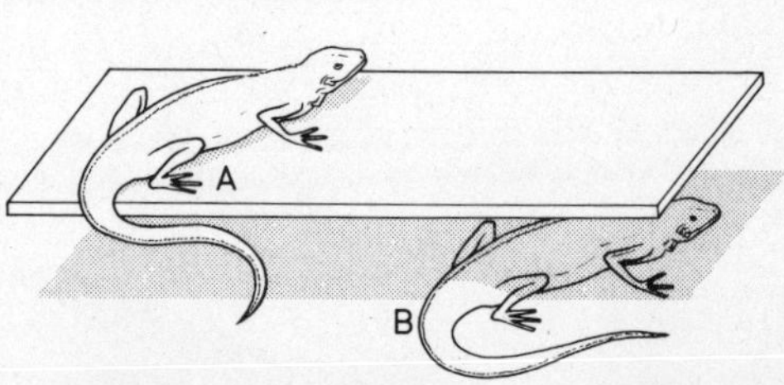

Warm, aber nicht heiß (rechts) Eine Eidechse badet in der Sonne (A) und sucht dann den Schatten, um Überhitzung zu vermeiden (B). Vielleicht war es bei Dinosauriern ebenso.

Herztypen
Ein Dinosaurierherz dürfte einem der drei geglichen haben:
1. Herz bei Eidechsen, Schlangen und Schildkröten, das sauerstoffreiches Blut von den Lungen mit vom Körper verbrauchtem Blut mischt.

········▸ sauerstoffreiches Blut
— — —▸ sauerstoffarmes Blut
- - - - - -▸ gemischtes Blut

blüter immer genügend Energie, um Beute zu jagen oder Verfolgern zu entkommen.
Dinosaurier erinnern in verschiedener Weise an Vögel und Säugetiere. Gerade Beine hielten ihre Körper hoch über dem Boden. Langhalsige Saurier mußten ein kräftiges Herz gehabt haben, das Blut ins Gehirn pumpen konnte. Einige Dinosaurier waren mindestens so intelligent wie Vögel. Einige hatten Knochentypen, wie sie bei vielen lebenden Säugetieren gefunden werden. Einige scheinen in Bezug auf ihre Größe ebensoviel Futter wie Säuger benötigt zu haben. Schließlich scheinen einige Federn gehabt zu haben, und andere sorgten offensichtlich für ihre Jungen. All dies beweist nicht, daß Saurier ihre Körpertemperatur wie Vögel und Säugetiere kontrollierten. Alle großen Dinosaurier konnten warm bleiben, egal ob sie kalt- oder warmblütig waren, da ihre Körper die Wärme in der Nacht nur langsam verloren und kalte Winter unbekannt waren.
Daneben hatten einige Saurier Platten, Stacheln oder Nasenhöhlen, die als Wärmeaustauscher die Körpertemperatur halbwegs regeln konnten.

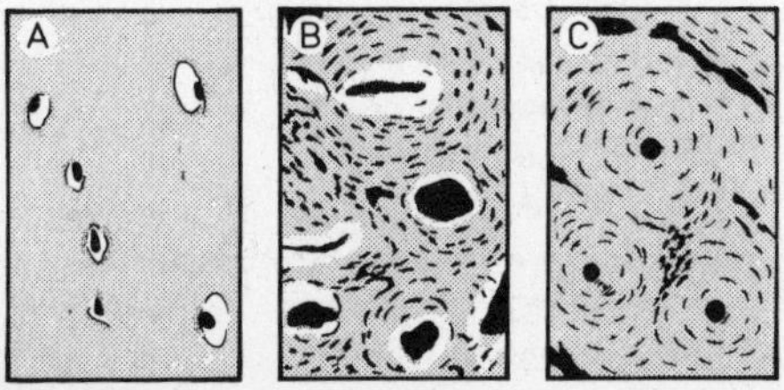

2. Krokodilherz mit Innenwand und Klappe, die manchmal beide Blutarten trennt.
3. Vogelherz, das die beiden Blutarten immer trennt und die Körpergefäße mit sauerstoffreichem Blut füllt.

Gangart und Haltung
Die Haltung von Tieren gibt Hinweise auf ihren Blutkreislauf.
1. Das Nashorn läuft auf Beinen, die gerade unter dem Körper sind. Von den lebenden Wirbeltieren gehen und laufen nur die Vögel und die meisten Säugetiere so.
2. Der *Euoplocephalus* hatte wie die meisten anderen Dinosaurier ebenfalls eine aufrechte Gangart. Das würde bedeuten, daß sie wie Vögel und Säugetiere warmblütig waren.

Ein Knochenrätsel
Dies sind stark vergrößerte Ausschnitte von Knochen einer Eidechse **(A)**, eines Dinosauriers **(B)** und eines Säugetiers **(C)**. Die letzten beiden zeigen zentrale Röhren, die Blutgefäße enthalten und von Knochengewebe umgeben sind. Einige Experten meinen, dies gebe es nur bei Warmblütern. Andere Untersuchungen zeigen aber, daß die Dinosaurier auch Knochentypen hatten, wie sie bei Kaltblütern gefunden werden.

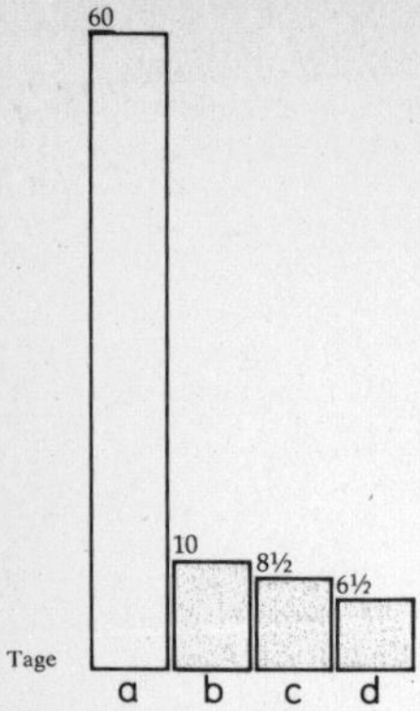

Fleischrationen (oben)
Das Diagramm zeigt, wie lange unterschiedliche Fleischfresser brauchen, um ihr eigenes Körpergewicht an Fleisch zu fressen. Alle außer der Echse (a) sind Warmblüter.

a) Komodo Waran
b) Leopard
c) Löwe
d) Wildhund

Falls sie Kaltblüter waren, hatten die fleischfressenden Dinosaurier einen Appetit wie a, wenn warmblütig, wie b, c oder d.

Fressen und gefressen werden

Wie alle Tiere mußten die Dinosaurier fressen, um am Leben zu bleiben. Am Anfang der Nahrungskette standen die Pflanzen. Da eine entsprechende Menge an Blättern weniger Nährstoffe enthält als Fleisch, verbrachten die Pflanzenfresser möglicherweise einen Großteil des Tages mit Fressen. Lebewesen wie die Horn- und Entenschnabel-Dinosaurier hatten Zähne, die große Mengen von Pflanzen kauen konnten. Die Sauropoden – die größten Pflanzenfresser – waren viel schlechter ausgestattet. Ein großer Sauropode mußte immerhin am Tag 300 Pfund fressen, wenn er ein Kaltblüter war, oder als Warmblüter eine Tonne.
Scharfe Zähne und Klauen halfen den jagenden Fleischfressern, ihre Beute unter den Pflanzenfressern zu fassen, deren Abwehr aus schneller Flucht oder der Panzerung bestand. Einige Wissenschaftler nehmen an, daß die Fleischfresser Warmblüter waren und in einer Woche ihr eigenes Kör-

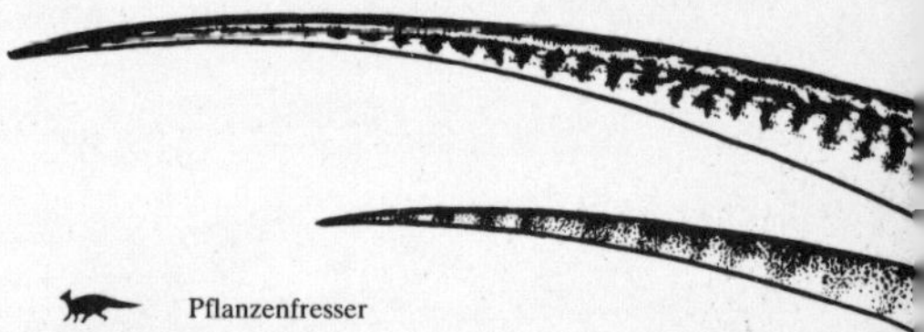

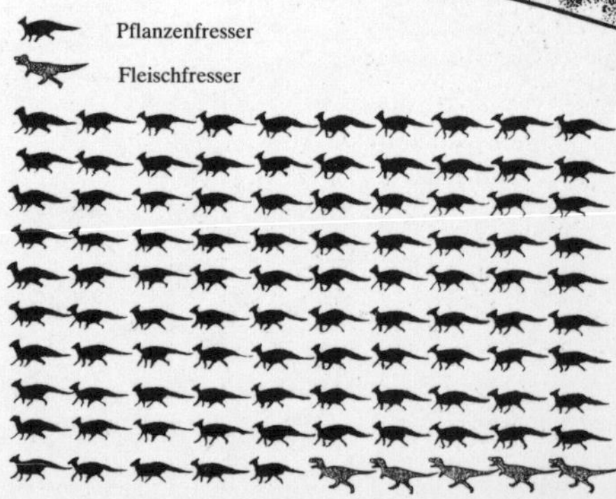

Beute und Jäger (rechts)
Hier wird das Verhältnis von pflanzenfressenden und fleischfressenden Dinosauriern gezeigt, wie sie in Alberta gefunden wurden. Da diese Funde vom Zufall abhängen, mögen sie kein exaktes Bild geben. Vielleicht waren die Fleischfresser häufiger. Falls sie Warmblüter waren, benötigten wenige viele Pflanzenfresser, um ihr Überleben zu sichern.

pergewicht an Fleisch fressen mußten, wie es bei Löwen der Fall ist. Wenn dies zutrifft, benötigten diese Dinosaurier vielleicht zehnmal soviel Fleisch wie andere Reptilien, und die Pflanzenfresser mußten viel zahlreicher als ihre Beutetiere gewesen sein. Anscheinend war dies so: Von 100 Dinosauriern, die in bestimmten Gesteinen im Südwesten Kanadas gefunden wurden waren nur drei bis fünf Fleischfresser. Verschiedene Dinosaurier, die zur selben Zeit im selben Gebiet lebten, bildeten Teile einer Nahrungskette, die viele Arten von Tieren einschloß, die fraßen und gefressen wurden. Vermutlich waren die Saurier so gefärbt, daß sie sich tarnen konnten. Im Wald lebende Arten waren vermutlich grün, braun oder gelb; im offenen Gelände lebende Arten waren vielleicht schwarz-weiß gemustert, um die Körperform zu verbergen; jüngere Dinosaurier waren möglicherweise heller gefärbt als die erwachsenen Tiere. Die großen Sauropoden hatten vielleicht die schmutzige Farbe der Elefanten.

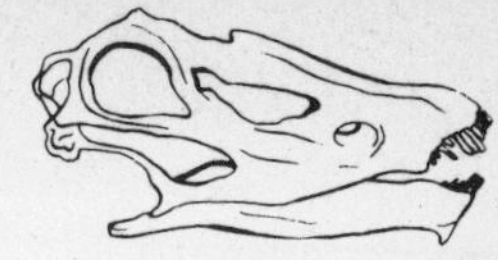

1

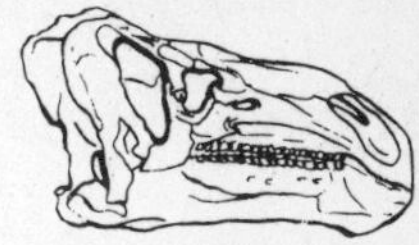

2

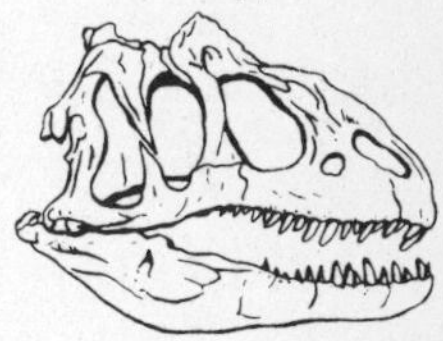

3

Angepaßte Zähne (oben)
Die Dinosaurier hatten Zähne, die ihrer jeweiligen Nahrung angepaßt waren.
1. Die zapfenartigen Zähne des *Diplodocus* rupften Pflanzen.
2. Die scharfen Backenzähne des *Iguanodons* konnten harte Zweige und Blätter kauen.
3. Fleischfressende Carnosaurier hatten gezackte, klingenähnliche Zähne, die Fleisch schnitten.

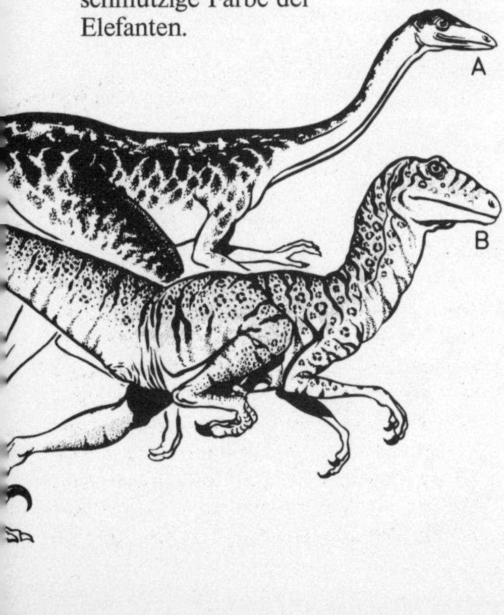

Tarnung (links)
Die Dinosaurier waren vielleicht wie heutige Säugetiere und Reptilien gefärbt, die in ähnlicher Umgebung ähnlich lebten.
A) Der *Struthiomimus* lebte im offenen Land. Ein schwarz-weißes Muster könnte seine Konturen verwischt haben.
B) Jäger wie der *Deinonychus* mögen eine leopardenartige Tarnung gehabt haben.

Familienleben

Einst glaubte man, daß das Familienleben der Dinosaurier so einfach wie das der lebenden Reptilien war. Funde von Nestern, Eiern und Jungtieren aus den 70er Jahren belehren uns eines besseren. Heute nehmen wir an, daß zumindest einige Arten ihre Jungen in faszinierender Weise aufzogen.

In der Brunftzeit kämpften die rivalisierenden Männchen vermutlich um die weiblichen Tiere. Manchmal mag es nur Drohgesten gegeben haben, in anderen Fällen kämpfte man mit dem Kopf, mit Hörnern und Klauen. Wie bei Hirschen gab es dabei vermutlich kaum ernsthafte Verletzungen. Männliche Entenschnabel-Dinosaurier mögen mit ihren Schmuckhauben und lauten Stimmen die Weibchen angelockt haben.

Nach der Begattung legten die weiblichen Dinosaurier Eier (einige wenige brachten vielleicht lebende Junge zur Welt). Überraschenderweise sind die größten Sauriereier, die man gefunden hat, etwas kleiner als die des größten prähistorischen Vogels (des Elefantenvogels), obwohl die erwachsenen Sauropoden 20mal größer als diese Vögel wa-

Kämpfe der Männchen (oben)
Männliche Dinosaurier kämpften vielleicht in der Brunftzeit um die Weibchen.
1. *Pachycephalosauriden* stießen vielleicht die Köpfe zusammen.
2. Der *Styracosaurus* mag mit den Hörnern gekämpft haben.
3. Kämpfende Deinonychiden könnten Tritte ausgetauscht haben.

Fütterung (links)
Der *Maiasaura* und vielleicht auch andere Dinosaurier legten Eier in Mulden. Einige Mütter brachten Futter zu den Jungen, bis diese für sich selbst sorgen konnten.

ren. Wären die Eier größer gewesen, wären sie vielleicht nicht ausgebrütet worden, weil zu wenig Sauerstoff die wachsenden Embryos erreicht hätte. Einige Weibchen mögen die Eier mit Sand bedeckt haben, damit sie die Sonne ausbrütete. Aber bestimmte Entenschnabel-Dinosaurier bauten Nester mit erhöhten Lehmrändern und haben die Eier vermutlich wie Hühner ausgebrütet. Offensichtlich brachten sie den Jungen Futter ans Nest. Manche Dinosaurier brüteten in Kolonien.

Junge Dinosaurier wuchsen vermutlich schnell. Kleine, verwundbare Sauropoden mögen in der Mitte der Herden gewandert sein; Fleischfresser würden jedes zurückbleibende Junge ebenso getötet haben wie kranke oder verwundete erwachsene Tiere. Viele fossile Dinosaurier haben alte Knochenverletzungen, die zeigen, daß sie Angriffe, Krankheiten oder Unfälle überlebt haben. Mit etwas Glück mögen einzelne Saurier 100 Jahre oder mehr gelebt haben.

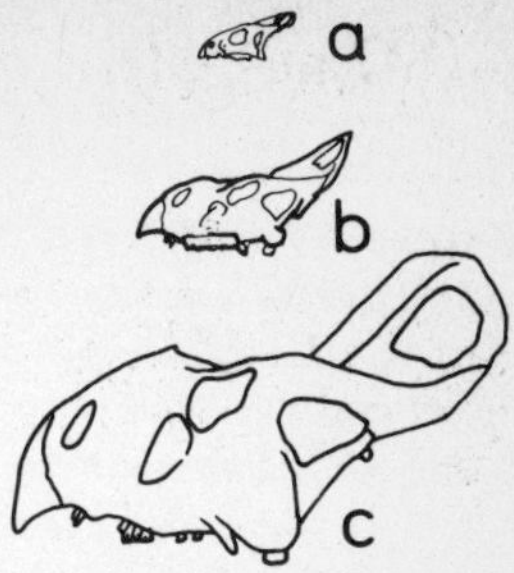

Wachstum (oben)
Schädel von Nestlingen **(a)**, Jungtieren **(b)** und Erwachsenen **(c)** des *Protoceratops* zeigen, wie die Nackenkrause im Verhältnis zum Schädel größer wurde. Die Proportionen änderten sich.

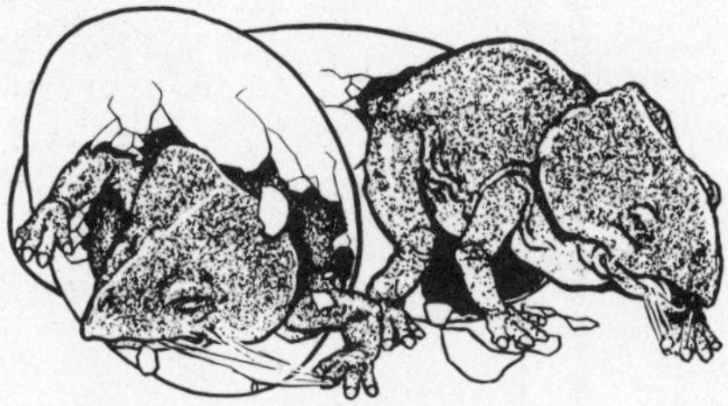

Vom Ei zum Dinosaurier (links)
Abgebildet sind ausschlüpfende *Protoceratops*-Junge. Vermutlich schlüpften alle Dinosaurier aus Eiern, die durch die Sonne, den Körper der Mutter oder einen Laubhaufen gewärmt wurden.

Familienausflüge (unten)
Die Sauropoden wanderten in Herden. Die Jungtiere mögen zu ihrer Sicherheit in der Mitte der Herde mitgezogen sein.

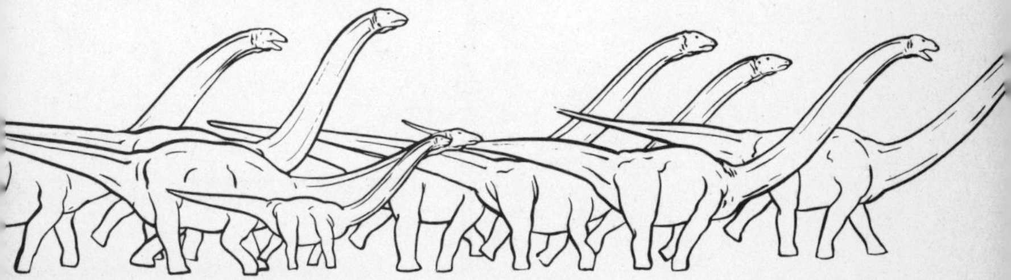

Dieses Kapitel beginnt mit der Entwicklungsgeschichte der Dinosaurier, vom Beginn des Lebens bis zur Entwicklung der Reptilien. Vor mehr als 200 Millionen Jahren entwickelten sich aus kleinen, schnellen, den Krokodilen verwandten Reptilien die ersten kleinen Dinosaurier. Aus diesen entstand der weitverzweigte Stammbaum der Dinosaurier. Das Kapitel endet mit einem Blick auf die zwei großen Gruppen der Dinosaurier: auf die Saurischier (die Echsenhüften-Dinosaurier) und auf die Ornithischier (die Vogelhüften-Dinosaurier).

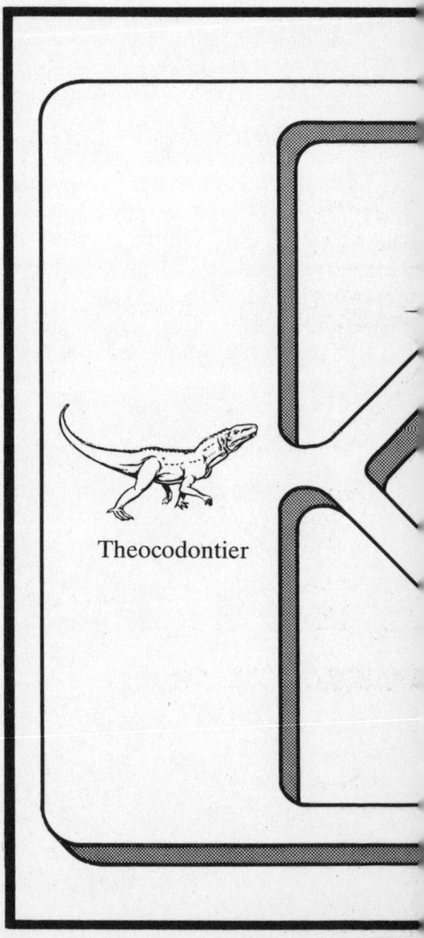

Dieser vereinfachte Stammbaum zeigt, daß sich die beiden großen Gruppen der Dinosaurier aus den Theocodontiern, heute längst ausgestorbenen Reptilien, entwickelten. Daneben stehen die Krokodile und Pterosaurier als »Vettern« sowie die Vögel als vermutliche Saurier-Nachfahren.

Kapitel 2 Die Entstehung der Dinosaurier

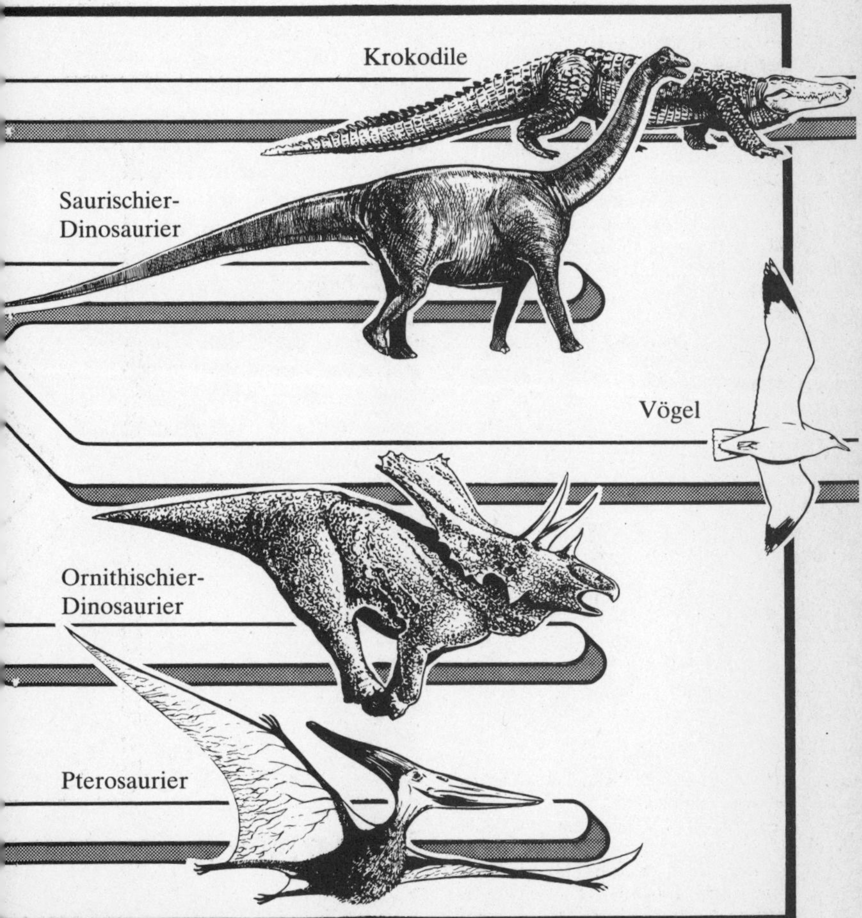

Vom Meer zum Land
Pfeile zeigen die Richtung der schrittweisen Veränderungen, mit denen Meeresorganismen zu Landlebewesen wurden.

a) Frühe lebende Zellen, die Nahrung vorfanden.

b) Einzellige Pflanzen erzeugen mit der Hilfe von Sonnenlicht Nahrung und geben Sauerstoff ab.

c) Frühe Lebewesen: Protozoen und einfache Würmer.

d) Quallen, Seesterne und andere Wirbellose entwickelten sich vermutlich aus einfachen Würmern.

e) Lebewesen, die dem heutigen Lanzettfischchen ähnelten, hatten einen Nervenstrang und entwickelten sich zu Fischen, zu Wirbeltieren.

f) Quastenflosser atmeten atmosphärische Luft und konnten die Flossen als Beine verwenden.

g) Frühe Amphibien hatten aus Flossen entwickelte Beine.

Die Entwicklung der Wirbeltiere

Dinosaurier und ihre Wirbeltier-Vorfahren entwickelten sich aus winzigen Formen des Lebens.

Das Leben begann spätestens vor 3,5 Milliarden Jahren, vermutlich in Meeren, in denen es vor Proteinen wimmelte. Proteine sind komplexe chemische Verbindungen, die vielleicht zuerst dadurch entstanden, daß Sonnenstrahlen die giftigen Gase der frühen Erdatmosphäre beeinflußten. Diese Proteine wurden Nahrung für winzige gallertartige Klümpchen – die ersten lebenden Zellen. Nahrung förderte deren Wachstum und Teilung, die sich vermehrenden Zellen verbrauchten die fertigen Proteine, und diese verschwanden. Es trat Stillstand ein, bis einige Zellen lernten, mit Hilfe des Sonnenlichtes aus einfachen, aber häufigen Chemikalien Proteine herzustellen. Diese neuen Zellen waren die ersten Grünpflanzen. Sie erzeugten Sauerstoff und schufen eine für Tiere atembare Atmosphäre. Die Tiere wiederum benutzten die Pflanzen als

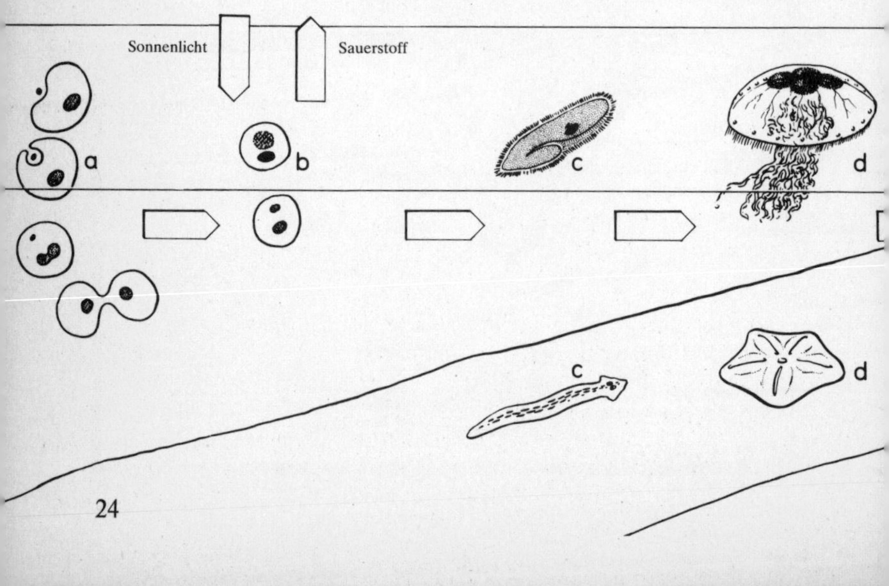

Futter. Die Hälfte der Erdgeschichte war allerdings schon vorbei, bevor sich die ersten einzelligen Tiere entwickelten. Ihnen folgten größere Tiere, die aus vielen Zellen aufgebaut waren, die nach der Teilung zusammenblieben. Die Tiere entwickelten verschiedene Zelltypen für unterschiedliche Aufgaben wie Ernährung, Bewegung und Fortpflanzung.

Vor 600 Millionen Jahren begann das Paläozoikum oder die »Zeit des alten Lebens«. Im Meer lebten Würmer, Quallen und andere Wirbellose. Einige Meerestiere benutzten Kalk, um Schalen zum Schutz und zur Unterstützung zu bauen. Dann kamen die ersten Fische – Tiere mit einem inneren Skelett. Anders als Krebse müssen Fische ihre Skelette nicht abwerfen, wenn sie wachsen, und so können sie sich freier bewegen. Später kamen Fische mit Lungen und quastenförmigen Flossen. Junge Quastenflosser mögen sich aufs Land geschoben haben, um nach Insekten zu schnappen. Vor 350 Millio-

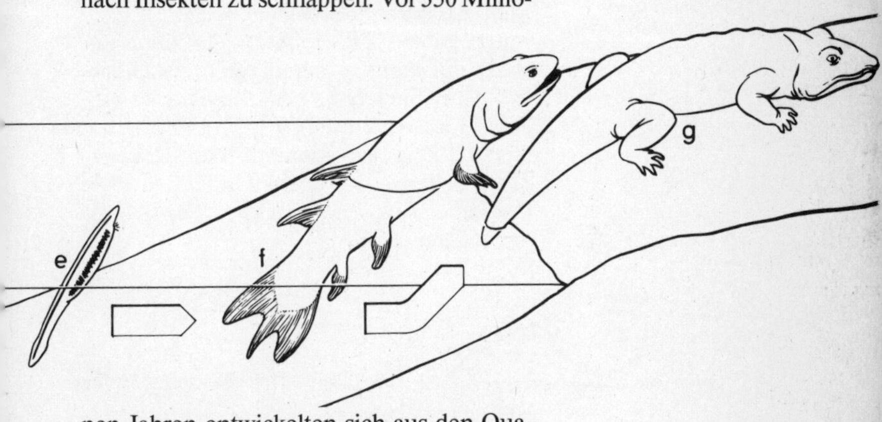

nen Jahren entwickelten sich aus den Quastenflossen die gespreizten Gliedmaßen salamanderähnlicher Amphibien. Diese konnten an Land atmen und sich dort bewegen aber sie mußten ihre ungeschützten Eier im Wasser ablegen.

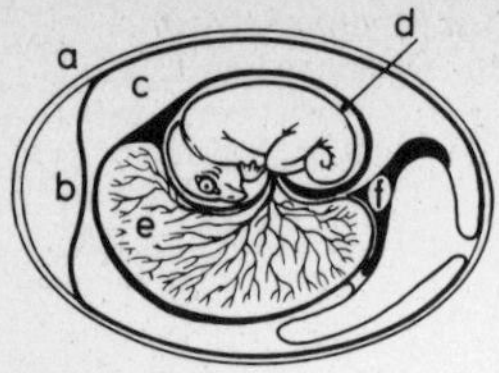

Das Reptilienei
Ein Schnitt durch ein Reptilienei zeigt die flüssige Wiege, die den wachsenden Embryo schützt und ernährt.

a) Die Schale schützt den Embryo, verhindert Flüssigkeitsverlust
b) Chorion, eine Membran, die Sauerstoff ein- und Gas ausläßt
c) Eiweiß, Nahrungsstoffe
d) Amnion, eine Memhran in Flüssigkeit, schützt den Embryo als Druckabsorber
e) Dotter, Nahrungsstoffe
f) Raum für Körperabfälle

Reptilien besiedeln das Land

Vor etwa 290 Millionen Jahren entwickelten sich aus den Amphibien die ersten Wirbeltiere, die ganz auf dem trockenen Land leben konnten. Diese Vorfahren der Säugetiere, Vögel und Dinosaurier waren die Reptilien: kaltblütige Tiere mit schuppiger, wasserdichter Haut. Ihre Eier wurden im weiblichen Körper befruchtet und hatten Schalen oder feste Haut, die sie nach dem Legen vor dem Austrocknen schützten. Dies machte die Reptilien vom Wasser unabhängig, und viele bevölkerten so die höheren trockenen Gebiete zwischen den Flußtälern.

Als vor 225 Millionen Jahren das Mesozoikum (= Zeitalter des mittleren Lebens) das Paläozoikum ablöste, entwickelten sich einige verschiedene Gruppen von Reptilien. Ihre Namen kommen von den Schädellöchern hinter den Augen: Löcher, die den sich zusammenziehenden Kiefermuskeln Raum gaben. Die *Anapsiden* (= ohne Löcher) umfassen die Schildkröten, einschließlich der heute lebenden Arten. Die *Synapsiden* (= mit einem einzigen Loch) bildeten eine Gruppe säugetierähnlicher Reptilien. Diese beherrschten über 70 Millionen Jahre das Land. Aus ihnen entwickelten sich die Säugetiere.

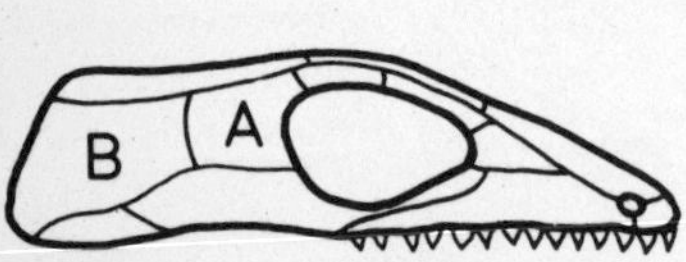

1

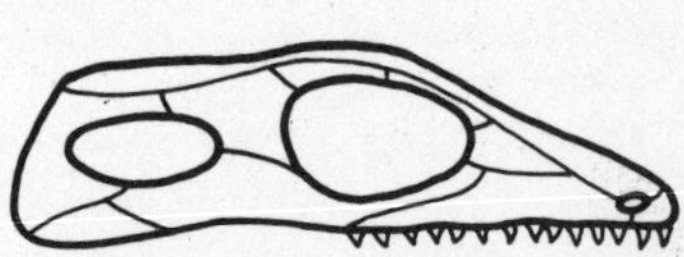

2

1

2

Die größte und für uns wichtigste Gruppe bildeten die *Diapsiden* (= mit zwei Öffnungen hinter jedem Auge). Bei diesen gab es zwei wesentliche Untergruppen: Die eine umfaßt die Schlangen und Eidechsen; zu der anderen, den *Archosauriern* (= herrschende Reptilien), gehörten auch die Dinosaurier.

Die Archosaurier unterschieden sich von den anderen Diapsiden durch ein zusätzliches Loch, oder besser eine knochige Vertiefung, auf jeder Seite des Kopfes.

Diese mag einer Salzdrüse Platz geboten haben, durch die Wüstentiere Salz abgeben konnten, wenn das Blut zu salzig zu werden drohte.

Die direkten Vorfahren der Dinosaurier kamen aus der großen Gruppe der frühen Archosaurier, die man *Theocodontier* (= Hülsenzähner) nennt.

Die meisten Theocodontier waren große vierbeinige Reptilien, die Fleisch fraßen. Sie setzten sich gegenüber den säugetierähnlichen Reptilien so durch, daß diese alle in der Trias, dem ersten Teil des Mesozoikums ausstarben.

Vier Typen von Reptilien
Jeweils anhand eines Beispiels werden die Schädel von vier Reptiltypen gezeigt.
1. Anapsiden, einschließlich der frühen Reptilien Cotylosaurier, zeigen keine Löcher zwischen den postorbitalen **(A)** und squamosalen **(B)** Knochen. Das abgebildete Beispiel ist der *Hypsognathus,* ein Cotylosaurier.
2. Synapsiden wie die ausgestorbenen säugetierähnlichen Reptilien zeigen ein Loch zwischen und unter diesen Knochen. Das Beispiel ist der *Cynognathus.*
3. Euryapsiden, wie die ausgestorbenen Plesiosaurier, zeigen ein Loch zwischen und über diesen Knochen. Abgebildet ist der *Elasmosaurus.*
4. Diapsiden wie die Archosaurier, die die Dinosaurier und ihre Theocodontier-Vorfahren umfassen, zeigen zwei Löcher zwischen diesen Knochen – eines über dem anderen. Die Abbildung zeigt den Theocodontier *Proterosuchus.*

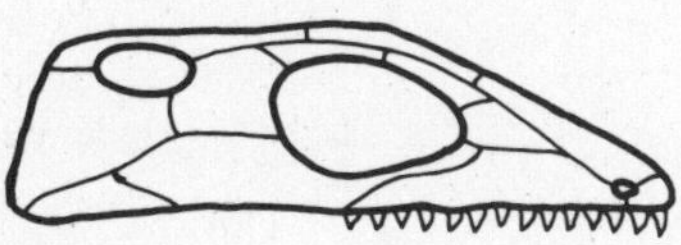
3

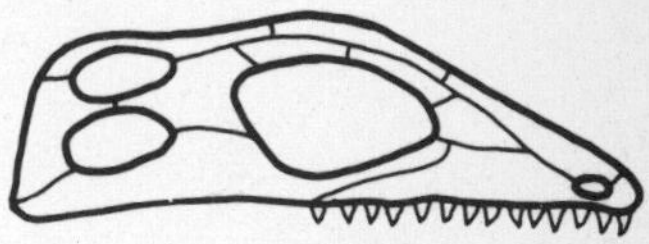
4

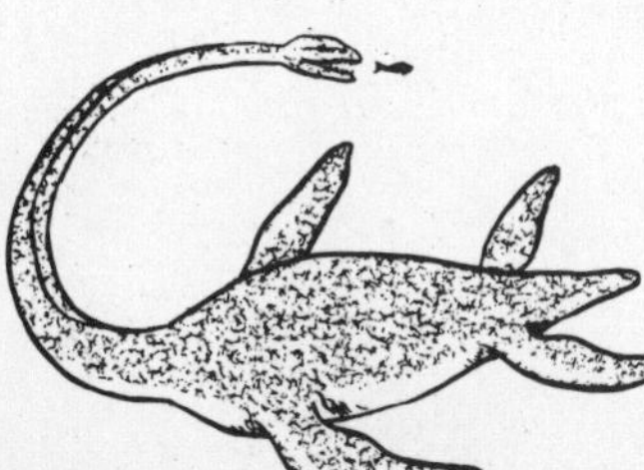
3

4

Von den Theocodontiern zu den Dinosauriern

Entwicklung der Dinosaurier
Hier sind die möglichen Vorfahren der Dinosaurier und ein sehr früher Dinosaurier abgebildet.
1. Der eidechsenähnliche *Millerosaurus*
2. Der Theocodontier *Proterosuchus*
3. Der Theocodontier *Euparkeria* laufend (a) und gehend (b)
4. *Lagosuchus* (Theocodontier?)
5. *Ornithosuchus*, vielleicht ein Theocodontier
6. *Staurikosaurus*, einer der ersten zweifelsfreien Dinosaurier

Evolution und Gang
(ganz unten)
A) Frühe Theocodontier hatten einen gespreizten Gang mit vom Körper abstehenden Ellbogen.
B) Spätere Theocodontier hatten einen verbesserten Gang.
C) Dinosaurier und vielleicht einige spätere Theocodontier hatten einen weit verbesserten Gang, die Beine unter dem Körper.

Die Dinosaurier entwickelten sich aus einer der vier Hauptgruppen der Theocodontier, der Reptilien mit Hülsenzähnen, die zuerst vor 225 Millionen Jahren auftraten. Die frühen Theocodontier waren krokodilähnliche Tiere, die man *Proterosuchier* (= frühere Krokodile) nennt.
Viele Theocodontier hatten Körper, die sie für ein Leben vorwiegend im Wasser befähigten. Sie ruderten mit Bewegungen ihrer langen Schwänze. Aber mit einem kräftigen Stoß ihrer Hinterbeine, die länger und stärker als die Vorderbeine waren, setzten sie sich in Bewegung. Dieser Stoß erfolgte aus den Hüften, nicht aus den Knien wie bei ihren Vorfahren. Die Theocodontier, die auf dem Land zu leben begannen, konnten ihre Beine ganz nach unten und zurück bewegen, so daß sie längere Schritte als andere Reptilien ihrer Größe machten. Die meisten konnten nicht aufrecht gehen, aber sie hoben ihre Körper über den Boden. *Pseudosuchier* (= falsche Krokodile)-Theocodontier wie der kleine *Euparkeria* liefen auf allen

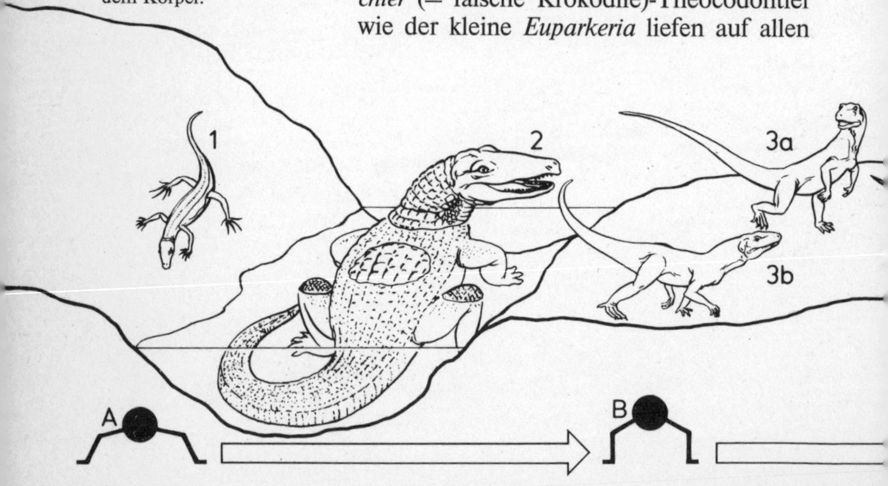

vieren. Kurze Vorderbeine machten das schnelle Laufen schwer, aber diese Tiere konnten auf ihren langen Hinterbeinen laufen, indem sie mit dem langen, starken Schwanz die Balance hielten.

Mit der Zeit gab es viele Größen von fleischfressenden Pseudosuchiern - von kleinen »Kaninchen-Theocodontiern« wie dem langbeinigen *Lagosuchus* (= Hasenkrokodil) bis zu größeren Tieren wie *Avolanianus, Zatomus* und *Ornithosuchus* (= Vogelkrokodil), einem 3 m langen Jäger. Ihre Geschwindigkeit mag die Vermehrung der Theocodontier auf Kosten der säugetierähnlichen Reptilien gefördert haben.

Vor 205 Millionen Jahren hatten sich aus den Pseudosuchiern die ersten fleischfressenden Dinosaurier entwickelt. Eine aufrechte Gangart half kleinen Dinosauriern, wie dem *Staurikosaurus,* Beute zu jagen und Feinden zu entkommen.

Bald gab es große und kleine Dinosaurier, von denen einige die Zähne von Pflanzenfressern hatten.

Vor 193 Millionen Jahren, am Ende der Trias, hatten die fleischfressenden Dinosaurier die Theocodontier verdrängt, und fast alle großen Pflanzenfresser waren Dinosaurier.

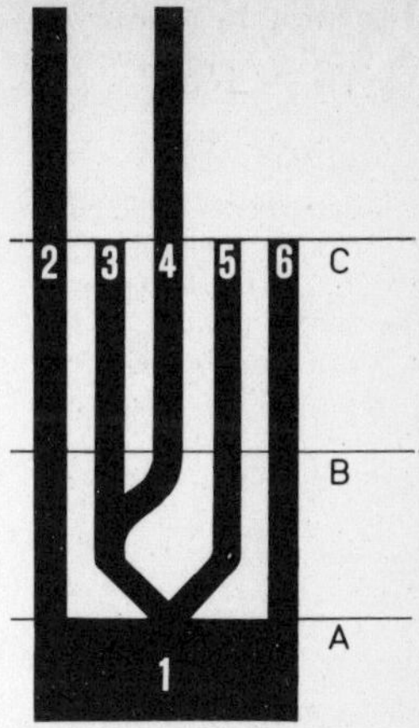

Stammbaum der Archosaurier (oben)
1. Theocodontier; 2. Krokodile; 3. Saurischier-Dinosaurier; 4. Vögel; 5. Ornithischier-Dinosaurier; 6. Pterosaurier. Die meisten Gruppen lebten im Mesozoikum: Trias (A), Jura (B) und Kreide (C).

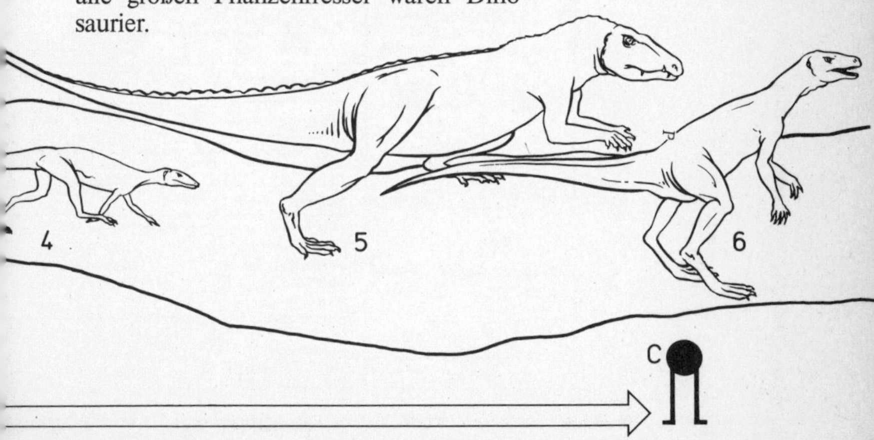

Vom Reich zur Ordnung (unten)
Das Reich Animalia (= Tiere) hat viele Stämme. Der Stamm Chordata hat viele Klassen. Die Klasse Reptilia (= Reptilien) schließt die Unterklasse Diapsida ein. Deren Überordnung Archosauria umfaßt beide Ordnungen der Dinosaurier.

Die Einteilung der Dinosaurier

Diese Seiten zeigen die Hauptverbindungen innerhalb der beiden Ordnungen der Dinosaurier und machen deutlich, wie diese Verbindungen in das Schema passen, das für alle Tiere gilt. Die darauf folgenden vier Seiten beschreiben kurz die wichtigen Unterschiede zwischen den beiden Dinosaurier-Ordnungen und ihren wesentlichen

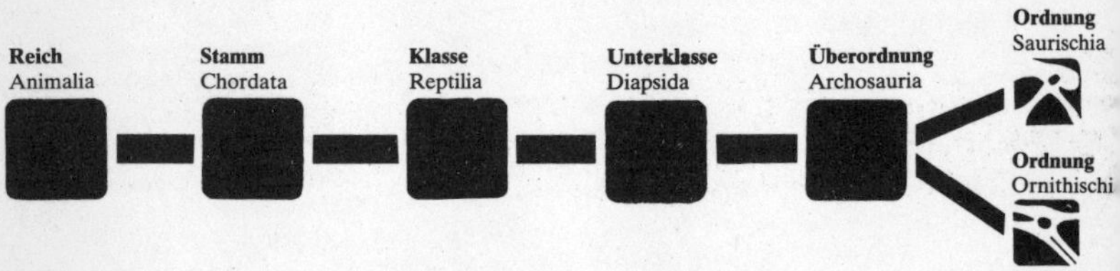

	Teilordnung	Familie	
Unterordnung Theropoda	Coelurosauria	Coelophysidae (= Procompsognathidae?) Coeluridae Noasauridae Shanshanosauridae Segisauridae	Compsognathidae Avimimidae Archaeopterygidae Elmisauridae Oviraptoridae Caenagnathidae
	Ornithomimosauria	Ornithomimidae	Garudimimidae
	Deinocheirosauria	Deinocheiridae	
	Deinonychosauria	Dromaeosauridae	Saurornithoididae
	Carnosauria	Teratosauridae Megalosauridae Allosauridae Ceratosauridae	Dryptosauridae Spinosauridae Tyrannosauridae Itemiridae
	Segnosauria	Segnosauridae	
	Therizinosauria?	Therizinosauridae	
Ordnung Saurischia			
Unterordnung Sauropodomorpha	Prosauropoda	Staurikosauridae Herrerasauridae Anchisauridae Plateosauridae	»Roccosauridae« Mussauridae »Blikanasauridae«
	Sauropoda	Cetiosauridae Brachiosauridae Camarasauridae Titanosauridae	Diplodocidae Barapasauridae Chubutisauridae?

Untergruppen. Alle wissenschaftlichen Namen, die hier und an anderer Stelle des Buches verwendet werden, kommen letztlich aus dem Griechischen oder Lateinischen. Dieselben Namen werden von Wissenschaftlern in aller Welt für dieselbe Art benutzt. So wissen Experten genau, von welchem Dinosaurier gesprochen wird, selbst wenn dies in einer anderen Sprache geschieht.

Von der Ordnung zur Art
Die Dinosaurier-Ordnung Ornithischia hat Unterordnungen, die die Ceratopsia (Horndinosaurier) umfassen. Unter deren Familien ist die der Ceratopsidae mit vielen Gattungen. Die Gattung *Triceratops* schließt die Art *Triceratops horridus* ein.

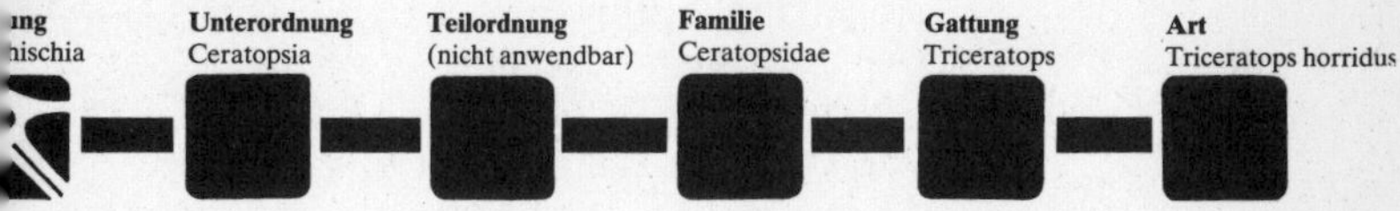

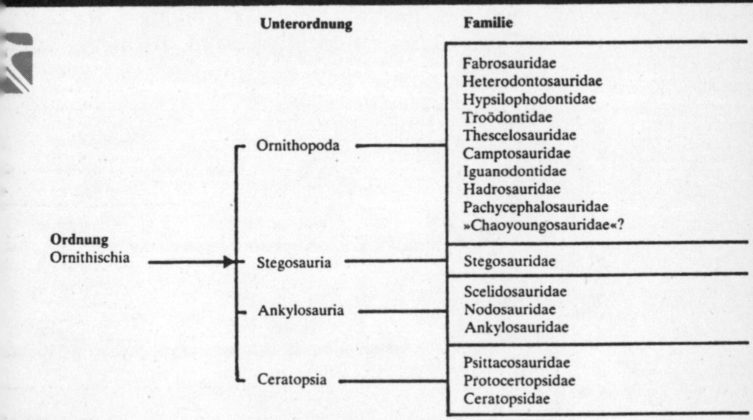

osauriergruppen
ks und oben)
wird eine wissenschaftliche Klassifikation beider osaurier-Ordnungen bis Ebene der Familien angegeben. Einige dieser Beziehungen sind Annahmen, und es gibt darüber bei verschiedenen Wissenschaftlern verschiedene Vorstellungen.

Die Saurischier

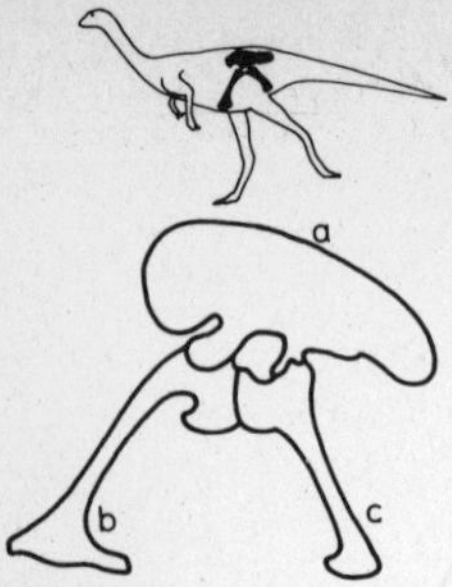

Hüftknochen eines Saurischiers
a) Ilium
b) Pubis
c) Ischium

Aus einem oder mehr Theocodontiern entwickelten sich die beiden großen Ordnungen der Dinosaurier. Zuerst kamen die Saurischier, die Dinosaurier »mit den Echsenhüften«; man nennt sie so nach ihrem Hüftgürtel, dessen drei Hauptknochen wie bei den meisten Reptilien angeordnet sind: Der Pubis (der Vorderknochen) zeigt bei den meisten Saurischiern nach vorne. Die Zähne besetzten die Kieferränder, große Öffnungen verringerten das Schädelgewicht. Es entwickelten sich zwei wichtige Unterordnungen: die zweibeinigen fleischfressenden Theropoden (Wildfüßer) und die vierbeinigen, meist pflanzenfressenden Sauropodomorphen (= Echsenfüßer-Formen). Jede Unterordnung hatte weitere Untergruppen. Die großen, schweren Theropoden bilden die Teilordnung der Carnosaurier (= Fleischechsen). Kleinere,

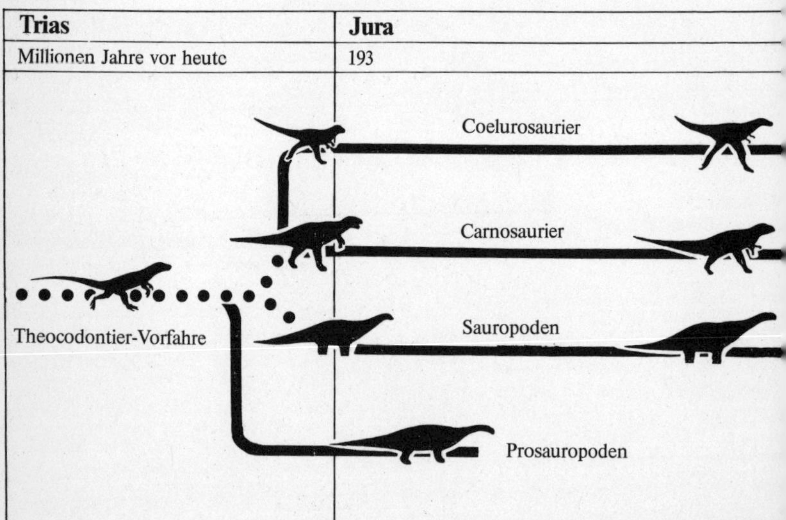

leicht gebaute Theropoden bezeichnet man oft als Coelurosaurier (= Hohlknochensaurier). Diese frühen Sauropodomorphen waren Prosauropoden (= vor den Echsenfüßern). Sie umfassen auch die ersten pflanzenfressenden Dinosaurier, und die meisten lebten vor den größeren pflanzenfressenden Sauropoden (= Echsenfüßern). Die Sauropodomorphen könnten denselben zweibeinigen Theocodontier-Vorfahren gehabt haben wie die Theropoden, vielleicht stammen sie aber auch von einem vierfüßigen Theodocontier wie *Ticinosuchus* (= Ticino-Krokodil) ab. Jede Teilordnung bestand aus verschiedenen Familien mit Gattungen und Arten.

Die Saurischier lebten von der späten Trias an während der ganzen Kreide- und Jurazeit, also fast im ganzen Mesozoikum. Am Ende des Zeitalters der Dinosaurier waren die Saurischier gegenüber der zweiten Gruppe der Dinosaurier, den Ornithischiern, in der Minderzahl.

Saurischier
Die Saurischier entwickelten sich in der Trias. Von den Sauropodomorphen starben die Prosauropoden ziemlich früh aus, aber die riesigen pflanzenfressenden Sauropoden lebten bis zum Ende der Kreide. Ähnlich langlebig waren die kleinen und großen Theropoden (fleischfressende Dinosaurier), hier als Gruppen der Coelurosaurier und Carnosaurier. Hier ersetzten ständig neue Arten alte aussterbende Arten.

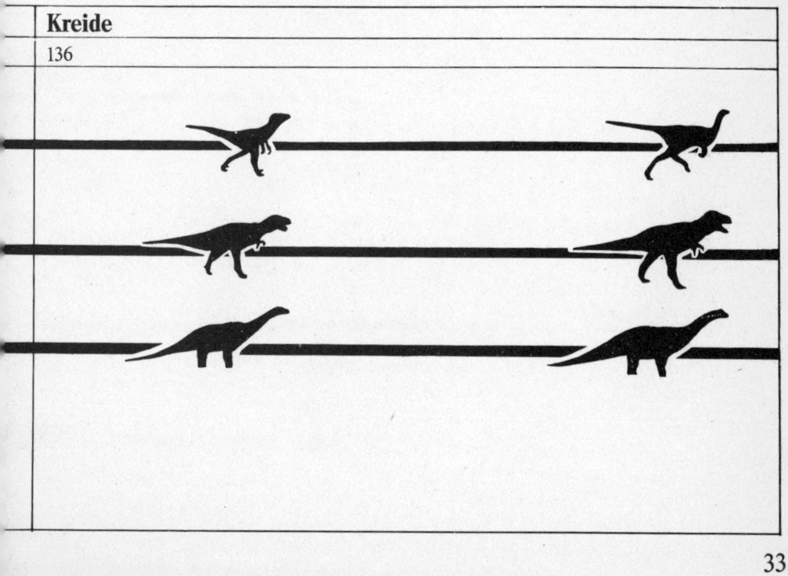

Die Ornithischier

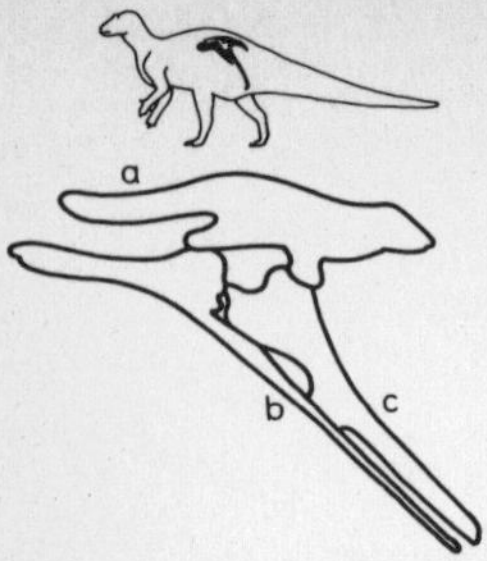

Hüftknochen der Ornithischier
a) Ilium
b) Pubis
c) Ischium

Die Ornithischier, die Dinosaurier mit den »Vogelhüften«, die zweite Ordnung der Dinosaurier, hatten Hüftknochen, die an Vögel erinnern. Der Pubis weist nach hinten anstatt nach vorne. Daneben hatten sie einen zusätzlichen Knochen an der Spitze des Unterkiefers. Viele hatten einen hornigen Schnabel, mächtige Mahlzähne, Backentaschen und ein Netzwerk knochiger Sehnen, das das Rückgrat verstärkte.

Die Ornithischier waren den Saurischiern so unähnlich, daß einige Wissenschaftler sagen, beide Gruppen hätten unterschiedliche Theocodontier-Vorfahren. Das würde bedeuten, daß die Dinosaurier nicht eine einzige Gruppe waren. Doch die Gelenke der Ornithischier und Saurischier zeigen Ähn-

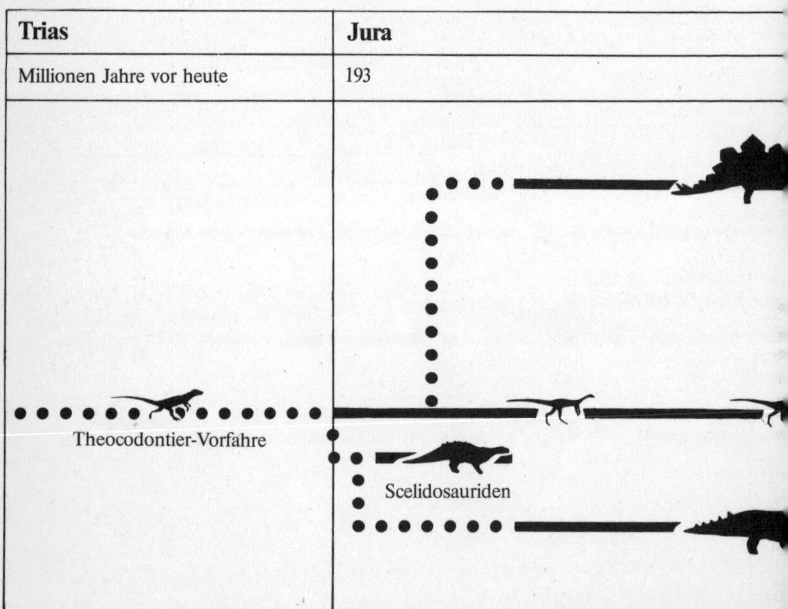

lichkeiten, was einige Paläontologen davon überzeugt, daß die Ornithischier aus den Saurischiern hervorgingen. 1974 behaupteten die Amerikaner Robert Bakker und Peter Galton sogar, daß diese zwei, gemeinsam mit den Vögeln, drei Unterklassen der Klasse Dinosauria bilden. Dies würde die Dinosaurier durch eine Trennung den Reptilien gleichstellen. Wir werden niemals wissen, ob die Dinosaurier Reptilien waren oder wer der wirkliche Vorfahre der Ornithischier war.

Die Ornithischier hatten einige Unterordnungen (oder Ordnungen, wenn die Ornithischier eine Unterklasse und keine Ordnung waren). Sie waren zweibeinige Ornithopoden (= Vogelfüßer) und vierfüßige gepanzerte Dinosaurier. Mit der Zeit übertraf ihre Zahl die der pflanzenfressenden Saurischier, weil deren Zähne ungeeigneter waren.

Ornithischier
Dargestellt sind die vier großen Gruppen der Ornithischier und ihre Zeiten. Die Scelidosaurier mögen eine fünfte Gruppe gebildet haben, und einige Experten unterteilen die Ornithopoden in verschiedene Gruppen. Für alte aussterbende Gattungen kamen neue.

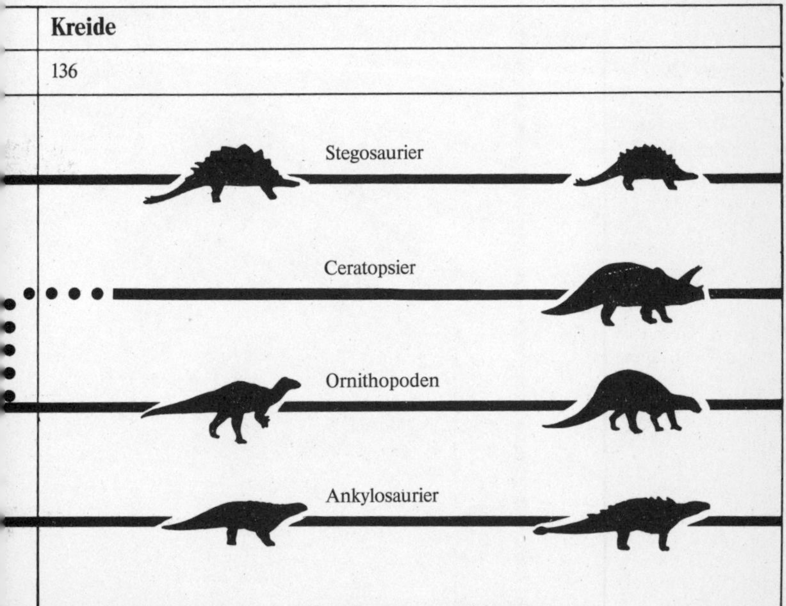

Dieses Kapitel ist in sechs Abschnitte unterteilt, die alle bekannten Dinosaurier-Familien und ihre Gattungen beschreiben. Jeder Familienname endet auf -iden *(Wissenschaftler benutzen die lateinische Endung* -idae). *Dann folgen die Namen der Gattungen der Familie, im Fettdruck und in alphabetischer-Ordnung. Namen in Anführungszeichen sind noch nicht offiziell festgelegt. Viele Gattungen sind nur wenig bekannt, so daß die Rekonstruktion ihrer Körper weitgehend Vermutung ist. Die Karten zeigen, wo die Gattungen gefunden wurden. (Ein Stammbaum aller wichtigen Dinosaurier-Gruppen ist auf den Seiten 30–31 abgebildet.)*

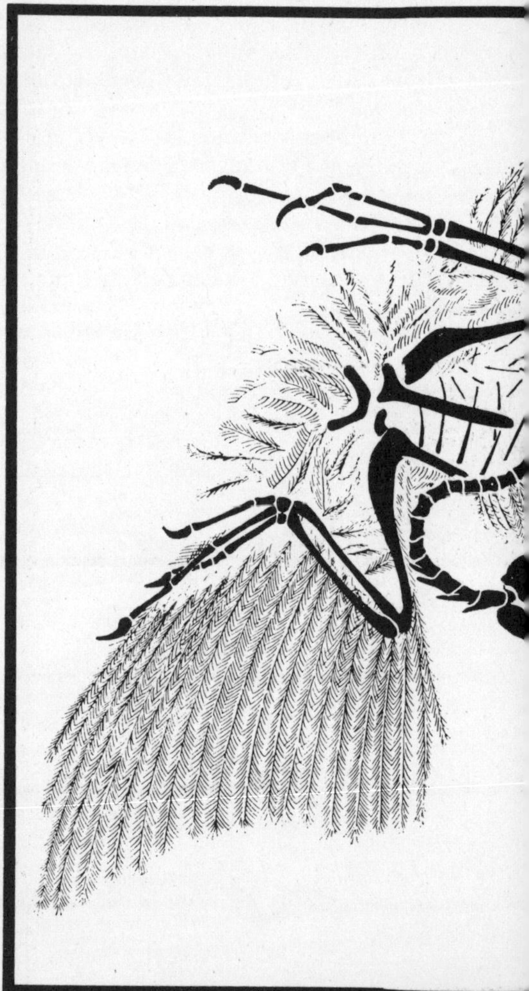

Oft hat man den *Archaeopteryx*, den »Vogeldinosaurier«, als den ersten Vogel der Welt bezeichnet. Genausogut konnte es sich auch um einen kleinen fleischfressenden Dinosaurier mit Federn gehandelt haben.
Abbildung nach G. Steinmann und L. Döderlein, veröffentlicht in *Evolution of the Vertrebrates* von E. H. Colbert (John Wiley & Sons).

Kapitel 3 Beschreibung der Dinosaurier

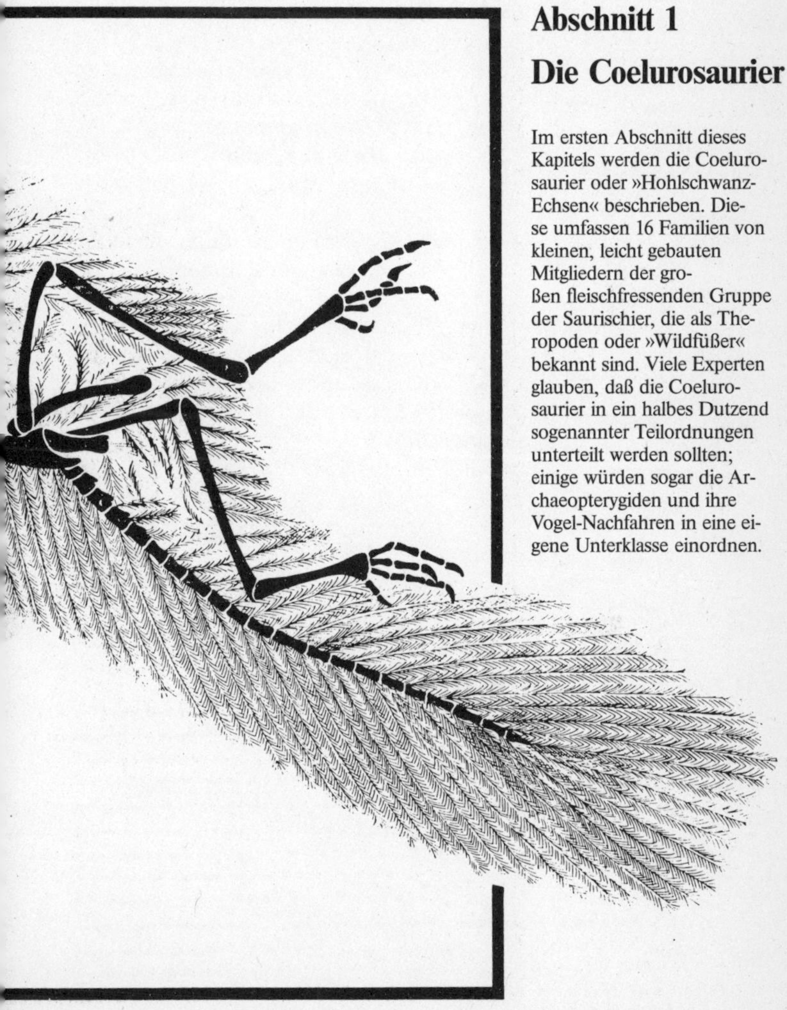

Abschnitt 1

Die Coelurosaurier

Im ersten Abschnitt dieses Kapitels werden die Coelurosaurier oder »Hohlschwanz-Echsen« beschrieben. Diese umfassen 16 Familien von kleinen, leicht gebauten Mitgliedern der großen fleischfressenden Gruppe der Saurischier, die als Theropoden oder »Wildfüßer« bekannt sind. Viele Experten glauben, daß die Coelurosaurier in ein halbes Dutzend sogenannter Teilordnungen unterteilt werden sollten; einige würden sogar die Archaeopterygiden und ihre Vogel-Nachfahren in eine eigene Unterklasse einordnen.

Die Coelurosaurier

Der Stammbaum der Coelurosaurier
Dieser Stammbaum der kleinen fleischfressenden Dinosaurier ist vorwiegend Vermutung. Niemand weiß, wie nahe einige Familien miteinander verwandt sind.

a) Coelophysiden (hier mit Procompsognathiden)
b) Segisauriden
c) Compsognathiden
d) Archaeopterygiden
e) Avimimiden
f) Coeluriden
g) Noasauriden
h) Shanshanosauriden
i) Dromaeosauriden
j) Saurornithoididen
k) Oviraptoriden
l) Caenagnathiden
m) Elmisauriden
n) Ornithomimiden
o) Garudimimiden
p) Deinocheiriden

Die Coelurosaurier (=Hohlknochensaurier) waren meist kleine, schnelle Dinosaurier mit dünnwandigen, zerbrechlichen Knochen, langen Beinen und ziemlich langen Armen. Sie hatten Klauen an Zehen und Fingern und müssen damit nach der Beute gegriffen haben.

Einige dieser leicht gebauten zweibeinigen Dinosaurier wurden nicht größer als ein Huhn, andere waren größer als ein Strauß. Vermutlich fraßen die Coelurosaurier Insekten, Eidechsen, Eier und junge Dinosaurier und rissen Fleisch von den Körpern verendeter Tiere. So spielten sie die Rolle heutiger Hyänen, Schakale und Strauße.

Viele spätere Arten waren größer, hatten weniger Zehen und Finger und einen zahnlosen Schnabel statt spitzzähniger Kiefer. Einige Coelurosaurier waren vermutlich die schnellsten und intelligentesten Dinosaurier - mindestens so intelligent wie Vögel, die vielleicht ihre Nachfahren sind.

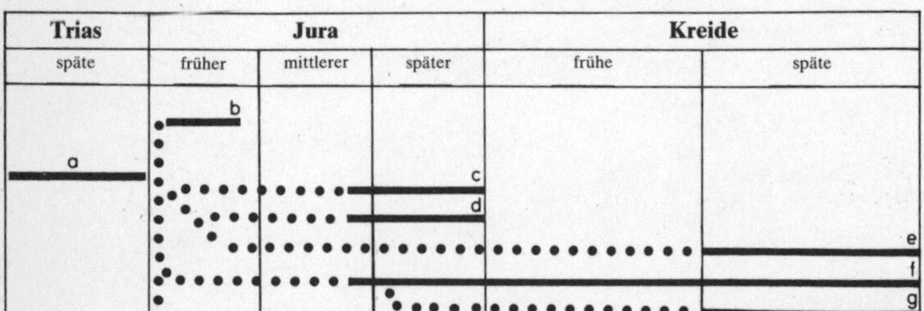

Die Coelophysiden (1)

Die Coelophysiden hatten Hohlknochen wie die anderen Coelurosaurier. Ihre leichten, keilförmigen Köpfe waren mit scharfen, schmalen Zähnen bewehrt. Die Coelophysiden hatten einen langen, biegsamen Hals und balancierten mit einem langen Schwanz, den sie hoch über den Boden halten konnten. Die meisten hatten lange Arme, große klauenbewehrte Hände, lange Beine und lange, vogelähnliche Füße. Diese Familie früher Coelurosaurier lebte in der späten Trias in Nordamerika, Europa und Afrika, möglicherweise auch in Südamerika und in Asien. Einige wurden nicht größer als ein Huhn, andere waren so groß wie ein Mensch (aber weniger als halb so schwer). Vermutlich durchzogen diese Tiere Trokkengebiete, und sie waren schnell genug, um große, niedrigfliegende Insekten, Eidechsen und sogar ihre eigenen Jungen zu fangen und zu fressen.

Merkmale der Coelophysiden
Hier sind die größten und kleinsten Coelophysiden zum Größenvergleich neben einem Menschen abgebildet. Die Buchstaben zeigen einige Merkmale der Coelophysiden.

a) Leichter, keilförmiger Kopf
b) Langer, biegsamer Hals
c) Große Hände mit Klauen
d) Lange Arme
e) Lange, vogelartige Füße
f) Lange, bewegliche Beine mit langen Schienbeinen
g) Langer Schwanz

1. Avipes (= Vogelfuß) war ein sehr früher Coelophyside. Er ist nur von einigen vogelähnlichen Fußknochen aus Thüringen/ Bundesrepublik Deutschland bekannt. Länge: vielleicht 1,2 m. Zeit: späte Trias.

2. Coelophysis (= Hohlform) ist von vielen Skeletten von Tieren bekannt, die zusammen den Tod gefunden haben, vielleicht durch einen Sandsturm. *Coelophysis* hatte einen langen, schmalen Schädel, der mit vielen kleinen, scharfen Zähnen bewehrt war. Der Hals war lang und schlangenartig, der Schwanz sehr lang. Er hatte weniger benutzbare Finger (nur drei pro Hand) als einige frühe Coelurosaurier, aber eine verstärkte Verbindung zwischen Hüften und Rückgrat. Länge: bis zu 3 m. Gewicht: bis zu 30 kg. Zeit: späte Trias. Fundort: Südwesten und Osten der USA.

3. Dolichosuchus (= langes Krokodil) hatte einen Schienbeinknochen wie *Halticosaurus,* war also ziemlich groß. Zeit: späte Trias. Fundort: Südwestdeutschland.

Mutter oder Monster?
Winzige Knochen im Brustkorb des fossilen erwachsenen *Coelophysis* erwiesen sich als die eines jungen *Coelophysis.* Vielleicht handelt es sich um ein ungeborenes Kind. Eher möglich ist, daß das erwachsene Tier ein Kannibale war und das Jungtier verschlungen hat. Wie einige heutige Reptilien fraß der *Coelophysis* vermutlich jedes Tier, das er fassen konnte.

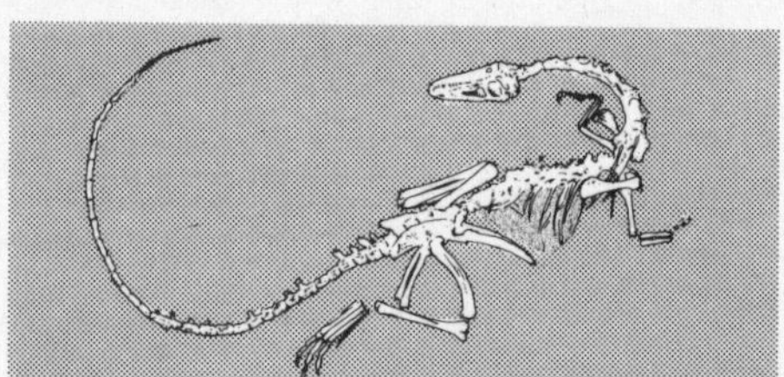

Fossilfunde der Coelophysiden
Diese zwei Karten zeigen, wo man Coelophysiden gefunden hat.

1. *Avipes*
2. *Coelophysis*
3. *Dolichosuchus*
4. *Halticosaurus*
5. *Lukousaurus*
6. *Procompsognathus*
7. *Saltopus*
8. *Syntarsus*
9. *Velocipes*

Museen in New Haven, New York und Tübingen zeigen Fundstücke.

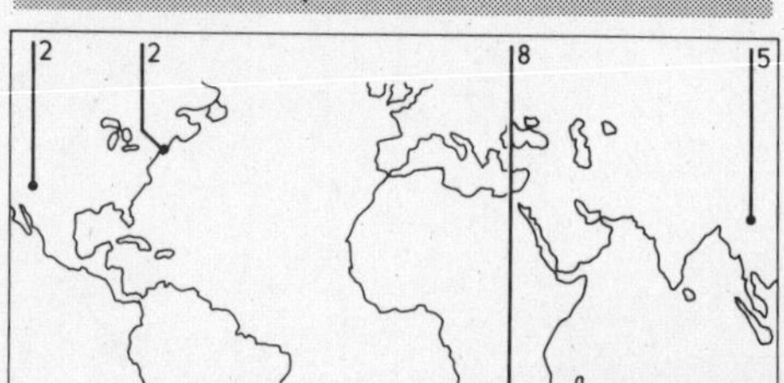

4. **Halticosaurus** (= Flinkechse) aus der späten Trias Süddeutschlands war groß, mit großem Kopf, sehr kurzen Armen und fünffingrigen Händen. Länge: 5,5 m.
5. **Lukousaurus** (= Lo-kou-Echse) aus der späten Trias (vielleicht frühe Jurazeit) Südchinas hatte winzige Brauenhörner. Länge: 2 m.
6. **Procompsognathus** (= Vor-*Compsognathus*) aus der späten Trias Südwestdeutschlands hatte einen Kopf wie *Coelophysis.* Zwei der fünf Finger an jeder Hand waren genauso kurz wie der erste Zeh, der nach hinten gerichtet war. Länge: 1,2 m.
7. **Saltopus** (= Springfuß) aus der späten Trias im Nordosten Schottlands hatte fünffingrige Hände (der vierte und der fünfte Finger waren winzig). Länge: 60 cm. Gewicht: 900 g.
8. **Syntarsus** (= zusammengefügter Tarsus – ein Fußknochen) aus der späteren Trias Zimbabwes erinnerte an *Coelophysis* und hatte zusammengewachsene Fußknochen. Einige Experten glauben, er hatte gefiederte Schuppen. Länge: bis 3 m.
9. **Velocipes** (= Schnellfuß) wurde nach einem Schienbeinfund aus der Trias Deutschlands benannt.

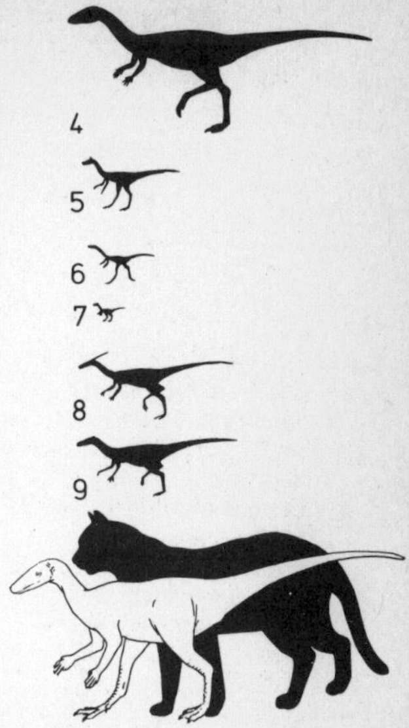

Kleine Dinosaurier (oben)
Die Abbildung des *Saltopus* neben einer Hauskatze zeigt, wie klein viele frühe Dinosaurier waren (der *Saltopus* könnte ein Theocodontier gewesen sein).

Gefiederte Dinosaurier? (links)
Vielleicht hatten der *Syntarsus* und andere Coelurosaurier Federn, die sie hoben, um Körperwärme abzugeben, und senkten, um sie zu halten (Abb. nach Bakker).

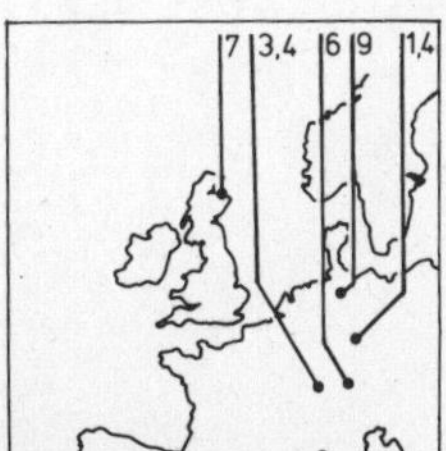

Die Coeluriden (1)

Mehrere Millionen Jahre trennen die bekannten Mitglieder dieser Familie von ihren vermutlichen Vorfahren, den Coelophysiden. Die Coeluriden (= Hohlschwänze) lebten im späten Jura und in der Kreide. Sie waren auf der ganzen Erde zu finden.
Die Coeluriden waren kleine bis mittelgroße Jäger und Aasfresser. Einige hatten Truthahngröße; die meisten waren etwas größer als ein Mensch, allerdings viel leichter. Sie hatten lange Hinterbeine mit Gelenken, die für einen schnellen Lauf ausgelegt waren. Möglicherweise liefen sie durchs Unterholz, Hals und Kopf tief am Boden und durch den langen, schlanken Schwanz in Balance gehalten. Jede der langen Greifhände hatte drei Finger mit gebogenen, starken Klauen, mit denen sie Eidechsen, kleine Vögel, Pterosaurier oder Säugetiere fangen konnten. Vielleicht waren die Coeluriden die Schakale ihrer Zeit.

Fossilfunde der Coeluriden
Numerierte Punkte auf der Karte zeigen, wo man Coeluriden fand.

1. *Aristosuchus*
2. *Coeluroides*
3. *Coelurus*
4. *Compsosuchus*
5. *Inosaurus*
6. *Jubbulpuria*
7. *Kakuru*
8. *Laevisuchus*
9. *Microvenator*
10. *Ornitholesthes*
11. *Ornithomimoides*
12. *Sinocoelurus*
13. *Teinurosaurus*

Das American Museum of Natural History in New York ist eines der wenigen mit guten Coeluriden-Fossilen.

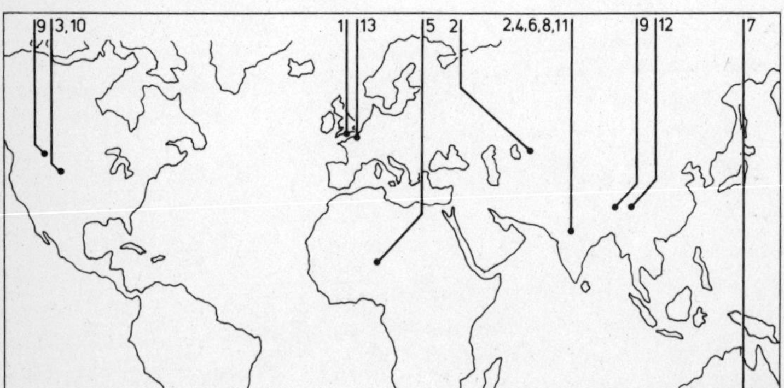

1. Aristosuchus (= Edelkrokodil) war ein Coeluride der frühen Kreidezeit und erinnerte vermutlich an *Coelurus.* Länge: vielleicht 2 m. Fundort: Isle of Wight, Südengland.

2. Coeluroides (= coelurusähnlich) ist ein kaum bekannter Coeluride der späten Kreidezeit, größer als *Jubbulpuria.* Länge: vielleicht 2,1 m. Fundorte: Zentralindien und Kasachstan.

3. Coelurus (= Hohlschwanz) hatte anscheinend einen Kopf, der kleiner als eine Menschenhand war, meist kleine Zähne und lange, aber ziemlich schwache Hände. Länge: etwa 2 m. Zeit: später Jura. Fundort: Wyoming/USA.

4. Compsosuchus (= das hübsche Krokodil) ist ein anderer kaum bekannter Coeluride aus der späten Kreide Zentralindiens. Länge: vermutlich ähnlich wie bei anderen Coeluriden, etwa 2 m.

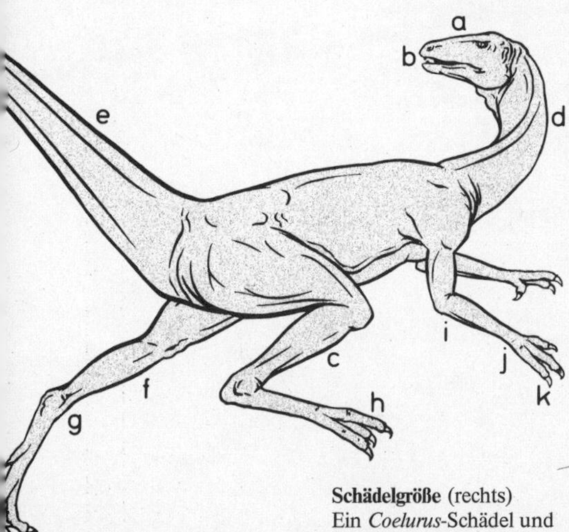

Merkmale der Coeluriden (links)
Die meisten Coeluriden hatten vermutlich folgende Merkmale:

a) Kleiner, niedriger Schädel
b) Kleine, scharfe Zähne
c) Leichte, hohle Knochen
d) Langer Hals
e) Schwanz länger als Hals
f) Lange Beine mit langen Schienbeinen
g) Fersenverbindung für schnellen Lauf
h) Drei Hauptzehen
i) Lange Arme
j) Lange, schwache Greifhände mit drei Fingern – vier und fünf winzig oder abwesend
k) Lange, gebogene Klauen an den Händen

Schädelgröße (rechts)
Ein *Coelurus*-Schädel und eine Menschenhand zum Größenvergleich

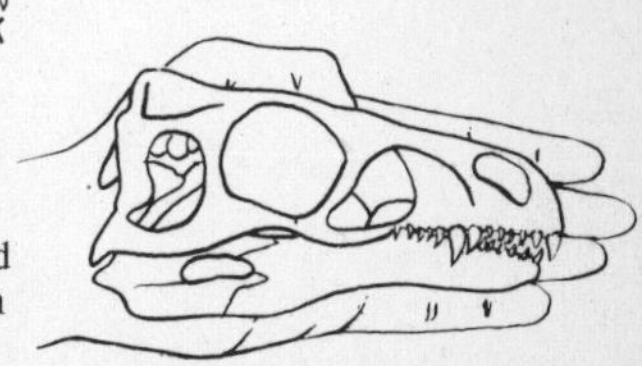

5. Inosaurus (= In-Echse) hatte eine kräftige Wirbelsäule, die den unteren Rücken stützte. Einige Experten dachten, er sei ein Megalosauride - ein großer fleischfressender Dinosaurier. Länge: vielleicht 2,1 m. Zeit: frühe Kreide. Fundorte: In Tedreft und In Abangarit, Niger.

6. Jubbulpuria, gefunden bei Jabalpur, ist ein dritter, kaum bekannter Coeluride der späten Kreide aus Zentralindien, der nach Stücken seines Rückgrats beschrieben wird. Länge: vielleicht 1,2 m.

7. Kakuru (= Regenbogenschlange) ist der erste Coeluride, der in Australien gefunden wurde. Er wurde 1980 nach einem Schienbein beschrieben, das länger als das des *Coelurus* war und schon größtenteils in Opal, einen Halbedelstein, umgewandelt war. Länge: vielleicht 2,4 m. Zeit: frühe Kreide. Fundort: mittleres Südaustralien.

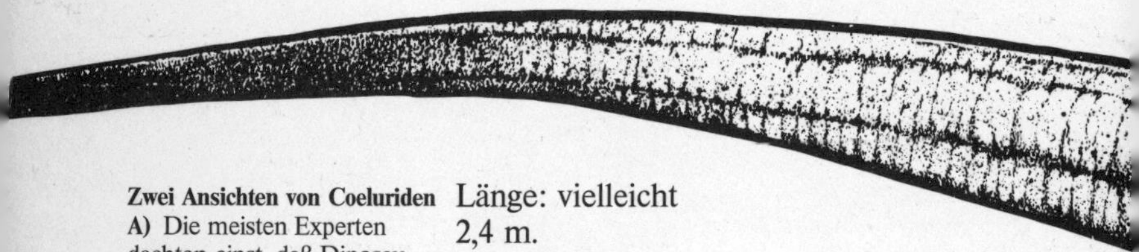

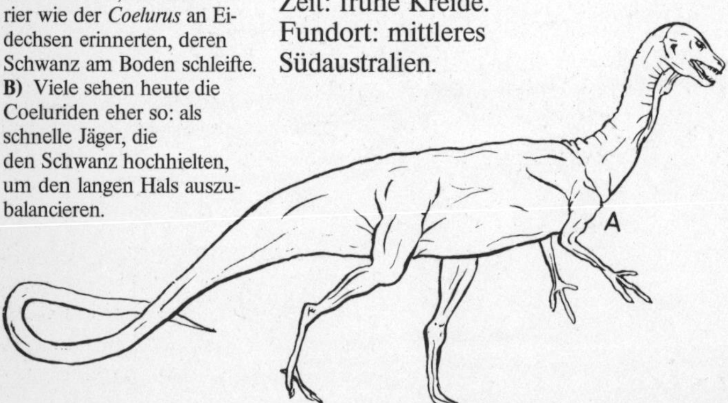

Zwei Ansichten von Coeluriden
A) Die meisten Experten dachten einst, daß Dinosaurier wie der *Coelurus* an Eidechsen erinnerten, deren Schwanz am Boden schleifte.
B) Viele sehen heute die Coeluriden eher so: als schnelle Jäger, die den Schwanz hochhielten, um den langen Hals auszubalancieren.

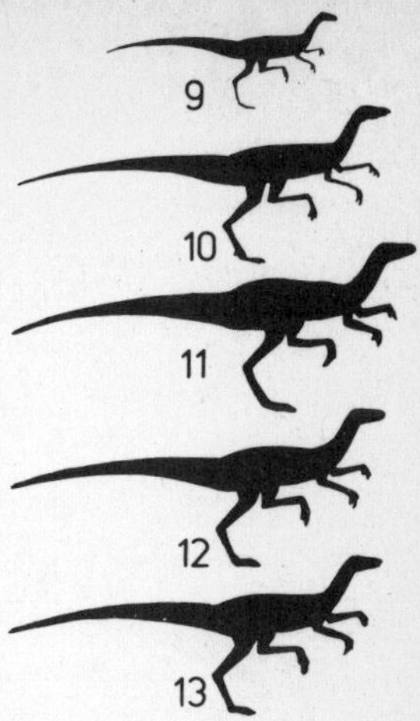

8. Laevisuchus (= glückliches Krokodil) ist ein anderer Coeluride aus Gesteinen der späten Kreide Zentralindiens. Länge: vielleicht 2,1 m.

9. Microvenator (= kleiner Jäger) war ein fein gebauter, truthahngroßer Jäger, der in Montana/USA und in Tibet gefunden wurde. Zeit: frühe Kreide.

10. Ornitholestes (= Vogelräuber) wurde nach seiner vermutlichen Lebensweise benannt. Einige Experten haben ihn und den *Coelurus* für dasselbe Tier gehalten. Länge: etwa 2 m. Zeit: später Jura. Fundort: Wyoming/USA, ein fast ganzes Skelett.

11. Ornithomimoides (= vogelähnliche Form) ist ein fünfter Coeluride aus der späten Kreide Zentralindiens. Länge: 2,1 m.

12. Sinocoelurus (= chinesischer Hohlschwanz) lebte in der späten Jurazeit im südlichen Zentralchina. Er wurde nach vier zerstreuten Zähnen beschrieben.

13. Teinurosaurus (= ausgedehnte Echse) wurde nach einem Schwanzknochen beschrieben, der verlorengegangen ist. Zeit: später Jura. Fundort: Boulogne/Frankreich.

Die Noasauriden/ Shanshanosauriden

Diese beiden Familien kleiner fleischfressender Dinosaurier lebten in der Kreidezeit. Die Noasauriden wurden 1980 nach Knochenfunden in Südamerika beschrieben, die Shanshanosauriden nach 1977 gemachten Funden im östlichen Zentralasien. Die Noasauriden hatten wie die Dromaeosauriden eine »schreckliche« umklappbare Klaue am zweiten Zeh. Die Shanshanosauriden waren leichte, bewegliche Jäger mit einem großen Kopf wie der des *Deinonychus.*

1. Noasaurus (= Nordwestargentinien-Echse) war ein schlanker, leicht gebauter mittelgroßer Jäger. Seine »schreckliche Klaue« war stärker gebogen als beim *Deinonychus* und ließ sich weiter bewegen. *Noasaurus* könnte junge Sauropoden gejagt habcn. Länge: vielleicht 2,4 m. Fundort: Salta-Provinz, Nordwestargentinien.

2. Shanshanosaurus (= Shan-Shan-Echse) hatte einen großen keilförmigen Kopf, kleine Augen, scharfe Zähne, einen langen Hals und dreimal längere Beine als Arme. Länge 1,8 m. Fundort: Shan-shan, China.

Fossilfunde (rechts)
Numerierte Punkte zeigen die Fundstellen.
1. *Noasaurus*
2. *Shanshanosaurus*

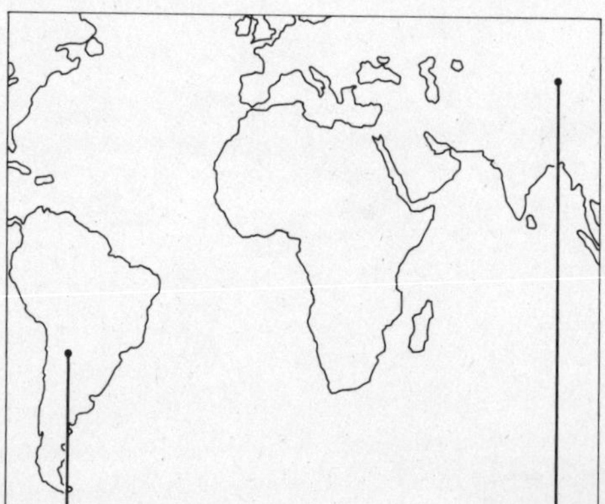

Klaue des Noasaurus (unten)
Die große Klaue konnte durch Muskeln hin und her bewegt werden, wobei eine Sehne (a) an einem Punkt (b) befestigt war.

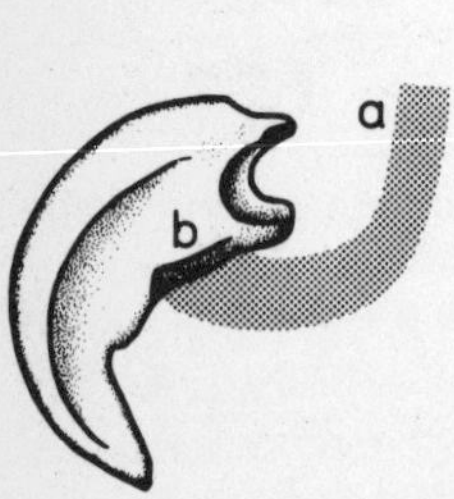

Die Compsognathiden

Die Compsognathiden (= hübsche Kiefer) gehörten zu den kleinsten Dinosauriern, waren aber in mancher Hinsicht wie Carnosaurier (Raubsaurier, die meist mehr als eine Tonne wogen) gebaut. Möglicherweise wurden sie auch größer, aber es wurden nur wenige Knochen gefunden. Die Compsognathiden waren schnelle Jäger von Kleinwild. Bis jetzt wurde nur eine Gattung aus dem späten Jura gefunden.

Compsognathus (= hübscher Kiefer) war hühnergroß und ähnlich wie *Archaeopteryx*, der »Vogeldinosaurier«, gebaut. Er hatte einen langen Hals und einen sehr langen Schwanz, dreizehige Füße und Beine, die zweimal so lang wie die Arme waren. Möglicherweise hatte er nur zwei Finger mit Klauen an jeder Hand wie der riesige *Tyrannosaurus*. Länge: 60 cm. Gewicht: 3 kg. Fundorte: Südwestdeutschland und Südostfrankreich.

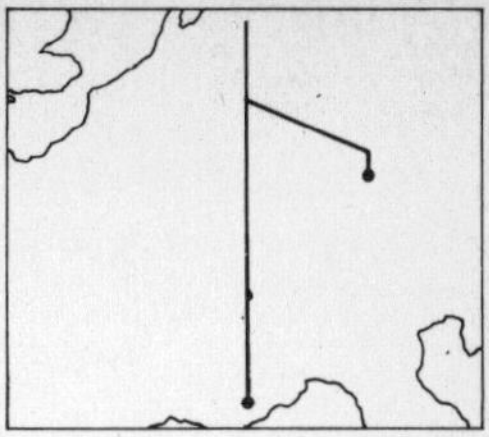

Fossilfunde (oben)
Die Karte zeigt Fossilfunde des *Compsognathus*. Die Knochcn aus Südfrankreich schienen für Flossen zu sprechen, aber genaue Untersuchungen widerlegten dies. Das deutsche Fossil ist heute in einem Münchner Museum.

Größe und Geschwindigkeit (unten)
Ein *Compsognathus* ist hier zum Größenvergleich neben einem Hahn abgebildet.
Der *Compsognathus* jagt eine Eidechse. Wir wissen, daß er dies getan hat, da man Eidechsenknochen im Brustkorb eines *Compsognathus* fand.

Die Segisauriden

Die Segisauriden verwirren die Wissenschaftler, weil sie keine erkennbare nahe Verwandtschaft zu anderen Gruppen fleischfressender Dinosaurier zeigen; so gibt es Wissenschaftler, die bezweifeln, daß es sich überhaupt um solche gehandelt hat. Anders als die gewöhnlichen Coelurosaurier hatten diese kleinen Tiere keine hohlen Schenkelknochen. Das untere Paar der nach hinten gerichteten Hüftknochen war dagegen mit Löchern durchsetzt. Die Segisauriden hatten auch ein Schlüsselbein, ein »altes« Merkmal, das die meisten Dinosaurier verloren hatten. Die einzige bekannte Gattung lebte im frühen Jura Nordamerikas.

Segisaurus (= Segi-Canyon-Echse) war gänsegroß, schmal, mit langen Schienbeinknochen und starken Unterarmknochen. Seine vogelähnlichen Füße hatten einen kurzen ersten und einen winzigen fünften Zeh.

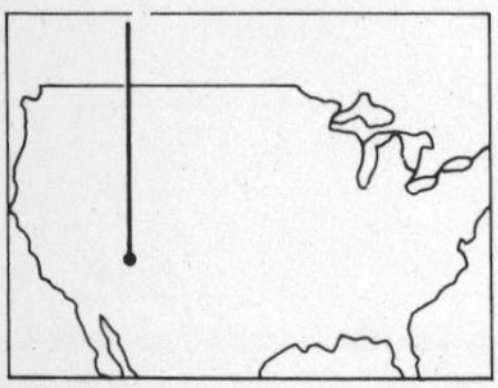

Fossilfunde (oben)
Die Karte zeigt, wo der *Segisaurus* gefunden wurde.

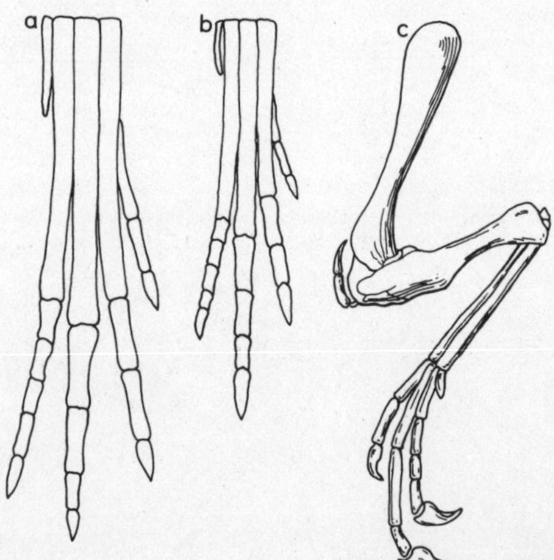

Vergleich der Füße (rechts)
a) Knochen des rechten Fußes des *Segisaurus*
b) Knochen des rechten Fußes des *Procompsognathus*
c) Armknochen des *Segisaurus* (in unterschiedlichem Maßstab). 1981 zeigte Professor John Ostrom, daß der *Segisaurus* und der *Procompsognathus* ähnliche Füße mit kurzen Fußknochen (im Vergleich zu den Knochen darüber) hatten. Er zeigte auch, daß die Pubisknochen (Teile des Hüftgürtels) bei diesen Tieren ähnlich waren. Aber er hielt den *Segisaurus* immer noch für so unterschiedlich, daß er zu einer eigenen Familie gehörte.

Die Avimimiden

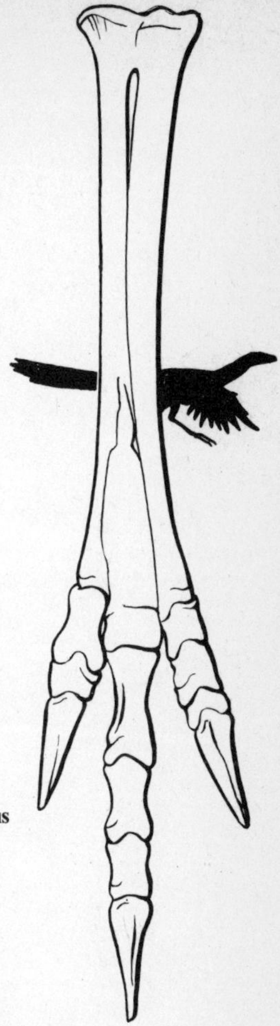

1981 wurde diese Familie der kleinen »Vogelnachahmer« beschrieben, die tatsächlich wie Vögel aussahen. Mit großer Wahrscheinlichkeit hatten sie gefiederte Flügel. Der russische Wissenschaftler, der die ersten Fossilien fand, zählt fast zwei Dutzend vogelähnlicher Merkmale auf, mehr als beim *Archaeopteryx*, den man oft als ersten Vogel bezeichnet. Da die Avimimiden später als der *Archaeopteryx* lebten, können sie nicht die Vorfahren der Vögel sein. Ihre Flügel waren vielleicht zu schwach zum Fliegen, aber die Tiere konnten schnell laufen.

Avimimus (= Vogelnachahmer) war ein kleiner, schnell laufender Dinosaurier mit langen, schlanken Schenkeln und Schienbeinen, langen vogelähnlichen Füßen und langem Hals und Schwanz. Vermutlich hatte er breite, kurze Flügel, die er an den Körper falten konnte. Augen und Gehirn waren groß. Länge: etwa 1,5 m. Zeit: späte Kreide. Fundort: südliche Mongolei.

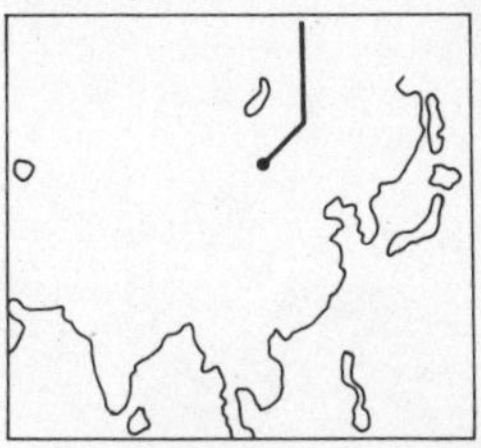

Die Entdeckung des Avimimus
Die Karte zeigt die Fundstelle.

Fußknochen (rechts)
Die langen vogelähnlichen Fußknochen des *Avimimus* sind hier nur leicht verkleinert abgebildet (Abb. nach Kurzanov).

Vergleich mit einem Vogel (unten)
Diese Abbildung zeigt einen Roadrunner, einen langbeinigen Vogel des amerikanischen Südwestens. Er jagt Insekten und Eidechsen, wie es der *Avimimus* getan haben muß.

Die Archaeopterygiden

Die meisten Wissenschaftler sehen diese krähengroßen »alten Federn« als die ersten Vögel an. Sie hatten gefiederte Flügel wie die heutigen Vögel, aber ihr Schlüsselbein und die Fußknochen erinnerten sowohl an Vögel als auch an einige Dinosaurier. Gemeinsam mit dem Coelurosaurier hatten sie einige Merkmale, die wir bei Vögeln nicht kennen. Zum Beispiel die kleinen Zähne, die die langen schlanken Kiefer besetzten; die drei mit Klauen versehenen Finger an jedem Flügel; der dünne Schwanzknochen. Solche Vergleiche lassen die meisten Wissenschaftler vermuten, daß die Vögel von den Coelurosauriern abstammen. Einige behaupten, daß Vögel Dinosaurier *sind*, die das Ende der anderen Dinosaurier vor 60 Millionen Jahren überlebt haben.

1. Archaeopteryx (= alte Feder) mag wie eine gefiederte Form des *Compsognathus* ausgesehen haben. Länge: etwa 1 m. Zeit: später Jura. Fundort: Bayern.

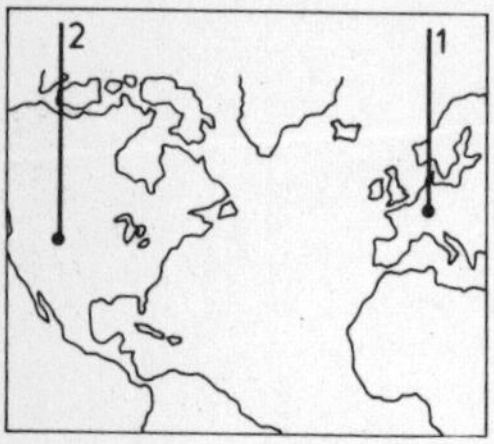

Wo sie lebten
Die Funde des *Archaeopteryx* **(1)** und des *Laopteryx* **(2)**

Ein geflügelter Sprinter
Möglicherweise lief der *Archaeopteryx* schnell genug, um fliegende Insekten zu fangen. Vielleicht konnte dieser »Vogeldinosaurier« nur mühsam vom Boden abheben oder von den Bäumen flattern.

2. Laopteryx (= Waldfeder) wurde 1881 durch den amerikanischen Paläontologen Othniel Charles Marsh beschrieben. Vielleicht war dieses Tier ein Pterosaurier. Zeit: Jura. Ort: Wyoming/USA.
Die Wissenschaftler sind sich einig, daß die Archaeopterygiden nicht so gut fliegen konnten wie heutige Vögel. Einige glauben, sie haben ihre Krallen zum Besteigen von Bäumen benutzt, von denen sie dann herabflatterten oder -segelten. Andere nehmen an, sie seien vom Boden gestartet. Wie die Avimimiden waren sie vermutlich schnelle Läufer. Bei Rückenwind könnten sie abgehoben haben.
Natürlich brauchten die Vögel Federn zum Fliegen. Vielleicht entstanden diese aus »gefransten« Schuppen, die die Körperwärme hielten.
Kleine Warmblüter wie die Vögel benötigen eine solche Körperbedeckung, um die Körpertemperatur stabil zu halten. Der *Archaeoptreryx* hatte schwach entwickelte Federn, deren Form und Anordnung für die Flugfähigkeit sprechen. Sein Brustbein und die Art, wie die Knochen im Schultergürtel verbunden waren, ermöglichten es diesem seltsamen »Vogel-Dinosaurier«, durch die Luft zu fliegen.

Vögel und Dinosaurier (unten)
Der *Archaeopteryx* (a) hatte mit Coelurosauriern wie dem *Microvenator* (b) viele Gemeinsamkeiten. Diese umfassen: einen kurzen Körper; einen dünnen, biegsamen Hals; sehr lange Beine; steife Fersenverbindungen; und lange Finger mit Klauen. (Illustrationen nach Bakker und Galton)

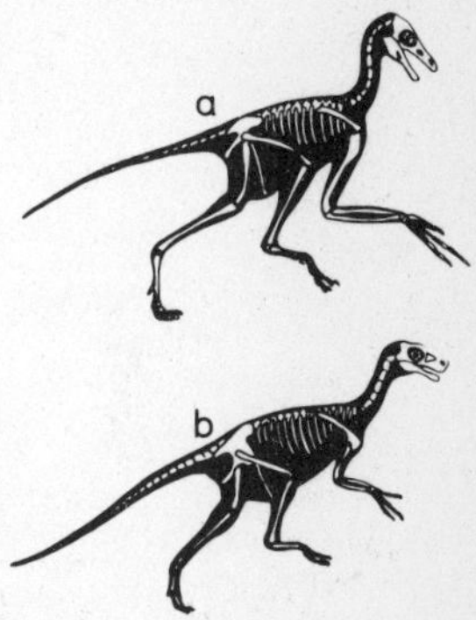

Alte und neue Vögel (links)
Anders als der *Archeopteryx* (B) bat ein heutiger Flugvogel (A) ein großes, flaches-Brustbein (grau), an dem die Flugmuskeln verankert sind.

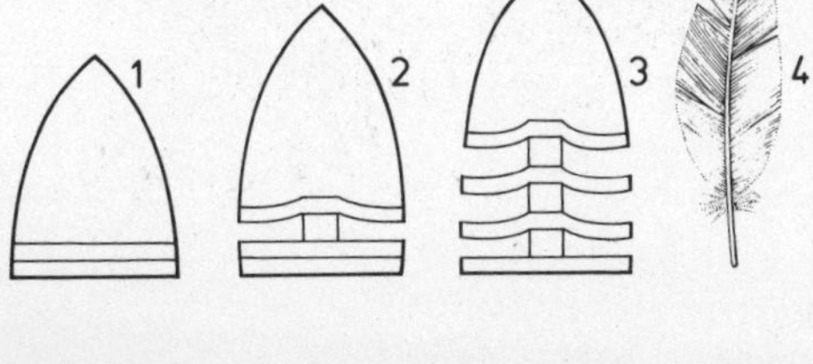

Entwicklung der Federn
Federn könnten sich aus Schuppen entwickelt haben, die sich beim Wachsen aufspalteten (1-4) (Diagramm nach Regal).

Die Ornithomimiden (Straußdinosaurier) (1)

Diese großen, zahnlosen »Vogelnachahmer« sind den meisten Coelurosauriern so unähnlich, daß sie einige Wissenschaftler einer eigenen Teilordnung, den Ornithomimosauriern zuordnen. Die Ornithomimiden waren die Emus und Strauße unter den Dinosauriern. Wie diese großen Vögel konnten sie auf ihren langen, schlanken Beinen schnell laufen. Jeder Fuß hatte drei Zehen. Die langen, dünnen Arme endeten in »Händen«; jede Hand hatte drei lange, mit Klauen versehene Finger. Auf dem langen, beweglichen Hals saß ein kleiner Kopf. Dünne Schädelknochen und ein zahnloses Maul machten den Kopf leicht. Beim Laufen balancierten die Ornithomimiden Kopf und Hals durch den waagrecht gehaltenen Schwanz. Einige zogen durch das offene Land, andere mehr durch Wälder. Die ersten lebten im späten Jura Afrikas, aber

Wo sie lebten
Die Karte zeigt die Fundstellen der Ornitomimiden.

1. *Archaeornithomimus*
2. *Betasuchus*
3. *Dromiceiomimus*
4. *Elaphrosaurus*
5. *Gallimimus*
6. *Ornithomimus*
7. *Struthiomimus*
8. *Tugulusaurus*

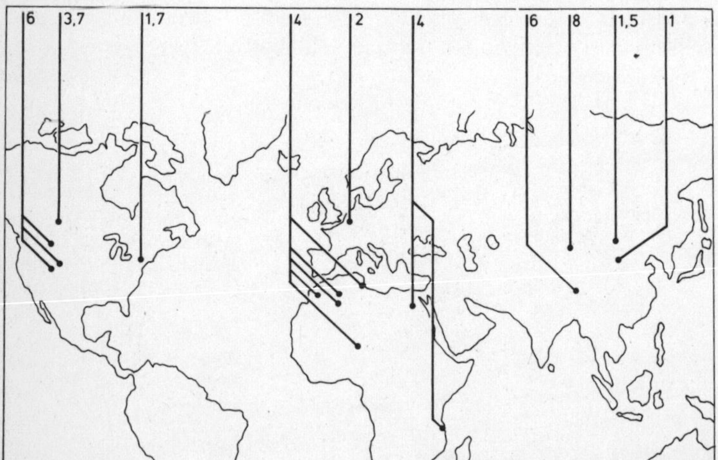

die meisten Arten wurden in den Gesteinen der späten Kreide in den nördlichen Kontinenten gefunden.

Bis auf ihre langen Schwänze, die Arme und die nackte Haut sahen die Straußdinosaurier Straußen so ähnlich, daß man versucht ist anzunehmen, sie lebten wie diese großen, flugunfähigen Vögel. Wie Strauße mögen sie niedrige Büsche nach Blättern, Früchten und Samen abgesucht und nach Insekten, Eidechsen und kleinen Säugetieren geschnappt haben. Einige nehmen aber auch an, sie lebten von Schaltieren oder Eiern anderer Dinosaurier. Sicher konnten sie mit ihren langen Fingern erfolgreich danach graben. Die Straußdinosaurier hatten keine Waffen, mit denen sie stärkere Dinosaurier bekämpfen konnten, aber ihre scharfen Augen erkannten jede kommende Gefahr. Dann war Flucht die beste Waffe; kein bekannter Dinosaurier konnte einen Ornithomimiden in vollem Lauf einholen. Einige Straußsaurier konnten schneller laufen als ein galoppierendes Pferd.

Für den schnellen Lauf gebaut
Der *Dromiceiomimus* war vielleicht der schnellste Dinosaurier. Er lief dank seines besonderen Körperbaus schneller, als ein Pferd galoppieren kann.

a) Leichter, zahnloser Kopf
b) Schlanker Hals
c) Dünne Arme mit Greifhänden
d) Schlanker zur Balance waagrecht gehaltener Schwanz
e) Lange, kräftige Beine
f) Schienbeine länger als die Oberschenkel (g)
h) Lange Fußknochen

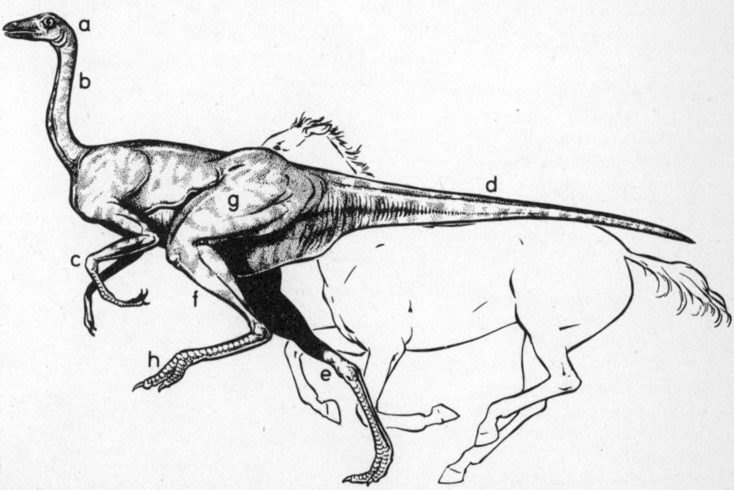

Die Ornithomimiden (Straußdinosaurier) (2)

1. Archaeornithomimus (= alter Vogelnachahmer) war ziemlich primitiv, aber er hatte gerade Klauen an den Fingern und gebogene Klauen an den Zehen wie *Ornithomimus.* Länge: etwa 3,5 m. Zeit: Anfang der späten Kreide. Fundort: nördliches China und östliches Nordamerika.

2. Betasuchus (= Betakrokodil). Länge: etwa 3,5 m. Zeit: späte Kreide. Fundort: Südosten der Niederlande.

3. Dromiceiomimus (= Emunachahmer) hatte schwache Hände, aber längere Schienbeine als andere Ornithomimiden. Er konnte vielleicht schneller laufen als ein Strauß. Sein großes Gehirn kontrollierte die Beine, und große Augen mögen ihm bei der Jagd in der Dämmerung geholfen haben. Länge: 3,5 m. Gewicht: 100 kg. Zeit: späte Kreide. Fundort: südliches Alberta/Canada.

4. Elaphrosaurus (= leichte Echse) hatte eher kürzere Beine und Arme und lief langsamer als die späteren Straußdinosaurier. Möglicherweise war er ihr Vorfahr. Länge: etwa 3,5 m. Zeit: später Jura und frühe Kreide. Fundorte: Algerien, Tansania, Marokko, Tunesien, Ägypten und Niger.

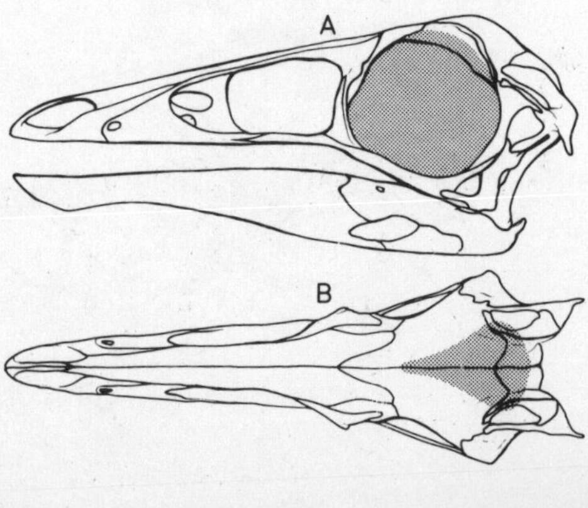

Erstaunliche Augen und Gehirn

A) Große Sockel für die Augen zeigen uns in diesem Schädel des *Dromiceiomimus,* daß dieser Straußdinosaurier größere Augen als jedes heute lebende Landlebewesen hatte.

B) Der Gehirnraum desselben Schädels, der von oben gezeigt wird, war größer als bei einem Strauß. Der *Dromiceiomimus* dürfte intelligent genug gewesen sein, um für seine frei laufenden Jungen zu sorgen. In der Tat wurden Knochen von erwachsenen und jungen Tieren beieinander gefunden.

5. Gallimimus (= Huhnnachahmer) war vielleicht der größte Straußdinosaurier. Er hatte schlechte Greifhände. Seine lange Schnauze hatte ein breites, flaches Ende. Länge: 4 m. Zeit: späte Kreide. Fundort: südliche Mongolei.

6. Ornithomimus (= Vogelnachahmer) hatte dünnere Arme als *Struthiomimus* (einige denken, daß diese zwei und *Dromiceiomimus* zur selben Gattung gehörten). Mehr als die Hälfte seiner Länge nahm der Schwanz ein. Er lebte in dunklen Sümpfen und Wäldern. Länge: etwa 3,5 m. Zeit: späte Kreide. Fundorte: westliches Nordamerika und Tibet.

7. Struthiomimus (= Straußnachahmer) scheint stärkere Arme und Hände als die meisten anderen Straußdinosaurier gehabt zu haben. Er hatte starke gebogene Klauen an den Fingern, keine schwachen geraden. Er lebte offensichtlich an offenen Flußufern. Länge: 3,5 m. Zeit: späte Kreide. Fundorte: südliches Alberta/Canada und New Jersey/USA.

8. Tugulusaurus (= Tugulo-Echse) war ein Straußdinosaurier aus der frühen Kreide Sinkiangs im Nordwesten Chinas. Länge: vielleicht 3 m.

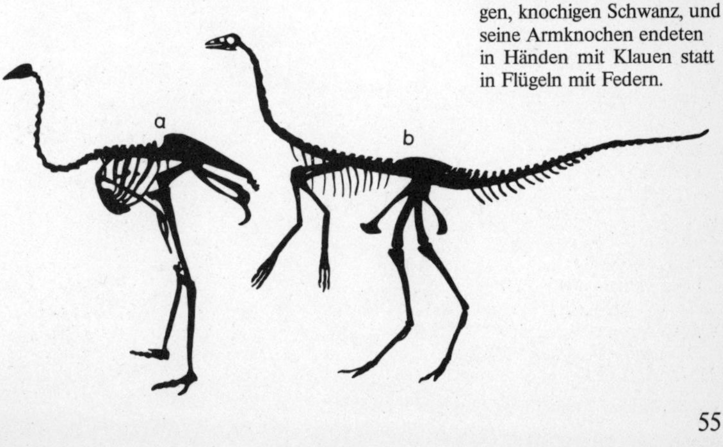

Strauß und Straußnachahmer Skelette eines heutigen Straußes **(a)** und des »Straußnachahmers« *Struthiomimus* **(b)** zeigen die überraschenden Ähnlichkeiten in Größe und Gestalt. Der *Struthiomimus* hatte aber einen langen, knochigen Schwanz, und seine Armknochen endeten in Händen mit Klauen statt in Flügeln mit Federn.

Die Garudimimiden

Die Garudimimiden (= Garudanachahmer) waren eine Familie zahnloser Dinosaurier, die zum ersten Mal 1981 von dem mongolischen Wissenschaftler Rinchen Barsbold beschrieben wurde. Er nannte das einzige bekannte Fossil nach dem Garuda, einem Vogel der indischen Mythologie. Schädel und Fußknochen des *Garudimimus* erinnern an die Straußdinosaurier (die Ornithomimiden). In anderer Hinsicht erschien dieses Tier so unterschiedlich, daß es Barsbold einer bis dahin unbekannten eigenen Familie zuordnen mußte.

Garudimimus (= Garudanachahmer) hatte einen langen, schmalen Kopf mit großen Augen wie die Ornithomimiden. Die Schnabelspitze scheint mehr gerundet, und ein niedriger Knochenkamm verläuft vom Schädeldach bis vor die Augen. *Garudimimus* hatte vermutlich auch kürzere Zehen als die Straußdinosaurier. Länge: vielleicht 3,5 m. Zeit: späte Kreide. Fundort: Südosten der Mongolei.

Der Niemals-niemals-»Vogel«
Der nach einem mythischen Vogel aus Indien benannte *Garudimimus* hatte einen seltsamen Schädel.
a) Diese Öffnung war für ein sehr großes Auge ausgebildet.
b) Diese Knochenerhöhung mag einen Kamm getragen haben.
c) Die Spitze des oberen Schnabelknochens war breiter und mehr gerundet als bei einem Straußdinosaurier **(d)**. (Große Illustration nach Barsbold.)

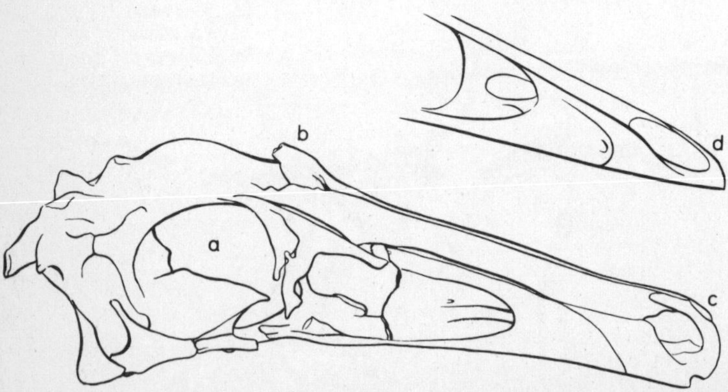

Die Deinocheiriden

Zu den seltsamsten und geheimnisvollsten Dinosaurierfamilien gehören die »Schrecklichen Hände«, die nur von einem Paar riesiger Arme, die man in einer mongolischen Wüste gefunden hat, bekannt sind. Von allen bekannten Lebewesen, seien sie ausgestorben oder heute lebend, hatten nur die fleischfressenden Therizinosauriden ähnlich große Arme. Bei beiden Gruppen hatten die dreifingrigen Hände riesige Klauen, aber die Arme der Deinocheiriden waren viel schlanker und weniger kräftig als die der Therizinosauriden. Die Deinocheiriden mögen an riesige Ornithomimiden oder Droemosauriden erinnert haben; vielleicht war auch der übrige Körper viel kleiner, als die Arme vermuten lassen. In jedem Fall waren diese Hände für einen angreifenden Saurier eine furchtbare Waffe.

Deinocheirus (= schreckliche Hand) hatte ziemlich schlanke Arme, die allerdings unglaubliche 2,6 Meter lang waren. Die drei Finger an jeder Hand hatten lange, gebogene, kraftvoll aussehende Klauen, die den weichen Unterkörper eines Sauropoden aufschlitzen konnten. Zeit: späte Kreide. Fundort: südliche Mongolei.

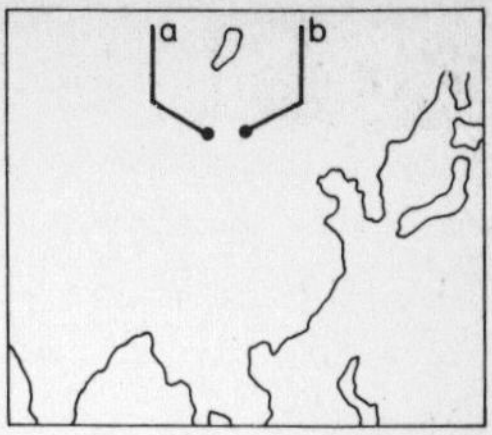

Wo sie lebten
Wie diese Karte zeigt, lebten der *Deinocheirus* (a) und der *Garudimimus* (b) in der Mongolei.

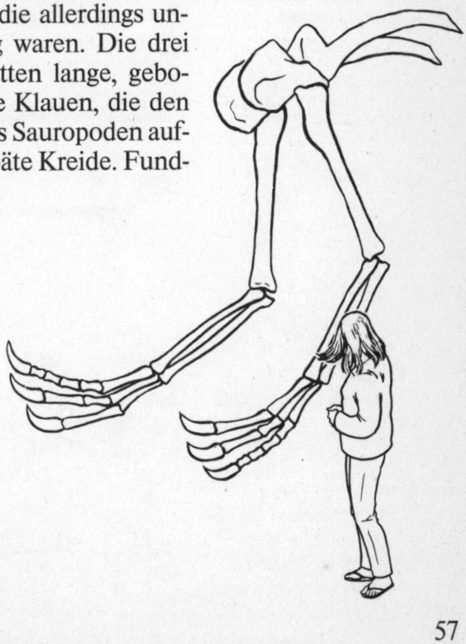

Geheimnisvolle Arme (rechts)
Die riesigen Armknochen des *Deinocheirus* sind hier so angeordnet, wie sie von den Schulterknochen hingen. Daneben zum Größenvergleich ein Mensch. Einige Wissenschaftler glauben, daß ihr Träger ein riesiger, leichtgewichtiger Straußdinosaurier war, aber die großen, kräftigen und scharf gebogenen Klauen unterscheiden sich von den anderer Straußdinosaurier.

Die Dromaeosauriden (1)

1969 korrigierte die erste vollständige Beschreibung dieser »Rennechsen« die alten Angaben, daß Dinosaurier nur träge, dumme Reptilien waren. Diese kleinen bis mittelgroßen Fleischfresser gehörten zu den schnellsten, wildesten und beweglichsten Jägern aller Zeiten. Ihre besonderen Merkmale stellen sie für viele Wissenschaftler in eine eigene Teilordnung, die Deinonychosaurier, getrennt von ihren Coelurosaurier-Vorfahren.

Die Dromaeosauriden hatten eine riesige Klaue am zweiten Zeh und lange Arme mit dreifingrigen Greifhänden, die mit Klauen versehen waren.

Der Schwanz war durch kleine Knochen in besonderer Weise verstärkt: durch Auswüchse der Schwanzknochen, die man in früherer Zeit für zu Knochen gewordene Sehnen hielt.

Wie die meisten Coelurosaurier hatten die

Steife Schwänze
Vom zehnten Sehwanzknochen **(a)** bis zur Schwanzspitze **(b)** gingen von jedem Knochen lange, schmale Knochenstäbchen aus. Diese überlappten andere Schwanzknochen und verbanden sie so miteinander. Einige der Schwanzknochen des *Deinonychus* wurden durch 40 Knochenstäbchen, die vom Wirbel dahinter ausgingen, gehalten. Die Dromaeosauriden hatte mit die steifsten Schwänze, die in der Natur vorkommen. So konnten sie beim schnellen Lauf oder beim Angriff das Gleichgewicht halten.

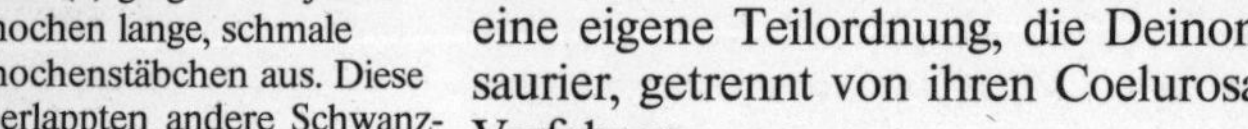

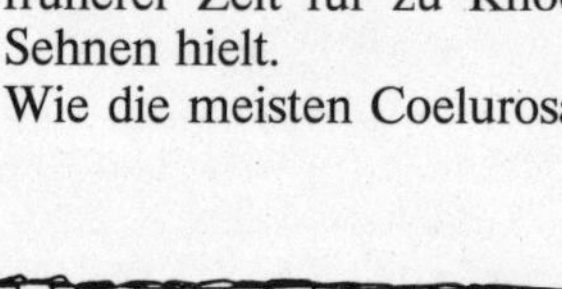

Furchtbare Klauen (rechts)
Beim Gehen hielten die Dromaeosauriden die große Sichelklaue am zweiten Zeh nach oben, aber sie konnten sie hin und her bewegen. Beim Angriff auf ein rivalisierendes Männchen oder einen Feind teilte ein Dromaeosauride heftige Tritte aus, die die Haut des Gegners durchschnitten.

Dromaeosauriden scharfe Zähne, aber ihr Gehirn war groß im Vergleich zu den meisten fleischfressenden Dinosauriern.
Die Dromaeosauriden mögen Klauen, Schwanz und Intelligenz eingesetzt haben, um ihre Beute in einer einzigartig furchtbaren Weise zu töten. Sie mögen im Hinterhalt gelauert oder in Rudeln kleine oder mittelgroße pflanzenfressende Dinosaurier eingekreist haben. Bei einem Sprung auf sein Opfer könnte ein Dromaeosauride das Beutetier mit seinen Händen gefaßt und seine Krallen in das Fleisch gegraben haben. Die große Klaue am zweiten Zeh mag die Haut aufgeschlitzt haben. Ein angreifender Dromaeosauride konnte auf einem Bein stehen, weil sein relativ großes Gehirn die Haltung so steuerte, daß der steife Schwanz die Balance hielt. Diese wilden Jäger dürften in der Kreidezeit zu den gefürchtetsten Raubtieren der nördlichen Kontinente gehört haben.

Wo die Dromaeosauriden lebten
Die Karte zeigt die Heimat aller sechs bekannten Gattungen der Dromaeosauriden, die auf den folgenden zwei Seiten beschrieben werden.

1. *Adasaurus*
2. *Deinonychus*
3. *Dromaeosaurus*
4. *Phaedrolosaurus*
5. *Saurornitholestes*
6. *Velociraptor*

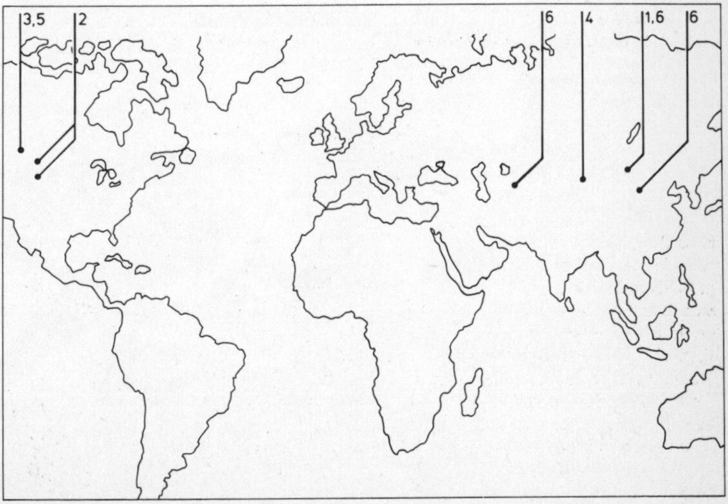

1. Adasaurus hat zwar einen Namen, aber er wurde noch nicht beschrieben. Seine Hüftknochen waren eher wie bei den Ornithischiern als wie bei den Saurischiern angeordnet, obwohl die Dromaeosauriden zu letzteren gehörten. Länge: vielleicht 2 m. Zeit: späte Kreide. Fundort: südliche Mongolei.

2. Deinonychus (= schreckliche Klaue) war einer der größten Dromaeosauriden. Wie bei anderen war sein kurzer, mit Klauen versehener erster Zeh nach hinten gerichtet. Der zweite Zeh trug eine sichelförmige Klaue von 12,7 cm Länge. Sein Gewicht ruhte auf den langen dritten und vierten Zehen. Der Schwanz war durch bis zu 40 knochige Stäbchen um jeden Wirbel versteift. Länge: 2,4–4 m. Zeit: frühe Kreide. Fundort: westliche USA.

3. Dromaeosaurus (= Rennechse) war ein beweglicher, menschengroßer Räuber – ähnlich wie *Deinonychus*, aber kleiner. Länge: 1,8 m. Zeit: späte Kreide. Fundort: südliches Alberta/Canada.

Körperbau eines Dromaeosauriden
Der *Deinonychus* **(A)** aus Nordamerika und der *Velociraptor* **(B)** aus Asien hatten folgende Merkmale der Dromaeosauriden:
a) Relativ großes Gehirn
b) Kleine, scharfe Zähne
c) Lange Arme
d) Lange Finger mit Klauen
e) Versteifter Schwanz
f) Große »Schalterklaue« am zweiten Zeh
g) Der erste kurze Zeh weist nach hinten
h) Der dritte und der vierte Zeh tragen das Körpergewicht

4. Phaedrolosaurus (= schimmernde Ganzechse) erinnerte an *Deinonychus* und war vielleicht sein Vorfahr. Zeit: frühe Kreide. Fundort: Sinkiang/Nordwestchina.

5. Saurornitholestes (= Echsen-Vogel-Räuber) war ein kleiner, leicht gebauter Dromaeosauride oder vielleicht ein Saurornithoidide, wie er 1978 beschrieben wurde. Sein Schädelbau läßt ein größeres Gehirn vermuten als beim *Dromaeosaurus*, aber ein schlechteres Riechvermögen. Ebenso unterschiedlich waren seine scharfen Zähne mit Sägekanten. Die Hände waren für einen kräftigen Griff gut ausgebildet und trugen kleine, aber starke, scharfe, gebogene Klauen. Länge: etwa 1,8 m. Zeit: späte Kreide. Fundort: südliches Alberta/Canada.

6. Velociraptor (= schneller Plünderer) hatte einen langen niedrigen Kopf und eine eingedrückte Schnauze. Man fand ein Exemplar, das beim Kampf mit einem *Protoceratops* den Tod gefunden hatte. Länge: 1,8 m. Zeit: späte Kreide. Fundort: Mongolei, China, Kasachstan.

Enterhaken (oben)
Die Knochen und die gebogenen Klauen eines *Saurornitholestes* sind hier in wirklicher Größe abgebildet. Mindestens einige Dromaeosauriden konnten ihre Klauen gegenüberstellen, um nach der Beute zu greifen.

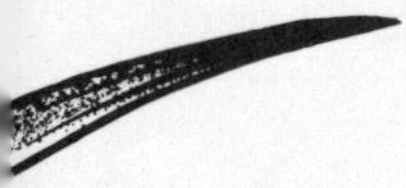

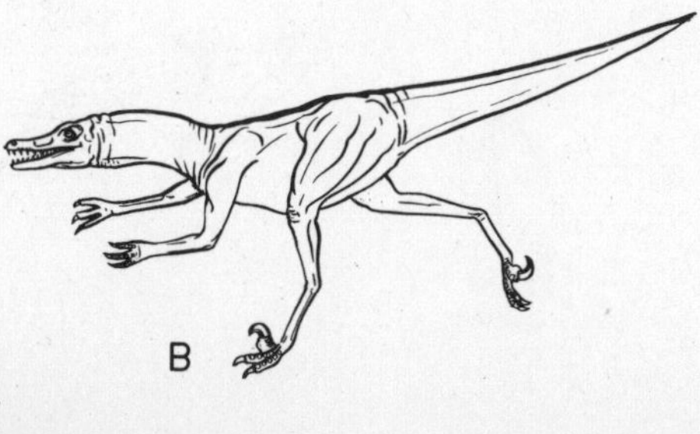

B

Die Saurornithoididen

Diese »vogelähnlichen Echsen« waren leichtgewichtige Räuber von Menschengröße. Einige ihrer Merkmale fand man auch bei anderen kleinen Theropoden. Ihre langen, leichten Schädel enthielten eine Kapsel wie bei den Straußdinosauriern, aber sie hatten auch scharfe Zähne. Wie die Dromaeosauriden hatten sie versteifte Schwänze, lange Arme und und einen zweiten Zeh mit einer »schrecklichen Klaue«; dieser Zeh war allerdings relativ schwach und die Klaue ziemlich klein. Das Auffälligste an diesen Tieren war das überraschend große Gehirn und die riesigen, weit auseinanderstehenden Augen. Möglicherweise fingen diese Tiere in der Dämmerung kleine Säuger. Sie lebten in der späten Kreide in nördlichen Ländern.

1. Bradycneme (= langsames Bein) ist nur von einem gebrochenen Schenkelknochen bekannt, den man einst einer Rieseneule zuschrieb. Fundort: Rumänien.

2. Heptasteornis (= Siebenbürgenvogel) ist ein anderer Saurornithoidide aus Rumänien, den man nur von einem Knochen kennt.

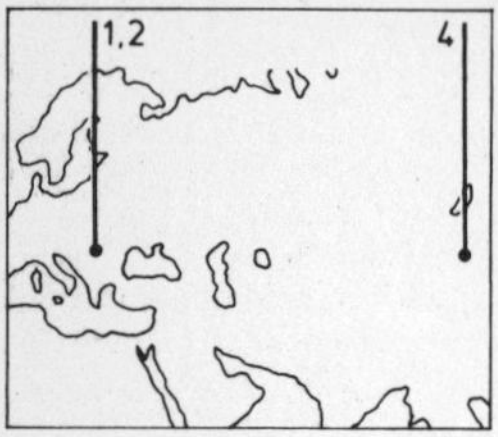

Wo sie lebten
Abgebildet sind die Fundorte des *Bradycneme* (1), des *Heptasteornis* (2) und des *Saurornithoides* (4).

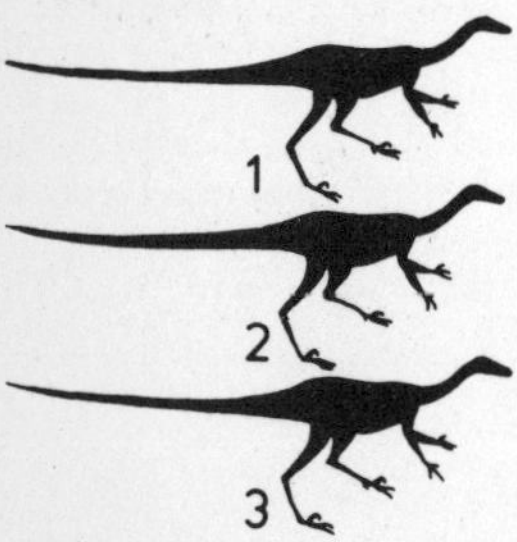

Merkmale der Saurornithoididen
Die Saurornithoididen waren leichter als die Dromaeosauriden und hatten folgende Merkmale:

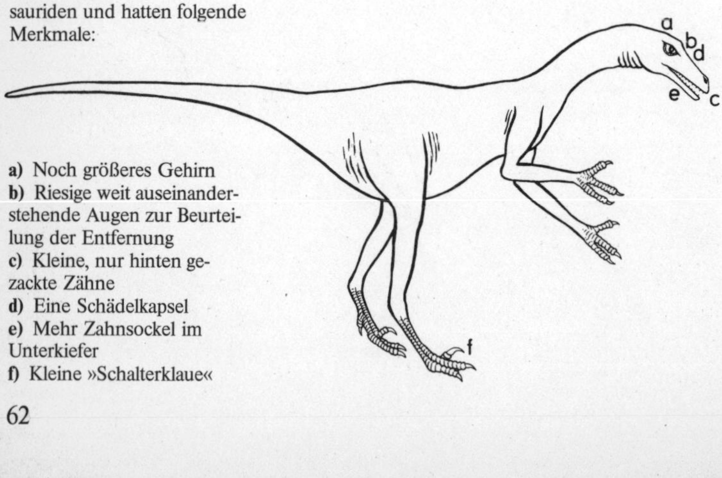

a) Noch größeres Gehirn
b) Riesige weit auseinanderstehende Augen zur Beurteilung der Entfernung
c) Kleine, nur hinten gezackte Zähne
d) Eine Schädelkapsel
e) Mehr Zahnsockel im Unterkiefer
f) Kleine »Schalterklaue«

3. Pectinodon (= Kammzahn) wurde 1982 nach *Saurornithoides*-ähnlichen Zähnen, die man in Wyoming fand, beschrieben.

4. Saurornithoides (= vogelähnliche Echse) hatte einen langen, niedrigen Kopf, eine eingedrückte Schnauze und scharfe Zähne. Im Vergleich hatte *Saurornthoides* ein sechsmal größeres Gehirn als ein Krokodil und muß weniger instinktgesteuert gelebt haben als gewöhnliche Reptilien. Beide Augen konnten ein Objekt fokussieren, so daß Entfernungen wie beim Menschen beurteilt werden konnten. *Saurornithoides* benutzte möglicherweise seine langen Arme und die Greifhände, um kleine Säugetiere zu fangen und sie zum Mund zu führen. Länge: 2 m. Fundort: Mongolei.

5. Stenonychosaurus (= Schmalklauenechse) war ein schneller Läufer mit einem größeren Gehirn als ein Emu. Er glich dem *Saurornithoides*. Länge: 2 m. Gewicht: 27 bis 45 kg. Fundort: südliches Alberta/Canada.

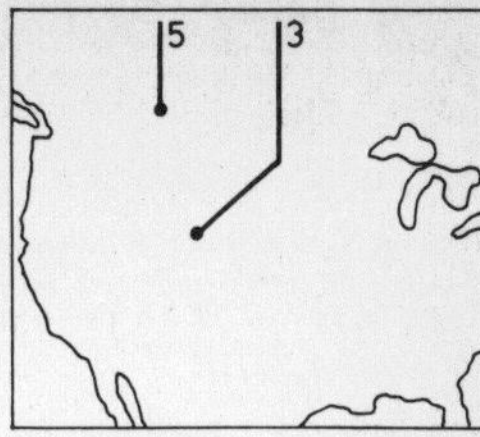

Wo sie lebten
Diese Karte Nordamerikas zeigt die Funde des *Pectinodon* (3) und des *Stenonychosaurus* (5).

Nachtjäger? (unten)
Große scharfe Augen könnten dem *Stenonychosaurus* bei der Jagd in der Dämmerung geholfen haben.

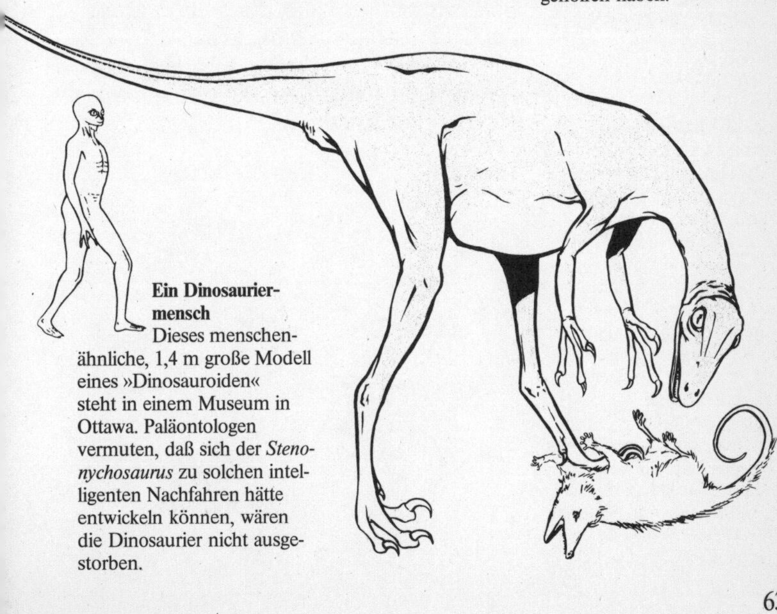

Ein Dinosauriermensch
Dieses menschenähnliche, 1,4 m große Modell eines »Dinosauroiden« steht in einem Museum in Ottawa. Paläontologen vermuten, daß sich der *Stenonychosaurus* zu solchen intelligenten Nachfahren hätte entwickeln können, wären die Dinosaurier nicht ausgestorben.

Die Oviraptoriden

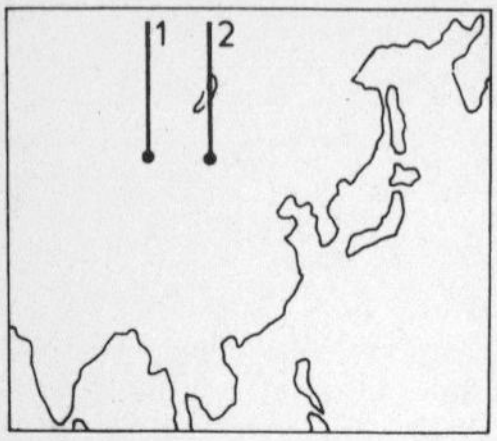

Wo sie lebten
Gezeigt werden die Fundstellen des *Ingenia* (1) und des *Oviraptor* (2).

Zwei Arten der »Hand« (rechts)
Die Fingerknochen zweier Gattungen der Oviraptoriden zeigen Unterschiede:
a) Die Finger des *Oviraptor* hatten lange Knochen und starke, gebogene Klauen.
b) Die Finger des *Ingenia* waren kurz und plump und die Klauen weniger gebogen.

Seltsame Schädel (ganz rechts)
Der kurze, breite Schädel des *Oviraptor* (A) sieht wie der keines anderen Dinosauriers aus, gleicht aber überraschenderweise dem eines Flamingos (B).

Oviraptoriden (= Eierdiebe) nannte man 1976 kleine Theropoden, die in den Wüsten der Mongolei entdeckt wurden. Neben den Straußdinosauriern sind die Oviraptoriden und die Caenagnathiden die am besten bekannten zahnlosen Saurischier. Ihre Kiefer endeten in einem vogelähnlichen Schnabel. Dieser war bei den Oviraptoriden kurz und tief wie der Kopf; ganz im Unterschied zu den langen engen Köpfen und Schädeln der Straußdinosaurier. Obwohl sie keine Zähne hatten, konnten die Oviraptoriden kräftig zubeißen. Offensichtlich konnten sie Härteres knacken als die Dinosauriereier, die sie nach Fossilfunden bevorzugten. Einige Oviraptoriden hatten einen ungewöhnlichen Nasenhöcker. Der restliche Körper erinnerte vermutlich an die Coeluriden. Sie hatten dreifingrige Greifhände und drei benutzbare Zehen an den Füßen. Anders als die Dromaeosauriden und die Saurornithoididen hatten sie keine zusätzlichen Schwanzversteifungen und keine »schrecklichen« Klauen am zweiten Zeh. Die Oviraptoriden lebten in der Kreidezeit.

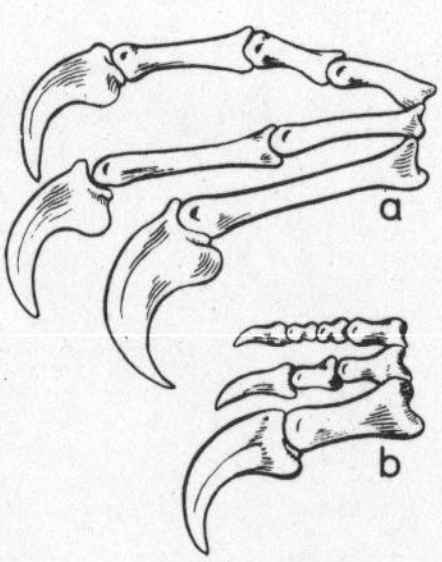

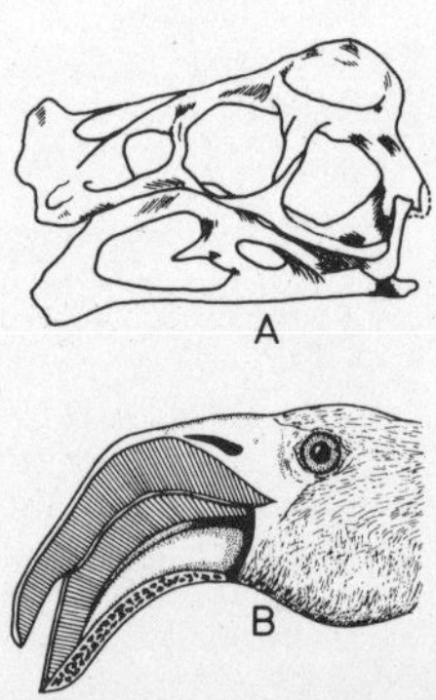

1. Ingenia (= Genie) hatte an jeder Hand drei Finger wie *Oviraptor*, aber diese waren viel kürzer und relativ dick. Der erste Finger war der größte, der zweite war etwas länger als der dritte. Alle hatten starke, gebogene Klauen. Der Wissenschaftler, der diesen Dinosaurier 1981 benannte, hielt die Unterschiede zu Oviraptor für so groß, daß er eine eigene Unterfamilie einführte. Länge: vielleicht 1,8 m. Fundort: Südwesten der Mongolei.

2. Oviraptor (= Eierdieb) hatte einen kurzen Kopf und einen tiefen, kurzen Schnabel an zwei kräftigen Kiefern. Die Biegung des Unterkiefers ermöglichte es diesem Tier, starke Kräfte auf die harte Nahrung, von der es lebte, auszuüben.

Oviraptor hatte mit Klauen versehene dreifingrige Greifhände. Am ersten Finger war die größte Kralle (etwa 8 cm an der Außenseite). Jeder Fuß hatte vier Zehen, aber nur der zweite, dritte und vierte waren groß genug, um sie zu gebrauchen. Sie hatten gebogene Klauen. Länge: 1,8 m. Fundort: südliche Mongolei.

Merkmale des Oviraptors
a) Kurzes Gesicht
b) Kamm
c) Großes Auge
d) Breiter, zahnloser Schnabel
e) Dreifingrige Greifhand
f) Dreizehiger Fuß (und ein winziger großer Zeh)

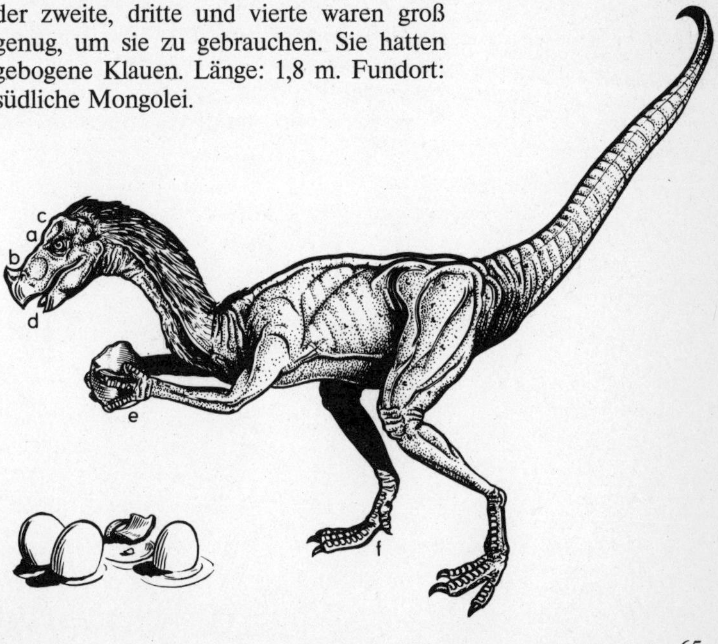

Die Caenagnathiden/ Elmisauriden

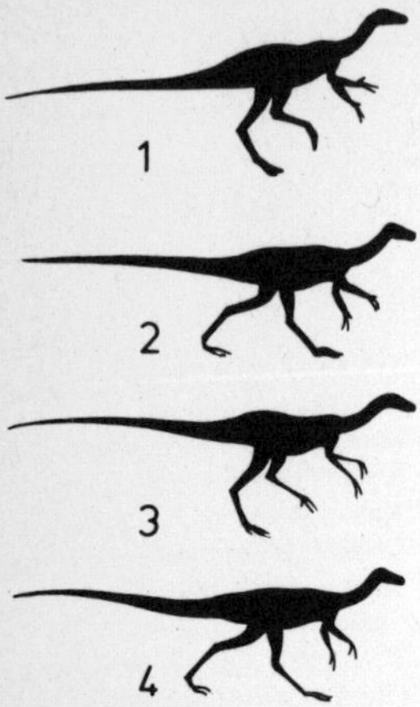

Wo sie lebten
Die bekannten Caenagnathiden lebten in Canada. Die Elmisauriden lebten in Canada und in der Mongolei.

1. *Caenagnathus*
2. *Chirostenotes*
3. *Elmisaurus*
4. *Macrophalangia*

Die Caenagnathiden (junge Kieferlose) und die Elmisauriden (= Fußechsen) sind seltsame Familien der Theropoden der späten Kreide der Nordkontinente.

Einige Wissenschaftler haben behauptet, die Caenagnathiden seien zahnlose Vögel. Andere halten sie für Oviraptoriden, also menschengroße Dinosaurier mit kurzen Schädeln und sehr starken, zahnlosen Kiefern.

Zum ersten Mal 1981 beschrieben, hatten die Elmisauriden vermutlich lange, schlanke Köpfe wie die meisten anderen kleinen bis mittelgroßen fleischfressenden Dinosaurier, aber bis heute wurde noch kein Schädel gefunden. Sie hatten drei dünne Finger an jeder Hand und drei wirkliche vogelähnliche Zehen an jedem Fuß. Einige Fußknochen sind wie sonst nur bei den Vögeln zusammengewachsen. So bestärken gerade die Füße der Elmosauriden die Theorie, die Vögel hätten sich aus den Dinosauriern entwickelt.

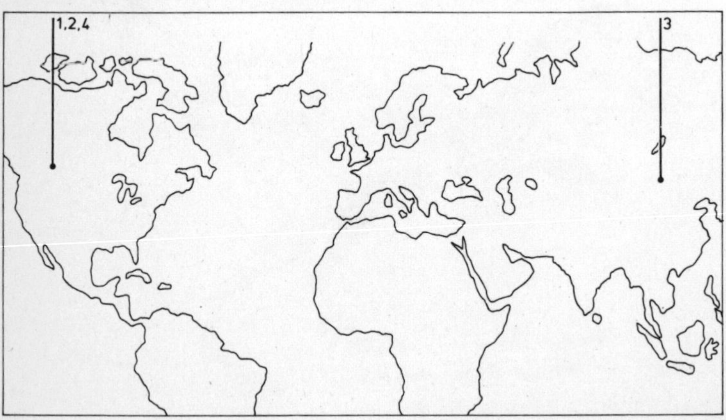

1. Caenagnathus (= junger Kieferloser) wurde nach zwei zahnlosen Unterkiefern beschrieben, die man in Alberta/Canada gefunden hat. Länge: vielleicht 2 m.

2. Chirostenotes (= Schlankhand) mag einem Dromaeosauriden wie Stettonyckosaurins ähnlich gewesen sein, aber er hatte längere, weniger stark gebogene Klauen. Seine langen Finger hatten schmalere Klauen als die des *Elmisaurius.* Vielleicht war er auch derselbe wie der Macrophalattgia. Länge: vielleicht 2 m. Fundort: Alberta/ Canada.

3. Elmisaurus (= Fußechse) war ein leicht gebauter, mittelgroßer Fleischfresser mit einer dünneren Hand als die der Coeluriden und Dromaeosauriden. Er hatte einen vogelähnlichen Fuß mit drei langen und einem kurzen ersten Zeh, der vielleicht nach hinten gerichtet war. Länge: vielleicht 2 m. Fundort: südliche Mongolei.

4. Macrophalangia (große Phalangen: Endknochen von Zehen oder Fingern) ist von einem rechten Fuß bekannt, der relativ längere Zehen (vor allem der erste Zeh) hat als der Elmosaurus. Er mag dasselbe Tier wie der Chirostenotes gewesen sein. Länge: vielleicht 2 m. Fundort: Alberta/Canada.

Ein neuer vogelähnlicher Dinosaurier?
Hand- und Fußknochen sind die einzigen Hinweise auf den *Elmisaurus*, der 1981 zum ersten Mal beschrieben wurde.
A) Knochen der schlanken, dreifingrigen Hand
B) Fußknochen – einige zusammengewachsen – erinnern an die von Vögeln
(Illustrationen nach Osmölska)

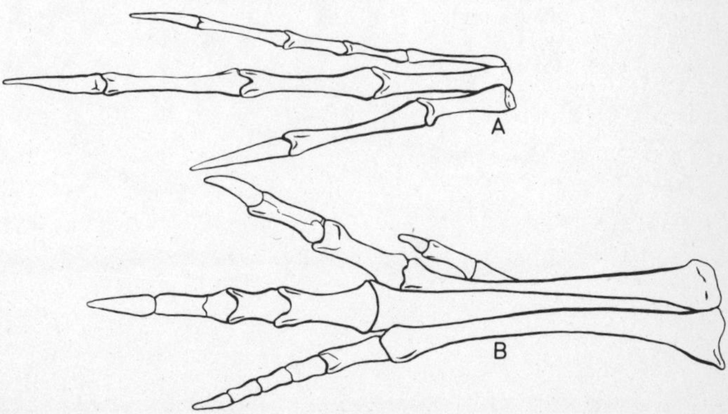

Diese alte Illustration eines *Ceratosaurus*-Schädels zeigt seine Größe, die mächtigen Kiefer und die großen Zähne. Kein anderes Landlebewesen hatte so grausame Zähne und Klauen wie die großen fleischfressenden Dinosaurier. Abbildung nach O. C. Marsh, erschienen in *Dinosaurs* von W. E. Swinton (British Museum, Natural History).

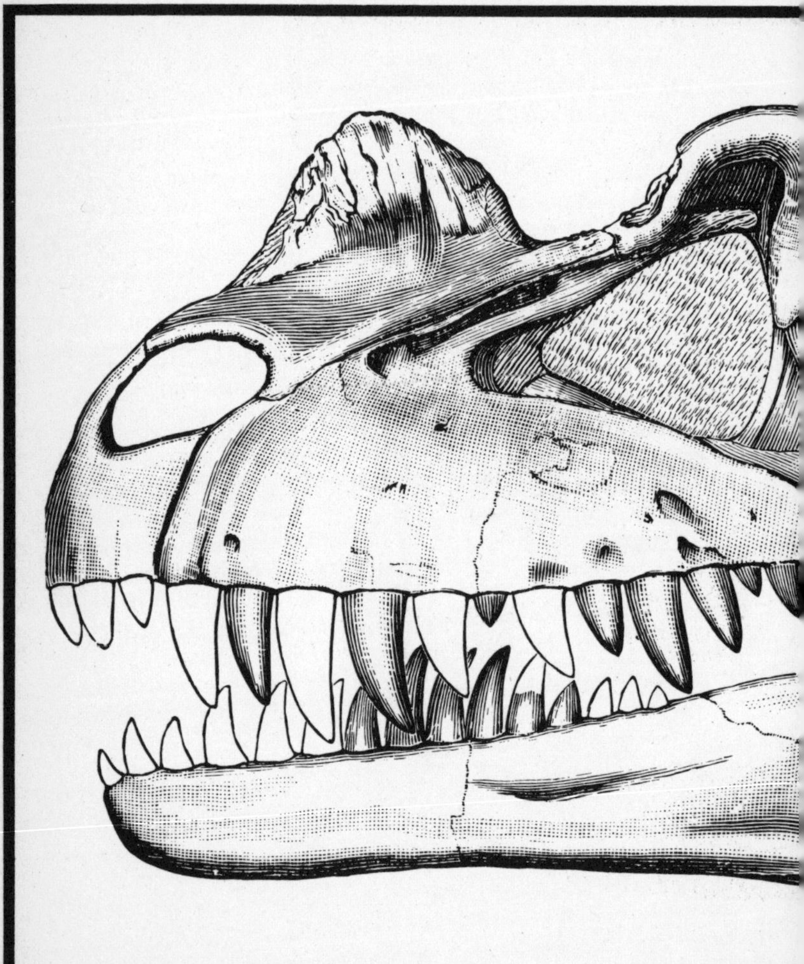

Abschnitt 2

Die Carnosaurier

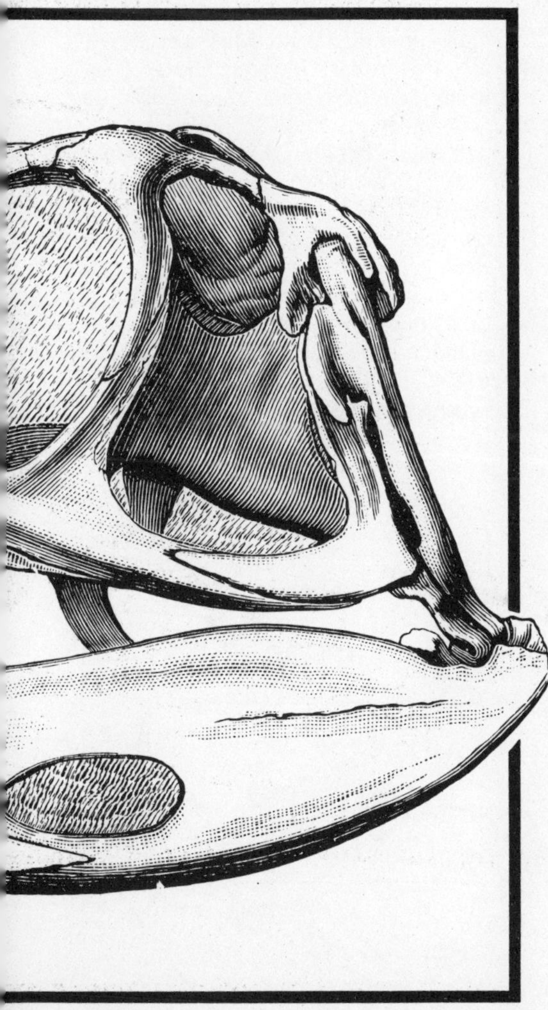

Die Carnosaurier (= Fleischechsen) waren große, schwere Tiere, die zur Gruppe der fleischfressenden Saurischier-Dinosaurier gehörten, die man Theropoden oder »Wildfüßer« nennt. In diesem Abschnitt wird der Name Carnosaurier dafür verwendet, um die Mitglieder der Überfamilie Carnosauria und andere große Theropoden zu beschreiben.
Die Carnosaurier mögen sich aus den kleineren Theropoden, den Coelurosauriern, entwickelt haben, vielleicht sogar aus den Prosauropoden.
Dieser Abschnitt beschreibt 10 Familien der Carnosaurier und einige Theropoden, deren Familien unbekannt sind. Die meisten der letzteren hinterließen so wenig Reste, daß es unmöglich ist, zu sagen, woher sie stammen.
(Für eine allgemeine Information über diesen Abschnitt siehe die Einführung in dieses Kapitel auf Seite 36.)

Die Carnosaurier

Die Carnosaurier, die »Fleischechsen«, umfaßten alle größeren Theropoden (die fleischfressenden Dinosaurier). Die größten von ihnen waren vermutlich so groß, wie ein auf zwei Beinen gehendes Tier überhaupt werden konnte. Große, dickwandige Beinknochen, die durch starke Muskeln bewegt wurden, trugen das Gewicht. Die größten Carnosaurier mögen nicht mehr zustande gebracht haben als einen schnellen, schaukelnden Gang, bei dem die kräftigen Muskeln, den Schwanz so über dem Boden hielten, daß er den mächtigen Körper, den kurzen, dicken Hals und den großen Kopf im Gleichgewicht halten konnte. Ihre hauptsächlichen Waffen waren große, scharfe, gebogene Zähne. An den drei- oder zweifingrigen Händen hatten sie scharfe Klauen und große Krallen an jedem der drei großen, nach vorne gerichteten Zehen pro Fuß. Zu-

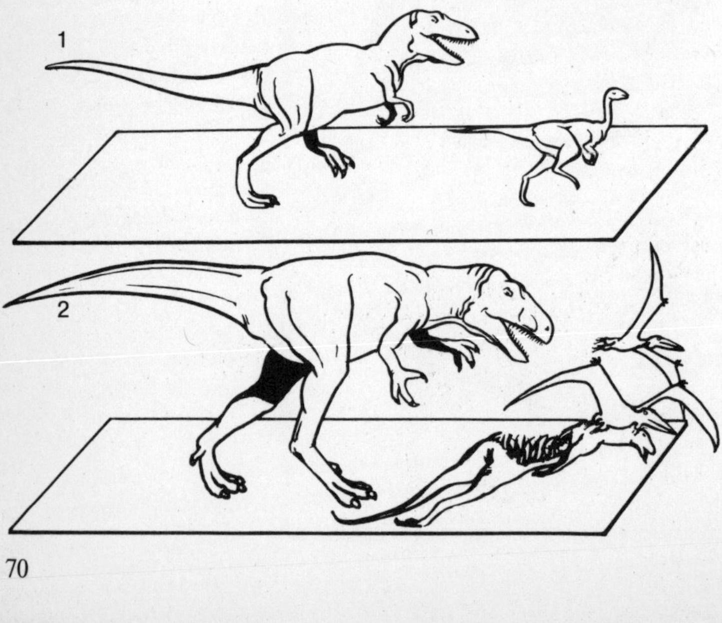

Jäger oder Aasfresser
1. Der Carnosaurier *Albertosaurus* jagt einen schnellfüßigen Straußdinosaurier. Vielleicht waren die Carnosaurier Jäger, aber die meisten der großen Tiere waren zu langsam, um schnelle Läufer zu fangen.
2. Der Carnosaurier *Rapator* vertreibt Pterosaurier vom Körper eines an Altersschwäche gestorbenen Dinosauriers. Vielleicht waren die großen Carnosaurier Aasfresser und keine Jäger.

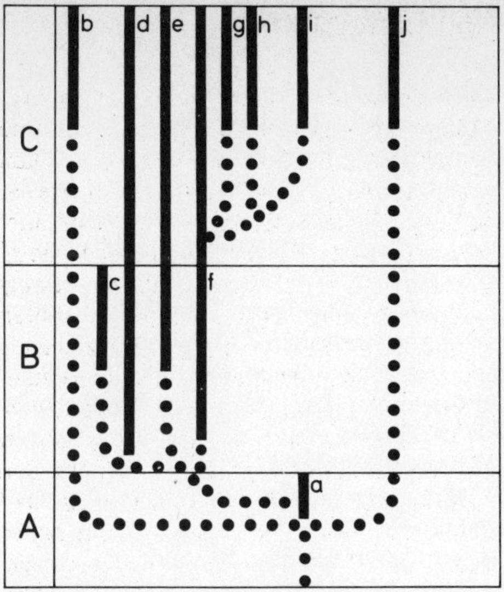

Stammbaum der Carnosaurier
Dieser Stammbaum zeigt die 10 in diesem Kapitel beschriebenen Familien der Carnosaurier. Verwandtschaft und Abstammung sind weitgehend Vermutungen.
a) Teratosauriden
b) Therizinosauriden
c) Ceratosauriden
d) Spinosauriden
e) Allosauriden
f) Megalosauriden
g) Dryptosauriden
h) Tyrannosauriden
i) Itemiriden
j) Segnosauriden
A) Trias
B) Jura
C) Kreide

sätzliche Rippen wie bei den Coelurosauriern schützten die inneren Organe.
Mit der Zeit ersetzten größere Arten der Carnosaurier die früheren Typen. Die kleineren, beweglicheren könnten Pflanzenfresser von der Größe der Camptosauriden angegriffen haben. Die größten waren vermutlich zu langsam und zu unbeholfen, um selbst zu töten; vermutlich fraßen sie eher Aas.

Mensch und Monster
Die Skelette eines Menschen (A) und eines *Tyrannosaurus* (B) zeigen die Größe, die die größten Carnosaurier erreichten.

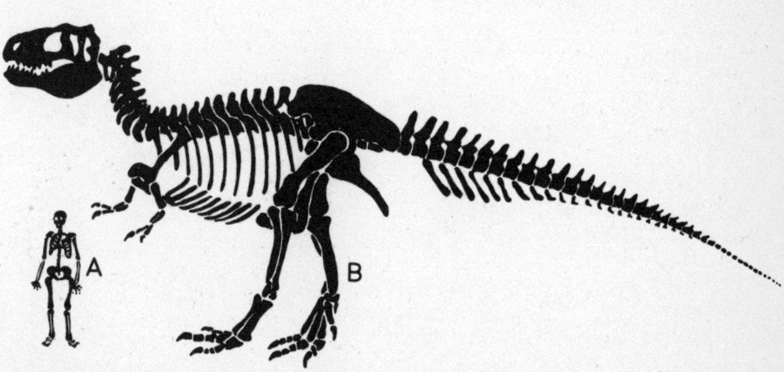

Die Teratosauriden

Diese »Monsterechsen« mögen die erste der verschiedenen Familien der Carnosaurier gewesen sein. Ihre Überreste sind allerdings spärlich. Der große Kopf, der kurze, starke Hals und der kurze Körper ruhten auf langen, kräftigen Hinterbeinen und wurden vermutlich durch einen langen, steifen Schwanz ausbalanciert. Ihre Waffen waren die messerähnlichen Zähne und die Klauen an Fingern und Zehen. Die meisten wurden in Gesteinen der späten Trias Westeuropas gefunden und lebten also vielleicht vor 200 Millionen Jahren.

1. Basutodon (= Basutozahn), nach einem Zahnfund aus der späten Trias des Basutolandes/Lesotho benannt.

2. Picrodon (= Spitzzahn), benannt nach einem Fund spitzer Zähne in Somerset/England.

3. Teratosaurus (= Monsterechse) hatte starke Arme, die jeweils in drei Fingern mit Klauen endeten. Länge: 6 m. Gewicht: bis zu 0,7 Tonnen. Fundorte: Bundesrepublik Deutschland, vielleicht auch Afrika.

4. Zanclodon (= Sichelzahn), benannt nach einem Kieferbruchstück. Fundort: Bundesrepublik Deutschland.

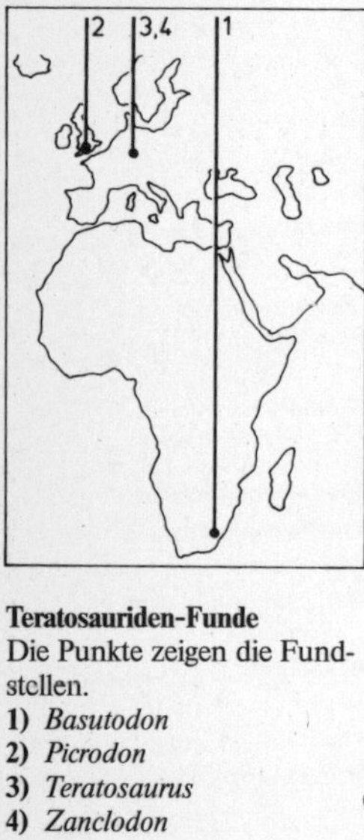

Teratosauriden-Funde
Die Punkte zeigen die Fundstellen.
1) *Basutodon*
2) *Picrodon*
3) *Teratosaurus*
4) *Zanclodon*

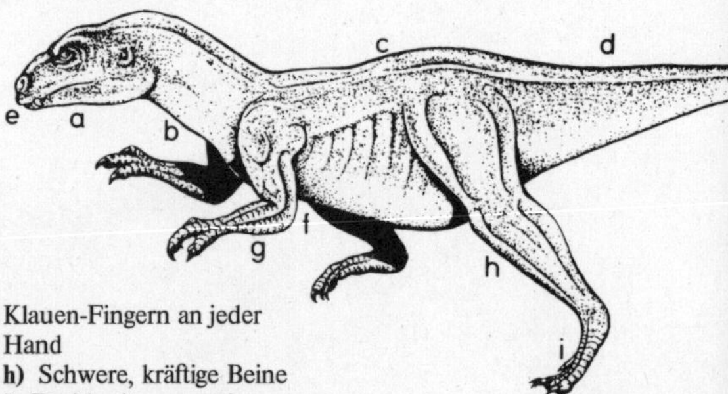

Merkmale des Teratosaurus
a) Großer Kopf
b) Kurzer, starker Hals
c) Kurzer, schwerer Körper
d) Langer, steifgehaltener Schwanz
e) Gebogene, klingenartige Zähne
f) Dickwandige Knochen
g) Kurze Arme mit drei Klauen-Fingern an jeder Hand
h) Schwere, kräftige Beine
i) Drei breite, gespreizte Zehen und ein kleiner großer Zeh

Die Megalosauriden (1)

Die Megalosauriden, die »Riesenechsen«, bildeten die größte Familie der großen fleischfressenden Dinosaurier. Wie die Teratosauriden, die ihre Vorfahren gewesen sein mögen, hatten die meisten schwere Körper und riesige Hinterbeine. Jedes Bein war mit drei Zehen mit starken Klauen bewehrt. Möglicherweise gab es einen kleinen ersten Zeh, der nach hinten gerichtet war. Ein jagender Megalosauride mag mit seinen ziemlich langen, mit Muskeln bepackten Armen wehrlose, große weidende Dinosaurier geschlagen und mit den Klauen an den drei äußeren Fingern jeder Hand (die inneren zwei waren winzig) aufgeschlitzt haben. Dann könnte er seinen kurzen, kräftigen Hals gebogen haben, um die gezackten Zähne in den Körper des Opfers zu graben. Megalosauriden des frühen Jura scheinen relativ klein und leicht gebaut gewesen zu sein, aber es sind kaum Fossilien bekannt. Später lebten größere und kräftigere Tiere, die teilweise so schwer wie ein Elefant waren. Megalosauriden gab es überall.

Megalosauriden-Funde
Die Karte zeigt die vielen Stellen, an denen Megalosauriden-Fossilien gefunden wurden.

1. *Bahariasaurus*
2. *Carcharodontosaurus*
3. *Chingkankousaurus*
4. *Dilophosaurus*
5. *Embasaurus*
6. *Erectopus*
7. *Eustreptospondylus*
8. *Kelmayisaurus*
9. *Macrodontophion*
10. *Majungasaurus*
11. *Megalosaurus*
12. *Orthogoniosaurus*
13. *Poekilopleuron*
14. *Proceratosaurus*
15. *Sarcolestes*
16. *Szechuanosaurus*
17. *Torvosaurus*

In Berkeley, Los Angeles, Washington, DC, und Oxford/England sind Megalosauriden-Fossilien in Museen.

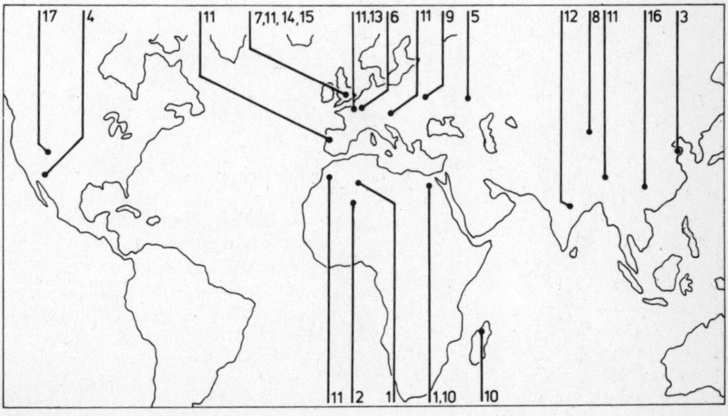

1. Bahariasaurus (= Baharije-Echse) ist von Knochenfunden aus Nordägypten und Algerien bekannt. Er war ein Dinosaurier der späten Kreide.

2. Carcharodontosaurus (= *Carcharodon*-Echse) ist nach *Carcharodon*, dem großen weißen Hai, benannt. Er hatte einen großen Schädel, hohe Rückenwirbel, kurze Arme, große Klauen und mörderisch scharfe, gerade Zähne. Er lebte dort, wo heute die Sahara ist. Zeit: frühe Kreide. Länge: etwa 8 m.

3. Chingkankousaurus (= Ch'ing-kang-kou-Echse) glich vielleicht dem *Allosaurus*, war aber kleiner. Er durchstreifte das China der späten Kreidezeit.

4. Dilophosaurus (= Echse mit zwei Kämmen) hatte zwei dünne, zerbrechliche Knochenkämme auf dem Kopf. Vielleicht traf dies nur für die männlichen Tiere zu. Der *Dilophosaurus* lebte im frühen Jura Arizonas. Länge: über 6 m.

Ein Doppelkamm
Zuerst dachten einige Wissenschaftler, daß der zerbrechliche Doppelkamm des *Dilophosaurus* von einem anderen Tier stamme, da Schädel und Kamm getrennt gefunden wurden. Eine spätere Entdeckung zeigte die Zusammengehörigkeit. Trotz seiner Größe könnte der *Dilophosaurus* ein Coelurosaurier gewesen sein.

5. Embasaurus (= Emba-Echse) ist von Stükken des Rückgrates bekannt, die nahe dem Emba-Fluß im sowjetischen Zentralasien gefunden wurden. Zeit: frühe Kreide.

6. Erectopus (= aufrechter Fuß) ist nach der Gestalt von Bein- und Fußknochen benannt, die man in den Gesteinen der fühen Kreide Nordostfrankreichs fand.

7. Eustreptospondylus (= gut gebogene Wirbelsäule) könnte einen Kopf wie der *Allosaurus* gehabt haben. Er lebte in England im mittleren Jura. Länge: 7 m.

8. Kelmayisaurus (= Kelmayi-Echse) war ein Megalosauride aus der frühen Kreide Sinkiangs im chinesischen Zentralasien.

9. Macrodontophion (= Großzahnschlange) lebte im Jura des südeuropäischen Rußlands. Wir kennen ihn nur von einem abgerundeten Zahn. Dieser war kürzer als die meisten anderen Zähne der Megalosauriden.

10. Majungasaurus (= Majunga-Echse) kommt aus den Gesteinen der späten Kreide von Majunga im Nordwesten Madagaskars, vielleicht auch in Ägypten. Man fand Zähne und Teile des Skeletts.

Knochenhinweise auf einen Mörder

1. Ein *Eustreptospondylus*-Skelett, das bei Oxford/England gefunden wurde, ist der besterhaltene europäische Theropode. Dickwandige Beinknochen trugen das Körpergewicht dieses Tieres, das viermal länger als ein Mensch war.

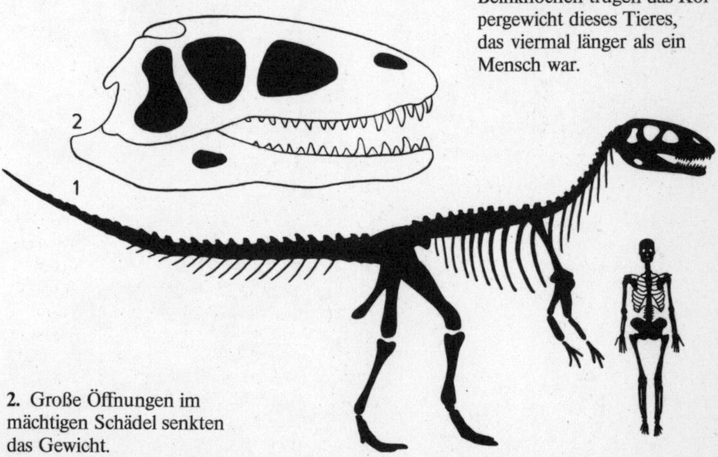

2. Große Öffnungen im mächtigen Schädel senkten das Gewicht.

11. Megalosaurus (= Riesenechse) war ein großer Carnosaurier mit schwerem Körper, gebogenen, gezackten Zähnen, die seitlich abgeflacht waren, und mit starken, gebogenen Klauen an Zehen und Fingern. Dutzende von Knochen, Zähnen oder Fußspuren, die man diesem Dinosaurier zuordnet, wurden in Europa, Südamerika, Afrika und Asien gefunden. Zeit: vielleicht früher Jura bis frühe Kreide. Länge: 9 m. Gewicht: 900 kg.

12. Orthogoniosaurus (= Rechtwinkelechse) ist ein Megalosauride, den man nur von einem kleinen Zahn mit seltsamer Form kennt. Späte Kreide Indiens.

13. Poekilopleuron (= bunte Flanke) hatte kräftige Arme und mag wie der *Torvosaurus* ausgesehen haben. Er lebte im mittleren

Körperbau des Megalosaurus
a) (Riesige) Körpergröße
b) Großer Kopf
c) Kurzer, starker, biegsamer Hals

d) Klingenartige, gezackte Zähne
e) Starke Arme, jeder mit drei klauenbewehrten Fingern
f) Großer, starker Schwanz, an den Seiten abgeflacht
g) Kräftige Beine, jedes mit drei großen Klauen und einem winzigen großen Zeh nach hinten

Jura Nordfrankreichs. Länge: vielleicht bis zu 9 m.

14. Proceratosaurus (= vor den Hornechsen) aus dem mittleren Jura Englands war ziemlich klein und hatte ein Horn über der Nase. Er mag der Ceratosauriden-Vorfahre des *Ceratosaurus* gewesen sein.

15. Sarcosaurus (= Fleischechse) war klein und leicht gebaut und lebte im frühen Jura Englands. Länge: 3,5 m.

16. Szechuanosaurus (= Szechuan-Echse) aus Szechuan/China, sah dem viel größeren *Allosaurus* ähnlich. Zeit: später Jura. Länge: etwa 8 m.

17. Torvosaurus (= grausame Echse) war so lang wie der *Allosaurus*, aber kräftiger, mit kurzen, aber starken Armen und schrecklichen Klauen. Trotzdem mag er nur ein harmloser Aasfresser gewesen sein. Länge: 10 m. Gewicht: bis zu 5,4 Tonnen. Zeit: später Jura. Fundorte: westliches Nordamerika.

Eine Megalosauriden-Besonderheit
Der Schädel des *Proceratosaurus* zeigt ein kleines Horn über der Schnauze. Einige Experten halten diesen Megalosauriden für einen Ceratosauriden.

Vier oder zwei Beine? (links)
1854 bildet ein britischer Paläontologe den *Megalosaurus* vierbeinig ab. Als erste erkannten amerikanische Paläontologen, daß solche Dinosaurier auf den Hinterbeinen standen. Fossile Spuren geben Hinweise, wie diese wuchtigen Zweibeiner gingen. Eine Fährte in Südengland zeigt, daß die Zehen nach innen gerichtet waren. Möglicherweise watschelten die Megalosauriden wie riesige Enten, wobei ihr Schwanz bei jedem Schritt von der einen zur anderen Seite schwang.

Die Allosauriden

Die Allosauriden wurden schon die Tiger ihrer Zeit genannt. Sie waren Fleischfresser, größer und beweglicher als die meisten Megalosauriden. Mehr als die Hälfte ihrer Länge nahm der Schwanz ein, der den kurzen, schweren Körper, den dicken, beweglichen Hals und den massiven Kopf in Balance halten mußte. Die riesigen Kiefer der Allosauriden öffneten sich weit genug, um große Stücke von Fleisch zu verschlingen. Einige Wissenschaftler glauben, daß die Allosauriden nur Aas fraßen, da sie zu schwerfällig waren, um zu jagen. Andere meinen, daß sie schnell liefen und gut schwimmen konnten. Meuten von Allosauriden könnten riesige Sauropoden getötet haben. Sie lebten vermutlich vom frühen Jura bis zur späten Kreide; die meisten Funde stammen aus Nordamerika. Trotzdem lebten die Allosauriden überall.

1. Allosaurus (= andere Echse) glich dem

Merkmale des Allosaurus
a) Riesige Größe im Vergleich zum VW-Käfer
b) Kopf mit ungewöhnlichen Höckern und Nasenkamm
c) Kiefer mit mehr säbelähnlichen Zähnen als beim *Megalosaurus*
d) Kurzer, starker Hals
e) Mächtiger, schmaler Körper
f) Starke Arme
g) Drei Finger je »Hand«
h) Langer, steifgehaltener Schwanz
i) Große Beine
j) Dreizehige Füße

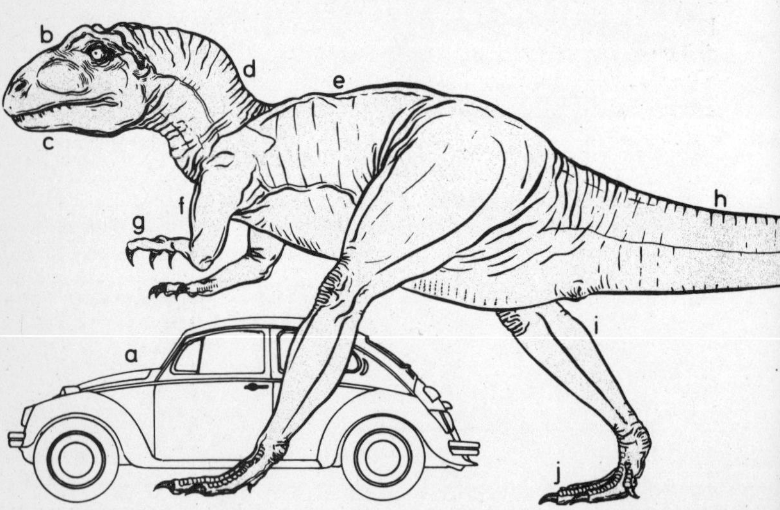

Megalosaurus, aber war noch größer. Er hatte mehr Zähne in seinem vorderen Oberkiefer und ein Paar zusätzliche Öffnungen an den Schädelseiten. Es gab zwei Knochenhöcker über und dicht vor den Augen, zwei kleinere Höcker hinter ihnen und ein schmaler, niedriger Knochenkamm von den Augen zur Schnauze. Viele wurden bis 11 m lang, und die meisten wogen etwa 1–2 Tonnen. Ein Exemplar war vermutlich 12,8 m lang und 4,9 m hoch. Der Allosaurus lebte im späten Jura Nordamerikas, Afrikas, Australiens und vielleicht Asiens.

2. Indosaurus (= Indienechse) hatte einen auffallend dicken, massiven Schädel. Zeit: späte Kreide. Fundorte: Zentralindien.

3. Pianitzkysaurus (= Pianitzkys Echse) aus dem späten Jura Südargentiniens glich dem *Allosaurus*, hatte aber »ältere« Merkmale, und sein Unterarm war relativ länger.

4. Piveteausaurus (= Pivetaus Echse) hatte einen längeren Schädel und niedrigere Hökker über den Augen als der *Allosaurus*. Lebte im mittleren Jura Nordfrankreichs. Länge: bis 11 m. Gewicht: bis 1,8 Tonnen.

5. Yangchuanosaurus (= Yang-ch'uan-Echse) hatte einen biegsamen Hals und einen biegsamen Schwanz. Er lebte im späten Jura Chinas. Länge: bis zu 10 m.

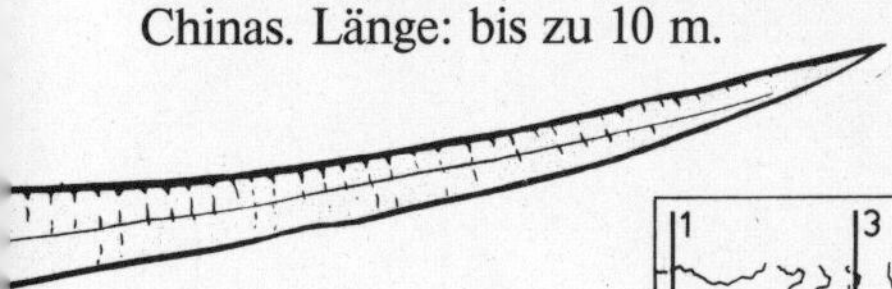

Wo sie lebten
Die Allosauriden-Funde sind in der Karte eingetragen.
1. *Allosaurus*
2. *Indosaurus*
3. *Pianitzkysaurus*
4. *Piveteausaurus*
5. *Yangchuanosaurus*
Viele Museen haben Fossilien von Allosauriden.

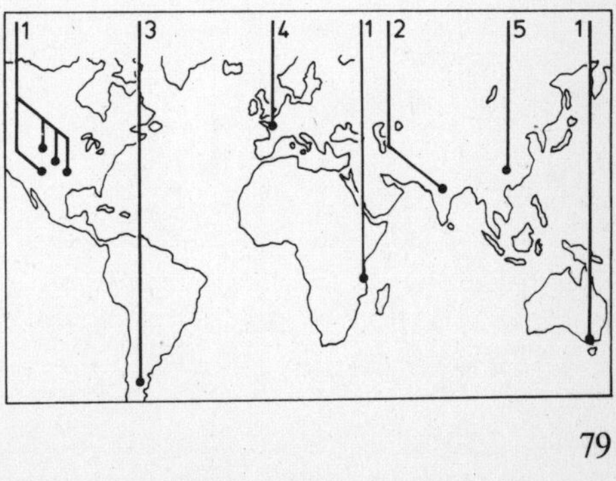

Die Ceratosauriden

Hinweise auf Ceratosauriden
A, B. Zwei Ansichten des Schädels eines *Ceratosaurus.* Sein Bau gleicht dem bei Allosauriden und Megalosauriden. Aber über dem niedrigen Knochenhöcker auf der Schnauze könnten ein Stachel oder ein Horn gewachsen sein.
C) Vom *Chienkosaurus* sind nur Zähne wie dieser, der auch ein Krokodilzahn sein könnte, erhalten.

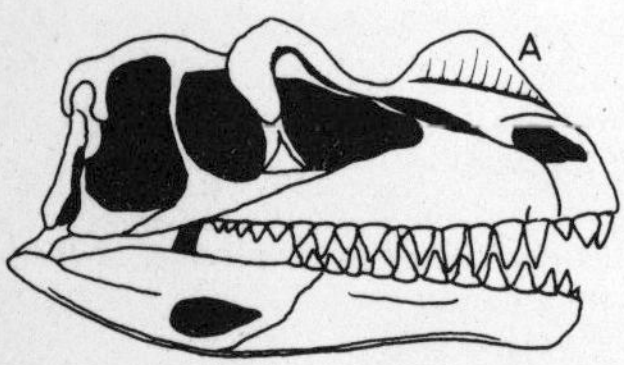

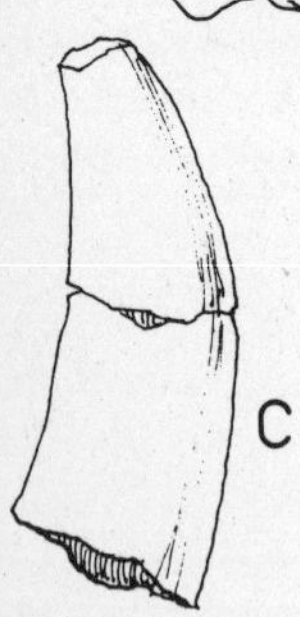

Die Ceratosauriden scheinen eine ungewöhnliche Familie großer fleischfressender Dinosaurier mit einem Horn über der Nase gewesen zu sein. Vielleicht haben rivalisierende männliche Tiere damit gekämpft. Die Ceratosauriden lebten zur selben Zeit wie der *Allosaurus,* aber waren nur halb so groß und jagten vermutlich mehr selbst. Funde von Fußspuren deuten darauf hin, daß sie in Rudeln Tiere, wie den *Camptosaurus* jagten.

1. Ceratosaurus (= Hornechse) hatte ein kurzes Horn auf seiner Nase und Höcker über den Augen. Eine Reihe kleiner Knochenplatten verlief auf der Mitte seines Rükkens. Die Arme waren kurz, aber stark. Er hatte vier mit Klauen bewehrte Finger an jeder Hand und drei Zehen mit Klauen. Einige Fußknochen waren zusammengewachsen. Der *Ceratosaurus* lebte in Nordamerika und Ostafrika. Länge: 4,6–6 m.

2. Chienkosaurus (= Chien-ko-Echse) aus China ist nur von vier Zähnen bekannt. Einige Experten glauben, diese stammen von einem prähistorischen Krokodil.

Ceratosauriden-Funde
Die Karte zeigt die Fundorte.
1. *Ceratosaurus*
2. *Chierikosaurus*

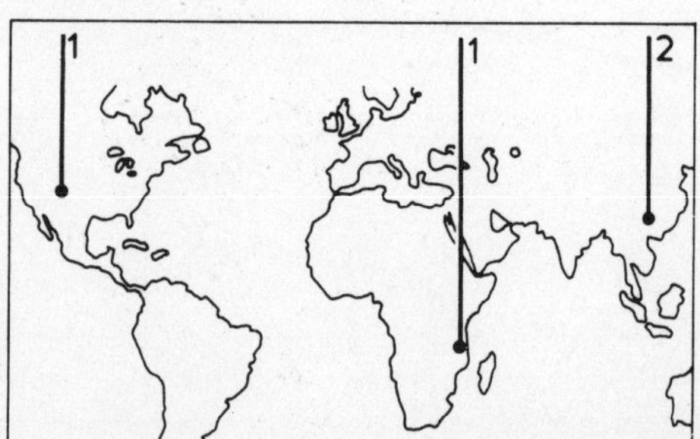

Die Dryptosauriden

Diese Familie der »zerfleischenden Echsen« lebte in der späten Kreide Nordamerikas und Asiens. Die Fossilfunde sind aber so wenige, daß keine genaue Beschreibung von den Besonderheiten der Familie erstellt werden konnte. Einige Wissenschaftler halten die Dryptosauriden für Tyrannosauriden. Wenn es eine eigene Familie gab, mag sie drei und nicht nur zwei Mitglieder gehabt haben: Ein kräftiger Arm, der in der Mongolei gefunden wurde, könnte von einem Dryptosauriden stammen.

1. Dryptosauroides (= *Dryptosaurus*-ähnlich) war der Name, den man aufgrund von sechs großen Wirbelknochen vergab, die in Gesteinen der späten Kreide Indiens gefunden wurden. Länge: mehr als 6 m.

2. Dryptosaurus (= zerfleischende Echse) hatte kurze, aber kräftige Arme und große, muskulöse Beine. Die gebogenen Zähne und Klauen glichen denen der Megalosauriden, aber der obere Schenkelknochen erinnerte mehr an den *Iguanodon*. Der *Dryptosaurus* lebte in Nordamerika. Länge: gut über 6 m.

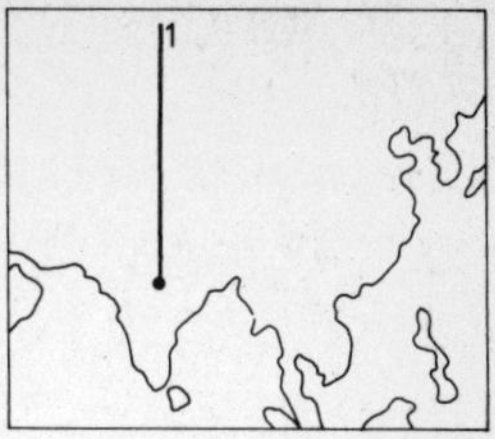

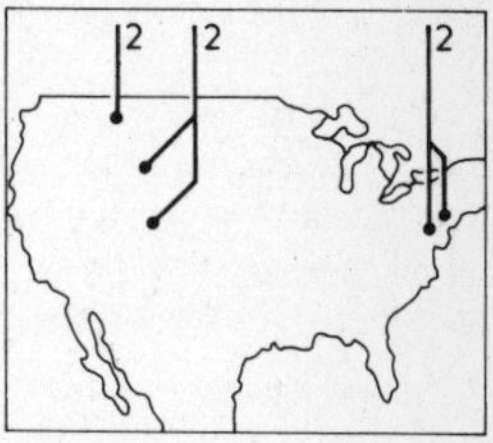

Fossilfunde
Die Fossilfunde der Dryptosauriden sind auf diesen Karten Asiens und der USA gezeigt.

»Laelaps«, der Springer
Der Entdecker des Dryptosaurus glaubte 1866, daß dieses Tier wie ein Känguruh auf seinen Hinterbeinen gehüpft sei, um Beute zu fangen. Er nannte ihn deshalb *Laelaps* nach einem Jagdhund aus einer griechischen Sage, der im Sprung zu Stein verwandelt wurde.

Die Spinosauriden

Diese »Stachelechsen«, eine Gruppe von riesigen fleischfressenden Dinosauriern, hatten lange Stacheln, die vom Rücken abstanden. Jeder Stachel war ein Auswuchs eines Wirbels der Wirbelsäule. Gewöhnliche Wirbel haben hervorstehende »Stacheln«, an denen die Muskeln verankert sind, und beim *Acrocanthosaurus* mag dies noch die einzige Funktion gewesen sein (Vielleicht war dieser nur ein ungewöhnlicher Megalosauride und gar kein Spinosauride). Bei Dinosauriern wie dem *Spinosaurus* aber müssen die Stacheln ein Haut-»Segel« aufgespannt haben. Damit könnten die männlichen Tiere einander abgeschreckt haben, oder die Segel waren Wärmeaustauscher. In der Dämmerung mögen die Tiere seitlich zur Sonne gestanden sein, um sich schnell aufzuwärmen. Falls sie Kaltblüter waren, mag dies den Spinosauriden geholfen haben, eher beweglich zu sein als andere Dinosaurier. Am Mittag könnte ein Spinosauride mit seinem Rükken zur Sonne die Hitze abgeleitet haben.

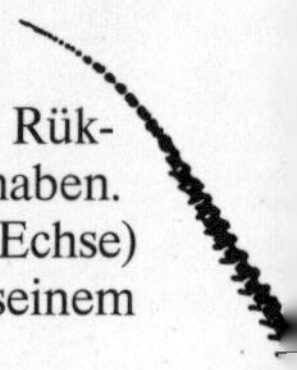

1. Acrocanthosaurus (= sehr stachlige Echse) hatte Stacheln, die bis zu 30 cm von seinem

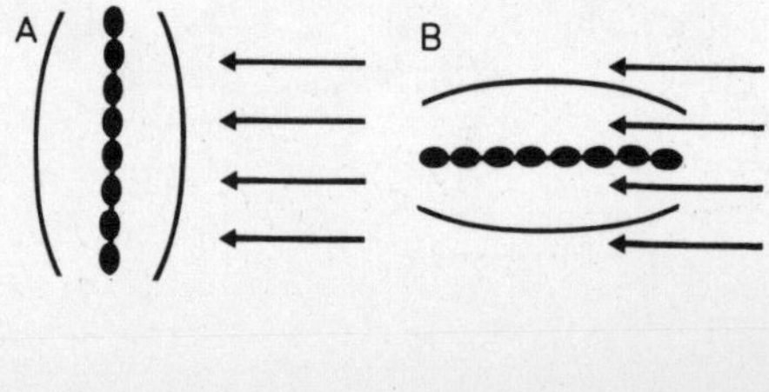

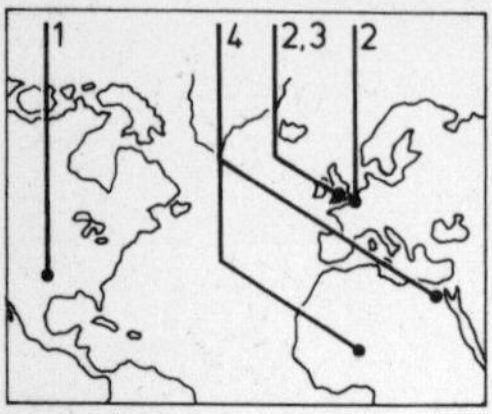

Fossilfunde
Die Karte zeigt die Orte, an denen Spinosauriden gefunden wurden.

1. *Acrocathosaurus*
2. *Altispinax*
3. *Metriacathosaurus*
4. *Spinosaurus*

Museen der Universitäten von Oklahoma und Oxford zeigen Funde.

Segel als Kriegsflaggen?
Rivalisierende männliche Spinosauriden mögen ihre Hautsegel aufgestellt haben, um einander abzuschrecken. Ein wirklicher Kampf war unwahrscheinlich, da die Segel sehr verwundbar waren.

Segel als Heizkörper
Das Blut eines *Spinosaurus* floß vom Körper auch durch sein Segel.
A) Wenn ein *Spinosaurus* quer zur Sonneneinstrahlung stand, erhitzten die Strahlen das Segel und wärmten so Blut und Körper.
B) Wenn ein *Spinosaurus* mit dem Rücken zur Sonne stand, trafen weniger Strahlen auf das Segel. Dies schützte den *Spinosaurus* vor Überhitzung.

Rücken abstanden und möglicherweise in Muskeln eingebettet waren. Sein Kopf war relativ klein. Länge: 12 m. Zeit: frühe Kreide. Fundort: Oklahoma/USA.

2. Altispinax (= hoher Dorn) hatte Stacheln, die viermal länger als seine Wirbel waren. Die Stacheln mögen ein Hautsegel über der Schulter aufgespannt haben. Länge: 8 m. Zeit: frühe Kreide. Fundort: Nordwesteuropa.

3. Metriacanthosaurus (= Echse mit mittellangen Stacheln) hatte Stacheln, die zweimal so lang wie die Wirbel waren. Die Spinosauriden aus dem frühen Jura Englands mögen die Vorfahren von *Spinosaurus* gewesen sein. Länge: etwa 8 m.

4. Spinosaurus (= Stachelechse) hatte auf seinem Rücken ein Hautsegel, das größer als ein Mensch war und von klingenartigen Stacheln, die bis zu 1,8 m lang waren, gehalten wurde. Seine Zähne waren gerade, nicht gebogen wie bei den meisten Carnosauriern. Er lebte in der späten Kreide Nigers und Ägyptens. Länge: 12 m. Gewicht: bis zu 6,4 Tonnen.

Spinosaurus und Dimetrodon

1. Das Skelett des *Spinosaurus* zeigt die großen Stacheln des Rückgrats.

2. Auch der *Dimetron,* ein fleischfressendes Reptil, das vor den Dinosauriern lebte, hatte große Stacheln, die ein Hautsegel aufspannten.

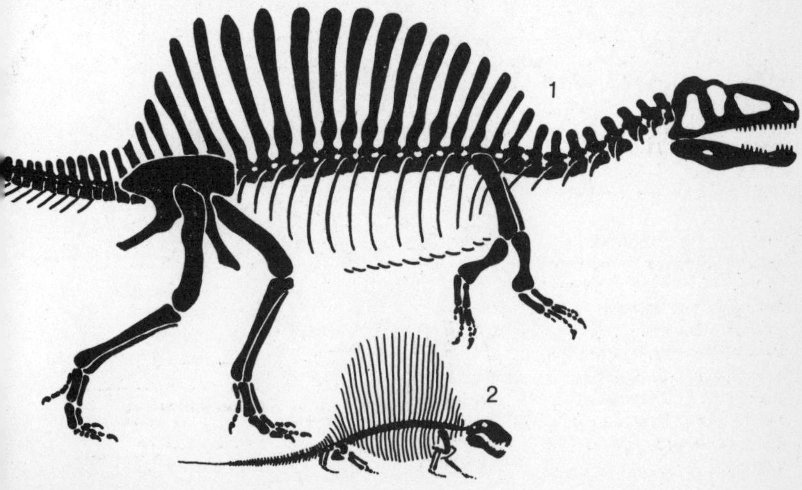

Die Tyrannosauriden (1)

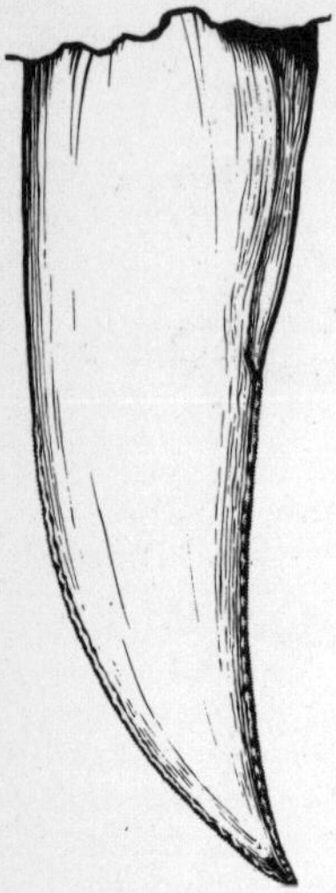

Die Tyrannosauriden (= Tyrannenechsen) umfaßten einige der größten fleischfressenden Landlebewesen aller Zeiten. Einige waren so schwer wie ein großer Elefant. Sie hatten einen kräftigen Schädel, einen starken Körper, riesige Zähne und große Klauen an den Zehen. Die Arme waren klein, und jede »Hand« hatte nur zwei Finger. Ruhende Tyrannosauriden mögen diese beim Aufstehen benutzt haben, um den Körper abzufangen. Einige Wissenschaftler glauben, daß die Tyrannosauriden die grausamsten Jäger waren. Sie mögen sogar gepanzerte Dinosaurier angegriffen haben. Andere meinen, die Tyrannosauriden seien zu schwerfällig gewesen und hätten nur langsam watscheln können; ihre Nahrung sei Aas gewesen. Die meisten lebten in der späten Kreide Asiens oder Nordamerikas.

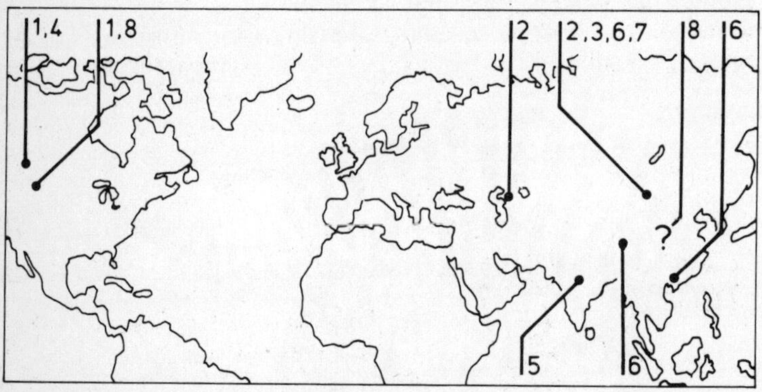

Zahn des Tyrannosaurus (oben)
Dieser Zahn des Tyrannosaurus ist in Lebensgröße abgebildet. Solche großen Klingen mit Sägekanten konnten durch Fleisch schneiden.

Wo sie lebten
Funde der Tyrannosauriden.

1. *Albertosaurus*
2. *Alectrosaurus*
3. *Alioramus*
4. *Daspletosaurus*
5. *Indosuchus*
6. *Prodeinodon*
7. *Tarbosaurus*
8. *Tyrannosaurus*

1. Albertosaurus (= Alberta-Echse) glich dem *Tyrannosaurus,* war aber kleiner und leichter gebaut, hatte winzige Ärmchen, aber mehr Zähne. Fundort: Alberta/Canada und Montana/USA: Länge: 8 m. Gewicht: 1,8 Tonnen.

2. Alectrosaurus (unverheiratete Echse) kennt man von Knochenfunden aus der Mongolei und Kasachstan. Knochen eines kräftigen Arms, die man einst diesem zugeordnet hatte, stammen jedoch von einem anderen.

3. Alioramus (= anderer Zweig) mag nur halb so lang wie der *Tyrannosaurus* gewesen sein. Er hatte einen niedrigen Kopf mit Knochenhöckern zwischen den Augen und der Schnauze und viele scharfe, gebogene Zähne. Länge: vielleicht 6 m. Fundort: Mongolei.

4. Daspletosaurus (= schreckliche Echse) hatte einen großen Kopf, einen kräftigen Körper, kleine Arme und mehr Zähne als der *Tyrannosaurus.* Länge: etwa 8,5 m. Gewicht: vielleicht 3,6 Tonnen. Fundort: Alberta/Canada.

Daspletosaurus (unten)
Gezeigt sind die Hauptmerkmale.

a) Enorme Größe
b) Großer Kopf
c) Kurze, breite Kiefer
d) Dolchartige Zähne
e) Kurze Arme
f) Zweifingrige Hände
g) Kurzer, biegsamer Hals
h) Kurzer Körper
i) Breiter, mit dem Rückgrat verwachsener Hüftgürtel
j) Schwerer, muskulöser Schwanz
k) Starke Hinterbeine
l) Drei große Zehen
m) Erster Zeh nach hinten

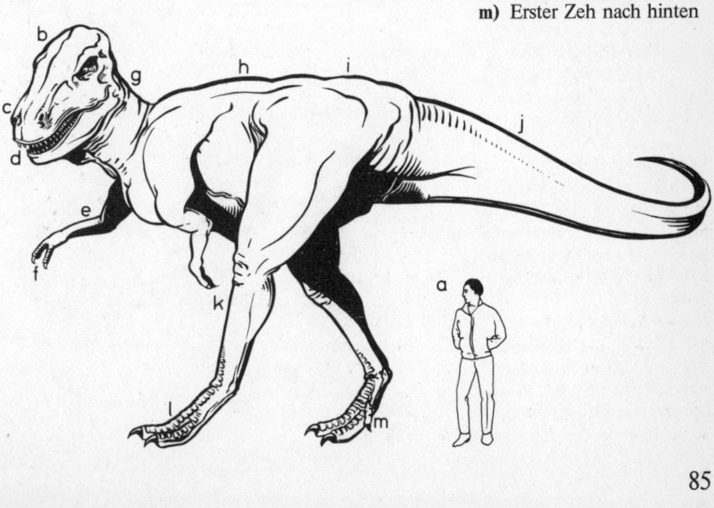

5. Indosuchus (= indisches Krokodil) wurde ein mittelgroßer Tyrannosauride genannt. Er hatte mehr und kürzere Zähne als der *Tyrannosaurus* und einen »altertümlicheren« Schädel. Er lebte in Zentralindien.

Freßgewohnheiten
Der *Tyrannosaurus* zog es vielleicht vor, Aas zu fressen. Bei einem Kampf könnten seine langen Zähne abgebrochen sein.

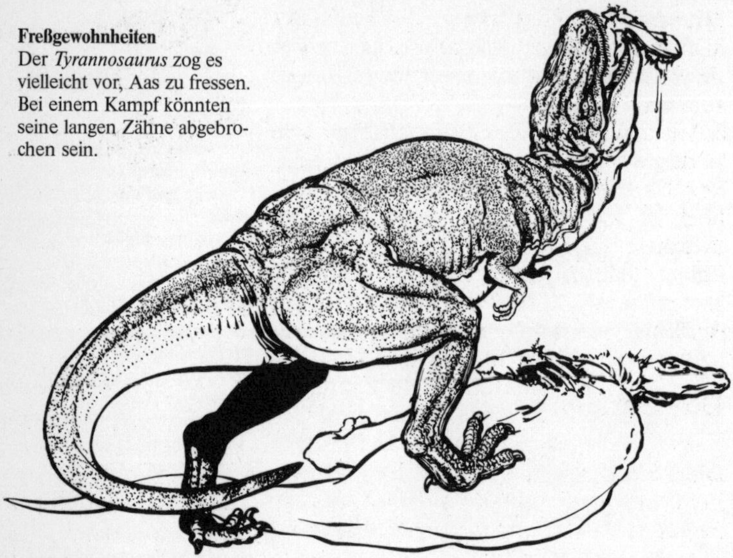

Schädel und Gehirn (rechts)
Schädel **(A)** und Gehirn **(B)**, eines *Tyrannosaurus* neben Schädel **(C)** und Gehirn **(D)** eines Menschen. Die Kiefer hätten einen Menschen auf einmal verschluckt, hätte es ihn schon gegeben. Das Gehirn des *Tyrannosaurus* war zwar groß, aber klein im Verhältnis zur gesamten Körpergröße. Die meisten Gehirnbereiche waren für den Geruchs- und Gesichtssinn; der »denkende« Teil (grau unterlegt) war winzig. (In vielen Museen finden sich Reste von Tyrannosauriden.)

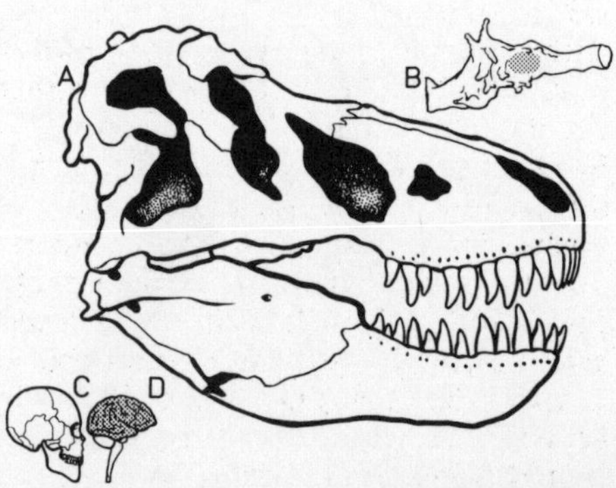

6. Prodeinodon (= vor dem Schreckzahn) lebte in der frühen Kreide der Mongolei und Chinas vor *Deinodon,* einem alten Namen für den *Albertosaurus.* Er mag ein Megalosauriden-Vorfahre der Tyrannosauriden gewesen sein.
7. Tarbosaurus (= beängstigende Echse) war ein riesiger asiatischer Carnosaurier wie *Tyrannosaurus,* aber leichter gebaut. In der Mongolei haben Wissenschaftler viele *Tarbosaurus*-Skelette ausgegraben. Länge: 10–14 m. Höhe: 4,5–6 m.
8. Tyrannosaurus (= Tyrannenechse) gehörte zu den größten und am stärksten »bewaffneten« Carnosauriern. Er war 12 m lang, 5,6 m hoch und so schwer wie ein Afrikanischer Elefant: 6,4 Tonnen. Der Schädel allein maß 1,2 m, und die gezackten Zähne waren 18,4cm lang. Die Arme waren klein, aber stark. Fundorte: Nordamerika und China.

Die Itemiriden

Die 1976 zum ersten Mal beschriebenen Itemiriden waren vielleicht schnelle fleischfressende Dinosaurier. In mancher Hinsicht mögen sie wie die Dromaeosauriden ausgesehen haben, aber noch mehr glichen sie den riesigen Tyrannosauriden, obwohl sie viel kleiner und beweglicher waren. Vielleicht hatten sie auch ein besseres Sehvermögen. Die Itemiriden lebten in der späten Kreide Zentralasiens.

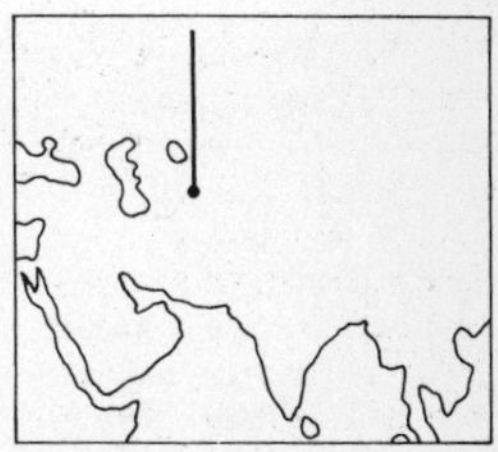

Heimat der Itemiriden
Die Karte zeigt, wo der *Itemirus* gefunden wurde.

Itemirus ist nach Itemir benannt, wo Wissenschaftler den kleinen Schädel eines erwachsenen Tieres fanden. Dessen unterer Teil erinnerte an den *Dromaeosaurus.* Der obere Teil glich mehr dem des *Tyrannosaurus.* Die Form des Schädels zeigt, daß der *Itemirus* gute Augen und einen gut entwikkelten Gleichgewichtssinn hatte. Jedoch kein Hinweis auf die Größe.

Die Segnosauriden

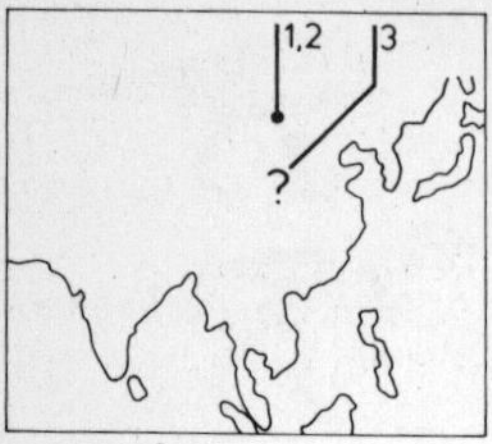

Wo sie lebten
Die Fundstellen der Segnosauriden.
1. *Erlikosaurus*
2. *Segnosaurus*
3. *Nanshiungosaurus*

Seltsame Saurischier (rechts)
Nach den Fossilfunden waren die Segnosauriden ungewöhnliche Saurischier (= Echsenhüfter).
A) Der Pubis, ein Knochen des Hüftgürtels, eines *Segnosaurus* zeigte nach hinten wie bei einem Ornithischier (a) anstatt nach vorne (b) wie bei den meisten Saurischiern.
B) Die Kiefer endeten wie bei vielen Ornithischiern in einem zahnlosen Schnabel.
C) Einige Wissenschaftler meinen, daß der Schnabel hilfreich war, um Fische zu fangen. Der Gedanke an schwimmende Fischjäger wird durch Spuren vierzehiger Füße mit Schwimmhäuten unterstützt, die man den Segnosauriden zuordnet.

Die Segnosauriden (= langsame Echsen) waren leicht gebaut; ihre Hüftknochen waren wie die der pflanzenfressenden vogelhüftigen Dinosaurier angeordnet, und ihre Kiefer bildeten zahnlose Schnäbel. Jeder Fuß hatte vier Zehen die nach vorn zeigten und mit langen Klauen versehen waren. Die Segnosauriden mögen schwimmend Fische gejagt haben. Sie lebten in der späten Kreide Ostasiens.

1. Erlikosaurus (Erliks Echse) wurde 1980 nach einem sagenhaften König der Toten benannt. Seine geschnäbelten Kiefer hatten kurze, scharfe Zähne. Er war kleiner als *Segnosaurus.*

2. Segnosaurus (langsame Echse) wurde 1979 beschrieben. Er mag 9 m lang und 2,4 m groß gewesen sein. Der *Segnosaurus* wurde wie der *Erlikosaurus* im Südosten der Mongolei gefunden.

3. Nanshiungosaurus (= Nanshiung-Echse) mag ein dritter ostasiatischer Segnosauride aus China gewesen sein. Länge: vielleicht bis zu 4 m.

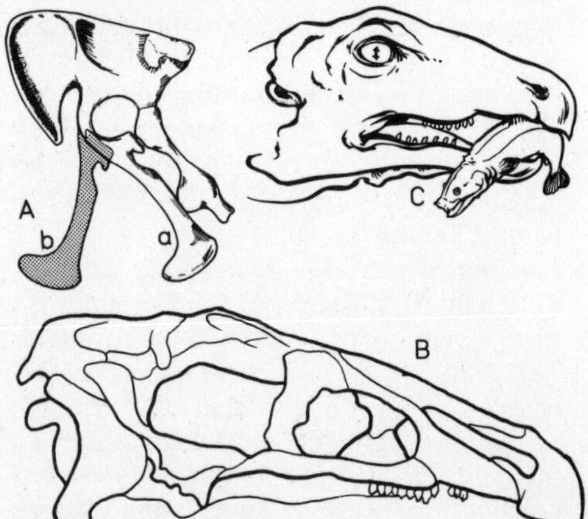

Die Therizinosauriden

Ihren Namen haben diese »Sensenechsen« von den sichelförmigen Klauen. Sie bewehrten einen Arm, der stärker als der des *Deinocheirus* und länger als der eines Menschen war. Durch diese Waffen gehörten diese Tiere zu den furchterregendsten Carnosauriern. Über den Rest des Körpers wissen wir nichts.

Die Sensenechsen entwickelten sich vielleicht aus den Vorfahren des *Tyrannosaurus,* und sie mögen mit ihren mächtigen Klauen Entenschnabel-Dinosaurier oder gepanzerte Dinosaurier getötet haben. Vielleicht lebten sie auch wie riesige Ameisenbären, die mit ihren Klauen Ameisenhaufen aufreißen. Nur eine einzige Gattung aus der späten Kreide Zentralasiens wurde beschrieben.

Therizinosaurus (= Sichelechse) hatte mehr als 2,4 m lange Arme deren Finger mit riesigen gebogenen Klauen versehen waren. Eine unvollständige Klaue war an ihrer äußeren Krümmung 70 cm lang. Körperlänge: unbekannt, vielleicht 10,7 m. Fundort Nemegt-Becken, südliche Mongolei.

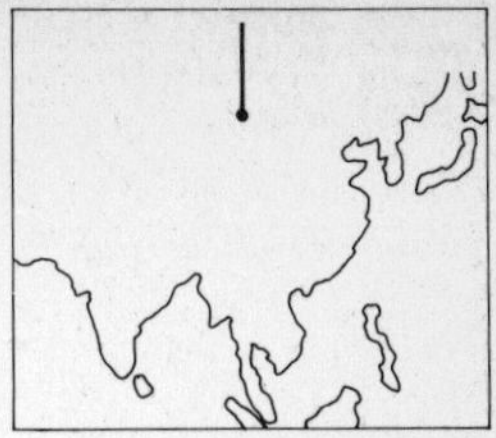

Therzinosauriden-Funde
Die Karte zeigt, wo der *Therizinosaurus* gefunden wurde.

Das fehlende Monster (unten)
A) Diese Abbildung vermittelt, wie ein Therizinosauriden-Arm mit Muskeln und Haut ausgesehen haben könnte. Die Erhöhung am Oberarmknochen bot starken Muskeln, die den Arm bewegten, einen guten Halt.
B) Von den Fingern standen große Klauen wie diese ab.
C) Zum Größenvergleich ist eine Sichel in einer Menschenhand abgebildet.

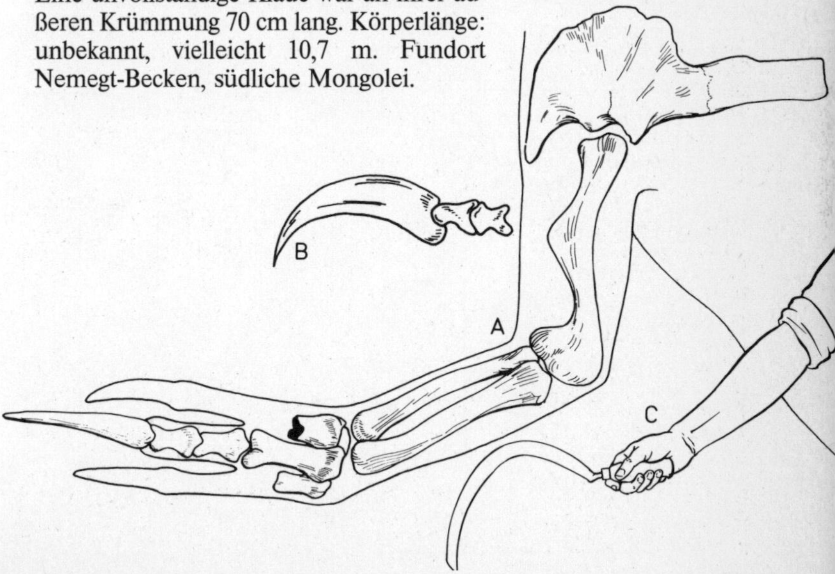

Unbekannte Killer

Mehr als ein Dutzend fleischfressender Dinosaurier kennt man nur von Zähnen oder Knochenbruchstücken, die uns keinen Aufschluß über ihre Familie geben können. Einige mögen gar keine Dinosaurier sein.

1. Arctosaurus (arktische Echse) ist von einem Wirbel bekannt, den man einst einer Schildkröte zuordnete. Zeit: vielleicht späte Trias. Fundort: Cameron-Insel in Canada nördlich des Polarkreises.

2. Chilantaisaurus (= Ch'i-lan-t'ai-Echse) war ein großer fleischfressender Dinosaurier mit länglichen Armen und gekrümmten Klauen. Zeit: späte Kreide. Fundorte: nahe dem Jilantai-See/Nordwestchina und Kwangtung/Südchina.

3. Colonosaurus (= Hügelechse) aus der Kreide des westlichen Nordamerika ist nach einem Kieferfund beschrieben.

4. Diplotomodon (= Doppelschneidezahn) ist von einem Zahn bekannt. Zeit: Kreide. Fundorte: USA.

Wo sie lebten
Die Karte zeigt die auf diesen Seiten beschriebenen Funde.

1. *Arctosaurus*
2. *Chilantaisaurus*
3. *Colonosaurus*
4. *Diplotomoden*
5. *Genyodectes*
6. *Hulsanpes*
7. *Iliosuchus*
8. *Labocania*
9. *Likhoelesaurus*
10. *Marshosaurus*
11. *Palaeosauriscus*
12. *Paronychodon*
13. *Rapator*
14. *Stokesosaurus*
15. *Unquillosaurus*
16. Unbenannter Dinosaurier

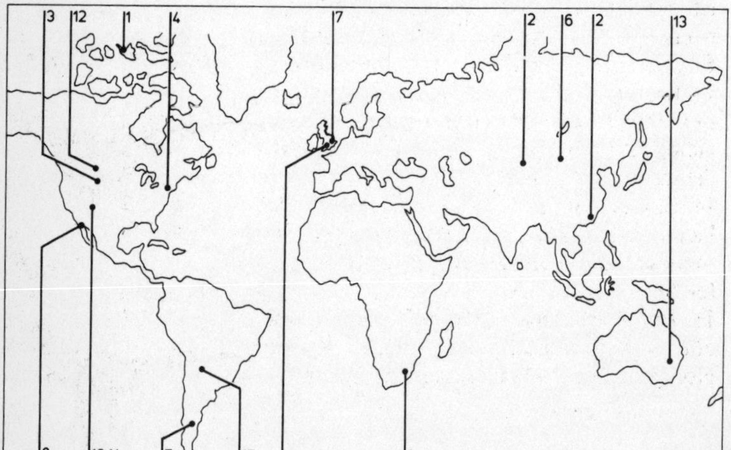

5. Genyodectes (= empfangener Unterkiefer) hatte kleine Zähne, aber große Kiefer. Zeit: späte Kreide. Fundort: Chubut-Provinz, südliches Argentinien.

6. Hulsanpes (= Chulsan-Fuß) aus der Mongolei war ein kleiner Theropode, der 1982 beschrieben wurde.

7. Iliosuchus (= Hüftkrokodil) war vielleicht ein kleiner Megalosauride. Zeit: mittlerer Jura. Fundort: Oxfordshire/England.

8. Labocania kommt aus der La-Bocana-Gesteinsformation Niederkaliforniens. Zeit: späte Kreide.

9. Likhoelesaurus (= Likhoele-Echse) war ein früher Theropode, der 1972 benannt, aber nicht beschrieben wurde. Zeit: späte Trias. Fundort: Likhoele/Lesotho.

10. Marshosaurus (= Marshs Echse) war ein beweglicher Jäger mit scharfen, gebogenen, gezackten Zähnen. Länge: 5 m. Zeit: später Jura. Utah/USA.

11. Palaeosauriscus (= alter Echsenvorfahre) wurde nach einem Zahnfund bei Bristol/ England benannt. Länge: vielleicht 6 m. Zeit: späte Trias.

12. Paronychodon (= neben dem Nagelzahn) ist ein kaum bekannter Dinosaurier, der nach einem Zahnfund nahe des Judith-Flusses in Montana/USA benannt wurde.

13. Rapator (= Plünderer) war ein Carnosaurier von der Größe des *Allosaurus.* Länge: vielleicht 10 m. Zeit: frühe Kreide. Fundort: östliches Australien.

14. Stokesosaurus (= Stokes Echse) war ein kleiner Theropode, möglicherweise dem *Tyrannosaurus* verwandt. Länge: 4m. Zeit: später Jura. Utah/USA.

15. Unquillosaurus (= Unquillo-Echse) war ein großer Fleischfresser. Späte Kreide Nordwestargentiniens. Länge: ca. 11 m.

Siebzehn Zeichnungen von Handknochen der Prosauropoden zeigen die großen, gebogenen Daumen mit den spitzen Klauen, die für diese Dinosaurier typisch waren. Einige Hände waren viel größer als andere, was die Maßstabslinien zeigen, wobei jede Linie 5 cm Länge entspricht. Abbildung nach P. M. Galton und M. A. Cluver in *Annals of the South African Museum,* Vol. 69, April 1976.

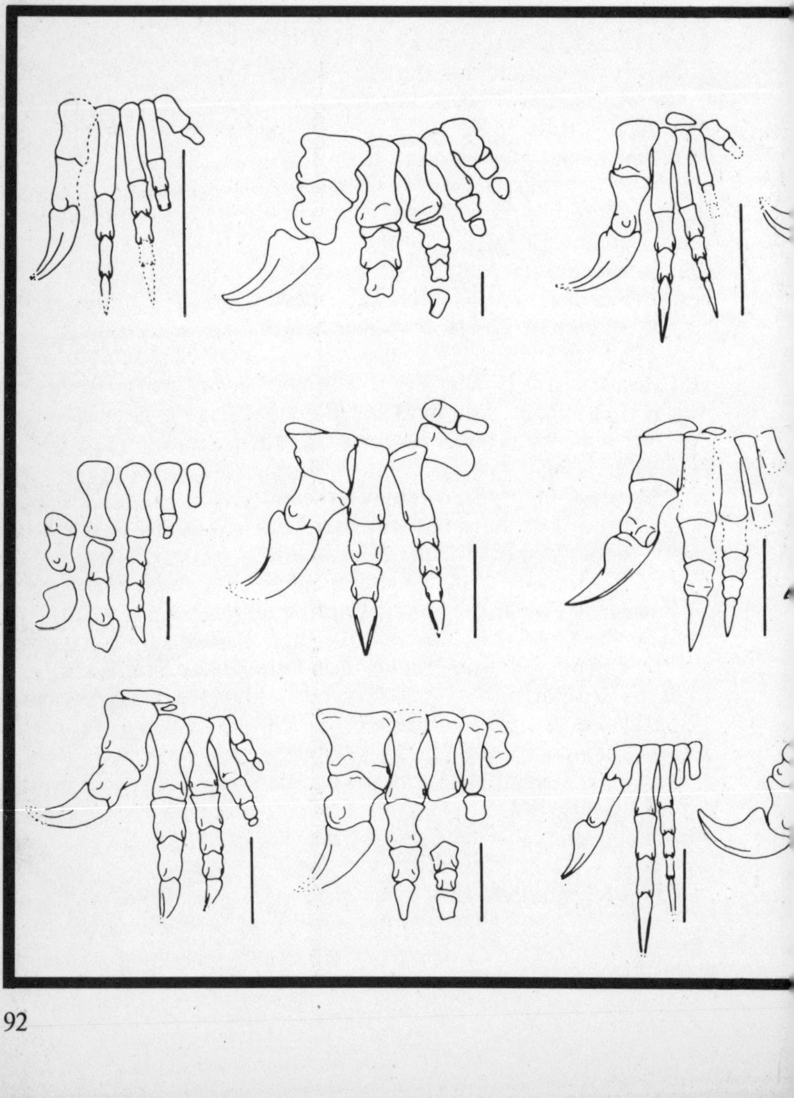

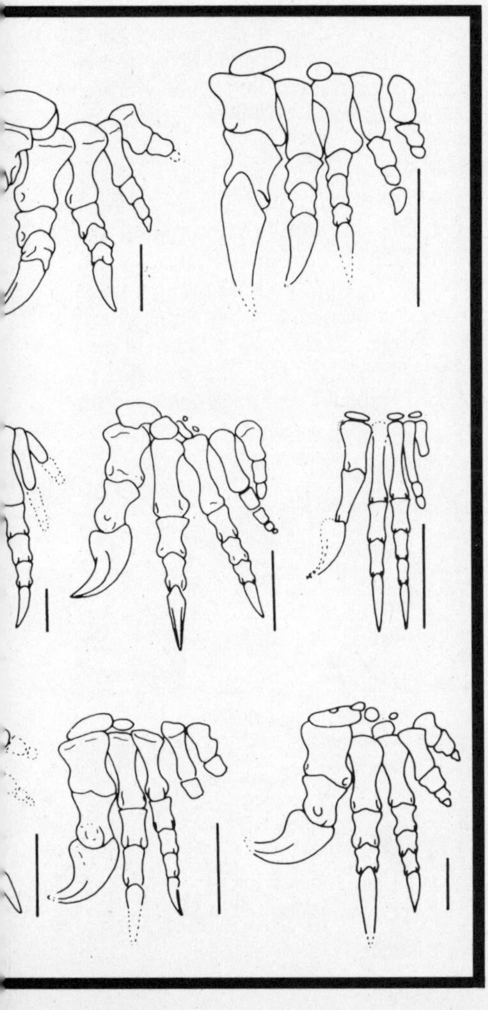

Abschnitt 3

Die Prosauropoden

Dieser Abschnitt beschreibt sieben Familien in der großen Gruppe der meist vierbeinigen Saurischier, die man Sauropodomorphe (= Echsenfüßer-Formen) nennt. Hier nennen wir die sieben Familien Prosauropoden (= vor den Echsenfüßern). Manche Wissenschaftler bevorzugen den Namen Paläopoden (= alte Füße). Die Prosauropoden (oder Paläopoden) mögen die Stammväter der mächtigen Sauropoden gewesen sein. (Zur allgemeinen Information über diesen Abschnitt siehe die Einführung auf S. 36).

Die Prosauropoden

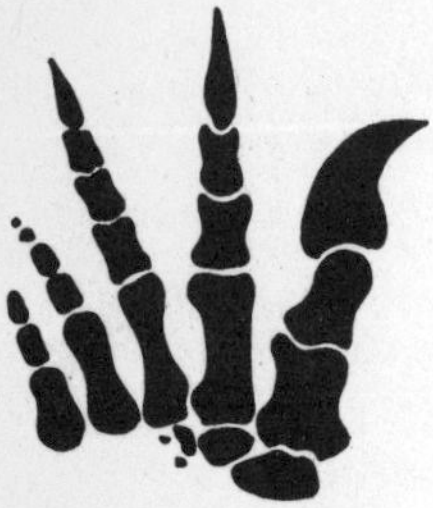

Spitze Daumen (oben)
Der spitze Daumen eines Prosauropoden zeigte nach innen zum Körper. Diese abstehenden Daumen ergaben gespreizte Hände, auf denen diese Dinosaurier ihren Vorderkörper abstützen konnten, wenn sie auf allen vieren gingen. Die langen gekrümmten Klauen des Daumens dienten als Waffen oder Grabwerkzeuge oder als beides.

Die Prosauropoden (= vor den Echsenfüßern) umfaßten die ersten großen, vierbeinigen pflanzenfressenden Dinosaurier.
Einige nehmen an, die Prosauropoden hätten sich aus den zweibeinigen fleischfressenden Vorfahren des *Staurikosaurus* entwickelt und wären die Vorfahren der Sauropoden geworden. Andere meinen, daß Prosauropoden und Sauropoden von denselben vierbeinigen Theocodontier-Vorfahren abstammten.
Sie lebten von der mittleren Trias bis zum frühen Jura und waren über die ganze Welt verbreitet. Die kleinsten Prosauropoden waren 2,1 m lang, die größten länger als ein Tennisplatz. Die meisten hatten einen massigen Körper, einen langen Schwanz, einen ziemlich langen Hals und einen kleinen Kopf. Die starken Hinterbeine endeten in fünfzehigen Füßen. Die Vorderbeine waren

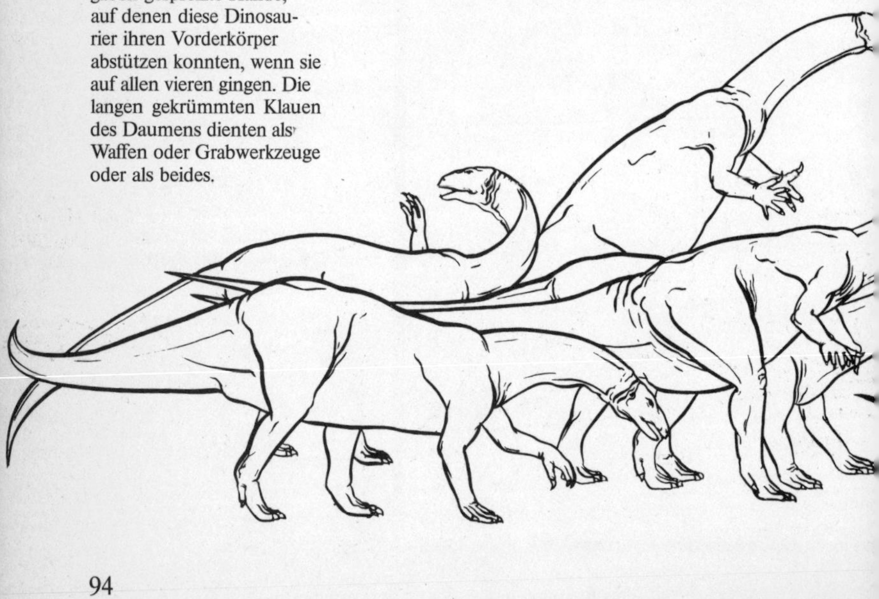

relativ kurz und schlank und hatten fünffingrige »Hände«; bei vielen Tieren mit einer langen, scharfen und gebogenen Klaue an jedem Daumen, der seitlich abstand, wenn das Tier auf allen vieren ging. Die Klaue mag zum Wurzelausgraben oder zum Ästeabreißen gedient haben, vielleicht war sie auch eine Waffe. Zumindest einige Prosauropoden konnten sich aufrichten, um zu weiden oder zu laufen, aber die meisten mußten auf allen vieren gehen. Die dreieckigen Zähne der Prosauropoden waren kaum zum Kauen geeignet, aber kleine verschluckte Steine mögen das Futter im Magen zermahlen haben. Bakterien in zusätzlichen »Mägen« halfen bei der Verdauung. Einige Prosauropoden könnten auch Fleisch gefressen haben.
Vielleicht sind diese Dinosaurier ausgestorben, weil sie nicht mit den Vogelhüften-Dinosauriern konkurrieren konnten, die besser nutzbare Kiefer hatten.

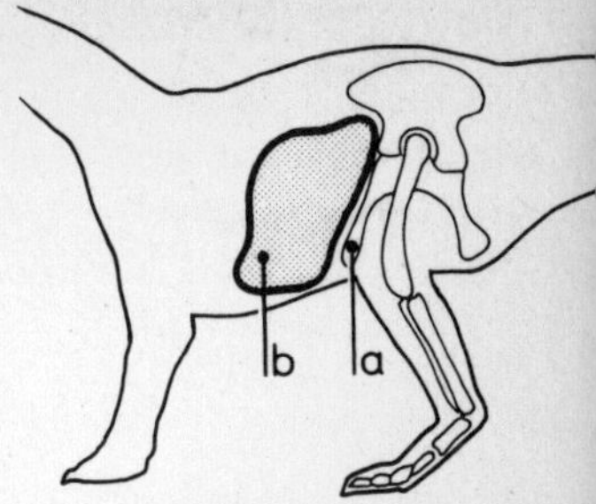

Auf alle viere gezwungen? Der Pubis-Knochen (a) eines Plateosauriden zwang die Futtermasse im Verdauungssystem (b) vor die Hinterbeine. Auf allen vieren war der Körper in Balance.

Wüstenwanderung (unten) Als Dürre Wasser und Futter knapp werden ließ, durchquerten anscheinend Herden des *Plateosaurus* eine Wüste, wobei viele auf dem Weg vor Durst oder Hunger starben.

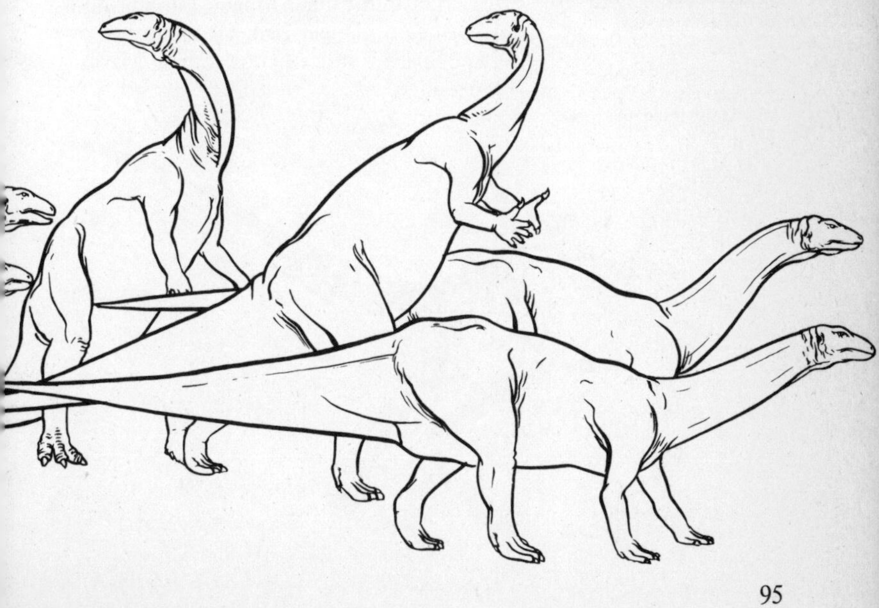

Die Staurikosauriden

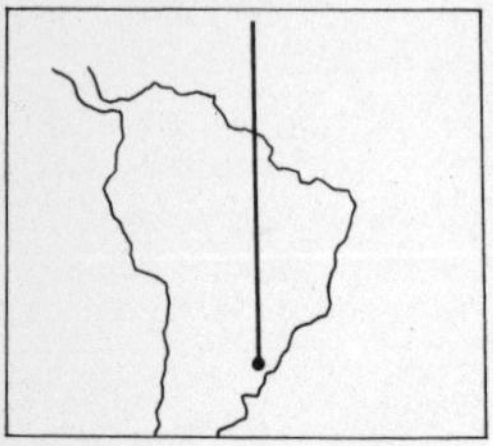

Staurikosauriden-Entdeckung
Die Karte zeigt, wo der *Staurikosaurus* gefunden wurde.

Körperbau des Staurikosaurus
a) Geringe Größe
b) Ziemlich großer Kopf
c) Spitze, sichelförmige Zähne
d) Nur zwei Kreuzbeinwirbel
e) Langer, schlanker Schwanz
f) Fünffingrige Hände
g) Lange Sprinterbeine
h) Winzige erste und fünfte Zehen

Die Staurikosauriden (= Kreuzechsen) sind nach dem Kreuz des Südens, dem Sternzeichen der Südhalbkugel, benannt. Sie sind die frühesten bekannten Echsenhüften-Dinosaurier (Saurischier): zweibeinige Jäger, länger als ein Mensch, aber nicht schwerer als ein großer Bullterrier. Einige Merkmale haben sie mit den fleischfressenden Theropoden gemeinsam, andere mit den pflanzenfressenden Sauropoden. Vielleicht waren sie mit den Vorfahren beider verwandt. Die einzige Gattung lebte in Südamerika.

Staurikosaurus (= Kreuzechse) hatte einen schmalen Körper, einen langen Schwanz und die Beine eines Sprinters. Die scharfen Zähne eines Fleischfressers bewehrten die Kiefer des ziemlich großen Kopfes. Vielleicht hatte er kurze Arme, fünffingrige Hände und fünffingrige Zehen. Die mittleren Zehen und Finger mögen die längsten gewesen sein. Länge: 2 m. Gewicht: bis zu 30 kg. Späte mittlere Trias. Santa Maria/Südbrasilien.

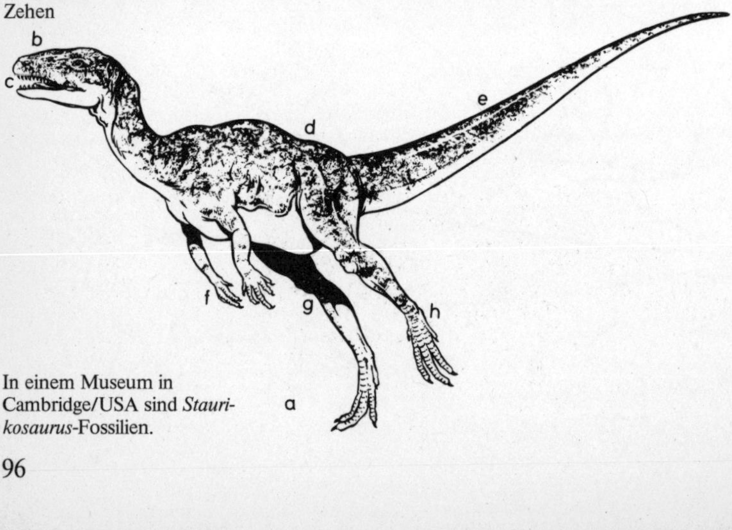

In einem Museum in Cambridge/USA sind *Staurikosaurus*-Fossilien.

Die Herrerasauriden

Die Herrerasauriden waren frühe scharfzähnige Echsenhüften-Dinosaurier wie die Staurikosauriden. Sie lebten später als diese und hatten ziemlich unterschiedliche Typen von Hüft- und Schenkelknochen. Vielleicht waren ihre Arme auch länger. Die größten wurden nahezu zweimal so groß wie ein Mensch und wogen mehr als die meisten Menschen.

Einige Wissenschaftler halten sie für die Vorfahren der Sauropoden.

1. Herrerasaurus (= Herrera-Echse) aus Nordwestargentinien hatte spitze, sichelförmige Zähne und einen großen Unterkiefer. Länge: 3 m. Gewicht: 100 kg. Zeit: Anfang der späten Trias.

2. Ischisaurus (= Ischigualasto-Echse) kommt aus den Ischigualasto-Gesteinen der späten Trias Nordwestargentiniens. Er maß vielleicht 2 m.

3. Sinosaurus (chinesische Echse) maß vielleicht 2,4 m und lebte in der späten Trias, vielleicht im frühen Jura Südchinas.

Körperbau des Herrerasaurus

a) Ziemlich langer Unterkiefer
b) Spitze, sichelförmige Zähne
c) Einige Knochen (Hals, Hüftgürtel, Oberschenkel, Schienbein und Fuß) unterscheiden sich von denen der Prosauropoden
d) Teile der Hüften, Oberschenkel und Schienbeine unterscheiden sich von denen der Theropoden
e) Sauropoden-typisches Schienbein

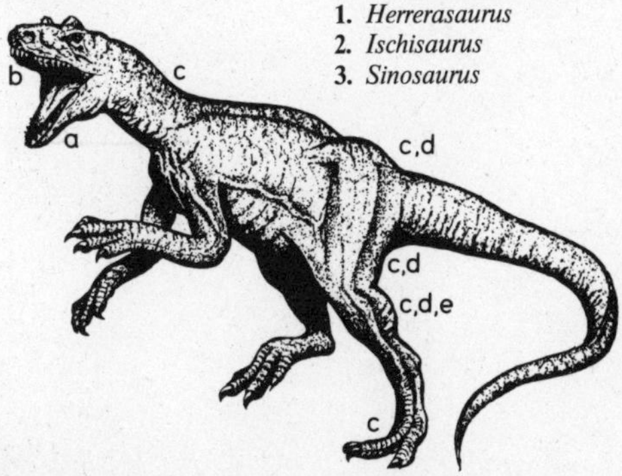

Herrerasauriden-Funde
Karten zeigen die Stellen.
1. *Herrerasaurus*
2. *Ischisaurus*
3. *Sinosaurus*

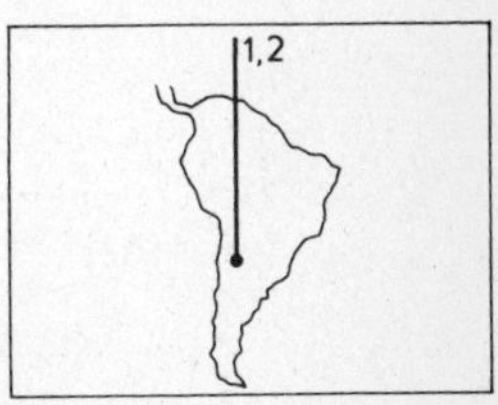

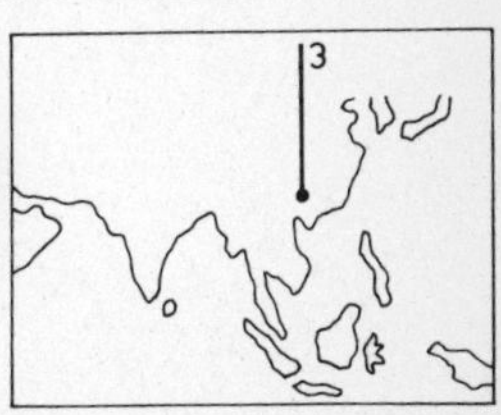

Die Anchisauriden

Die Anchisauriden waren kleine, leicht gebaute Prosauropoden, länger als ein Mensch, aber weniger als halb so schwer. Sie hatten einen leicht gebauten Schädel, längere Hinter- als Vorderbeine und schmale Hände und Füße mit riesigen Klauen an den Daumen.

Ein Wissenschaftler hält sie nur für die Jungtiere der größeren breitfüßigeren Plateosauriden. Sie waren aktive Jäger und Sammler der trockenen Hochländer und liefen manchmal auf den Hinterbeinen.

Ihre Fossilien fanden sich im östlichen Nordamerika, im westlichen Europa, im südlichen Afrika und im nordöstlichen Australien. Trias bis Jura.

1. Anchisaurus (= Beinaheechse) hatte kurze Füße, kräftige Beine und mehr Zähne als der *Thecodontosaurus,* ebenso besondere Wirbel und Hüftknochen. Seine ziemlich stumpfen Zähne könnten Pflanzen und Fleisch gekaut haben. Länge: 2,1 m. Gewicht: 27 kg. Zeit: späte Trias oder früher

Fossilfunde
Die Anchisauriden-Funde:
1. *Anchisaurus*
2. *Efraasia*
3. *Nyasasaurus*
4. *Thecodontosaurus*

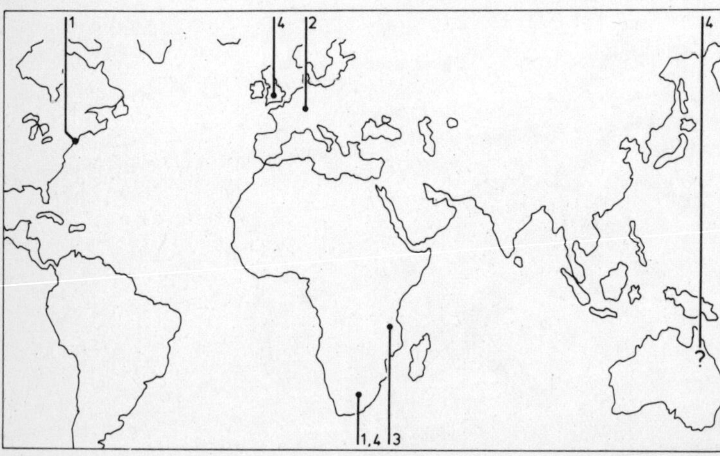

Jura. Fundorte: Nordosten der USA und Südafrika.

2. Efraasia wurde zu Ehren von E. Fraas benannt, der ihn 1909 entdeckte. Nur zwei Wirbel verbanden das Rückgrat mit den Hüften (weniger als bei jedem anderen Echsenhüften-Dinosaurier mit Ausnahme des sehr frühen *Staurikosaurus*). Seine Hüft- und Schwanzknochen unterschieden sich von denen des Anchisaurus, und seine Hände waren länger. Länge: 2,4 m. Zeit: späte Trias. Fundort: Südwestdeutschland.

3. Nyasasaurus (= Nyasa-Echse) wurde nahe dem NyasaSee/Tansania gefunden. Er ist einer der frühesten bekannten Dinosaurier, aber es gibt von ihm nur wenige Knochen. Anders als der *Efraasia* hatte er drei Wirbel, die Rückgrat und Hüfte verbanden. Länge: vielleicht 2,1 m. Zeit: mittlere Trias.

4.Thecodontosaurus (= Echse mit Hülsenzähnen) hatte ziemlich kurze Halsknochen, mehr Zähne als *Anchisaurus* und schmalere, längere Hände. Länge: vielleicht 2,1 m. Zeit: späte Trias und früher Jura. Fundorte: westliches Mittelengland, vielleicht Südafrika und Nordostaustralien.

Körperbau des Efraasia
a) Leichter Schädel, kleiner als der des Menschen
b) Nur zwei Kreuzbeinwirbel
c) Schmale, fünffingrige Hände
d) Lange Hinterbeine
e) Schmale Füße
f) Langer, schlanker Schwanz mit anderen Knochen als beim Anchisaurus
In New Haven, Amherst und Kapstadt gibt es Anchisauriden-Fossilien in Museen.

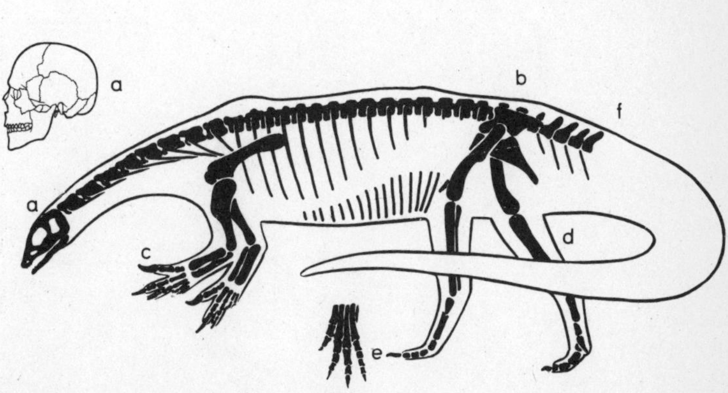

Die Plateosauriden

Die Plateosauriden (= Flachechsen) waren wie die Anchisauriden gebaut, aber die meisten waren größer, hatten größere, stärkere Schädel, besser verankerte Kiefer und breitere Hände und Füße. Ihre Beine mögen leicht seitwärts gestanden haben, und gewöhnlich liefen sie auf allen vieren. Ihre flachen Zähne kauten Pflanzen und manchmal Fleisch. Sie lebten von der späten Trias bis zum frühen Jura in Amerika, Europa, Afrika und Asien.

1. Ammosaurus (= Sandechse) aus Connecticut und Arizona/USA hatten kleine Füße, aber große Hände mit starken Daumen, die beachtliche Klauen hatten. Länge: vielleicht 2,4 m. Zeit: späte Trias oder früher Jura.

2. Aristosaurus (= beste Echse) hatte andere Hüft- und Wirbelsäulenknochen als die übrigen Plateosauriden. Dieses kleine Tier lebte in der späten Trias oder im frühen Jura Südafrikas. Länge: 1,5 m.

3. Coloradisaurus (= Colorados-Echse) aus den Los-Colorados-Gesteinen Nordwestargentiniens hatte eine kürzere Schnauze als

Wo sie lebten
Auf der Karte sind Fundstellen der Plateosauriden zu sehen.

1. *Ammosaurus*
2. *Aristosaurus*
3. *Coloradisaurus*
4. *Euskelosaurus*
5. *Lufengosaurus*
6. *Massospondylus*
7. *Plateosaurus*

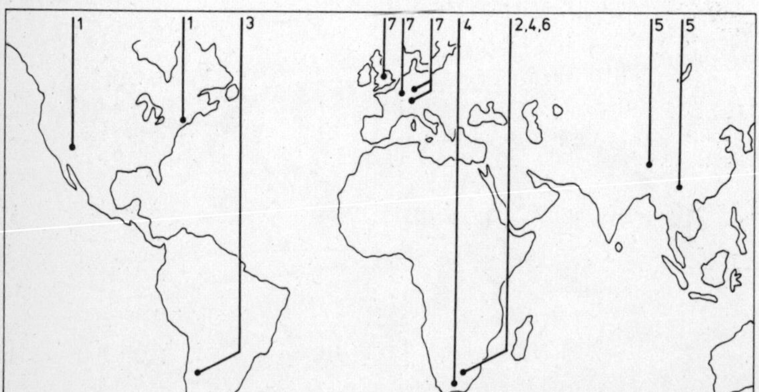

der *Plateosaurus.* Länge: vielleicht 4 m. Zeit: späte Trias

4. Euskelosaurus (= Echse mit guten Schenkeln) mag zu der Art gehören, die man oft Melanorosauriden nennt. Solche Dinosaurier waren große, vierfüßige Tiere, die man einst für die Vorfahren der großen Sauropoden hielt. Länge: 12,2 m. Gewicht: 1,8 Tonnen. Zeit: späte Trias. Fundort: Südafrika.

5. Lufengosaurus (= Lufeng-Echse) aus Lufeng in Südchina hatte mächtige Hände, breite Füße, einen ziemlich kurzen Hals und Zähne mit weiten Abständen. Länge: bis zu 6 m. Zeit: späte Trias und früher Jura.

6. Massospondylus (= massive Wirbelsäule) hatte massive Hände mit auseinanderstehenden Fingern und großen gebogenen Klauen an jedem Daumen. Es war der in Südafrika verbreitetste Prosauropode. Zeit: späte Trias bis früher Jura. Länge: 4 m.

7. Plateosaurus (= Flachechse) war ein großer breitfüßiger Prosauropode mit kleinem, starkem Kopf, flachen, spitzen Zähnen und ziemlich kurzem Hals. Länge: 8 m. Zeit: späte Trias. Fundorte: Deutschland, Frankreich, Schweiz und England.

Vergleich der Hände (oben)
Größenvergleich von vier Plateosauriden-Händen.

Arme als Stützen
Der *Plateosaurus* ging auf allen vieren, aber er konnte sich auf seine Arme gestützt aufrichten.
In einigen Museen der Bundesrepublik gibt es Skelette.

Die »Roccosauriden«

Ein südafrikanischer Paläontologe benannte diese Familie, um die Prosauropoden mit ungewöhnlich scharfen Zähnen und einer besonders starken Verbindung von Hüften und Rückgrat zusammenzufassen. Aber die »Roccosauriden« und die Plateosauriden wie der Euskelosaurus mögen zu einer anderen Familie gehören: den Melanorosauriden (= schwarze Bergechsen).

1. Riojasaurus (= Rioja-Echse) aus der Rioja-Provinz Nordwestargentiniens war ein großer, vierfüßiger Prosauropode mit soliden Schenkelknochen, aber hohlen Wirbeln. Länge: vielleicht 6–11 m. Zeit: späte Trias.

2. Roccosaurus (= Rocco-Echse) aus dem südlichen Afrika hatte vier Wirbel, die Rückgrat und Hüften verbanden, und Zähne wie die Carnosaurier. Zeit: späte Trias.

3. Thotobolosaurus (= Thotobolo-Echse) war ein großer Sauropode, der in der frühen Trias Lesothos lebte.

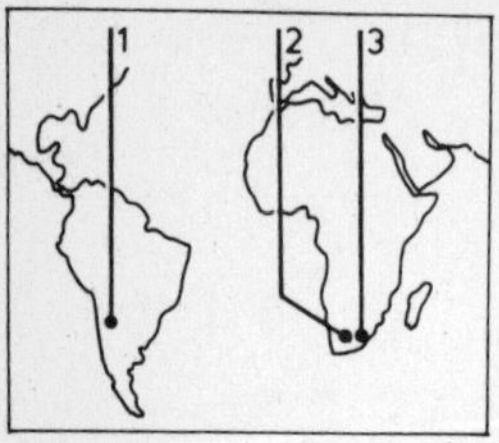

Fossilfunde
Die Punkte zeigen »Roccosauriden«-Funde auf der Karte.

1. *Riojasaurus*
2. *Roccosaurus*
3. *Thotobolosaurus*

»Roccosauriden«-Merkmale
Merkmale, die auf *Roccosaurus*- und *Riojasaurus*-Funden beruhen.

a) Bedeutende Größe
b) Vierbeinigkeit
c) Solide Beinknocben
d) Vier Kreuzbeinwirbel, doppelt so viele wie bei dem Efraasia
e) Carnosaurierartige Zähne

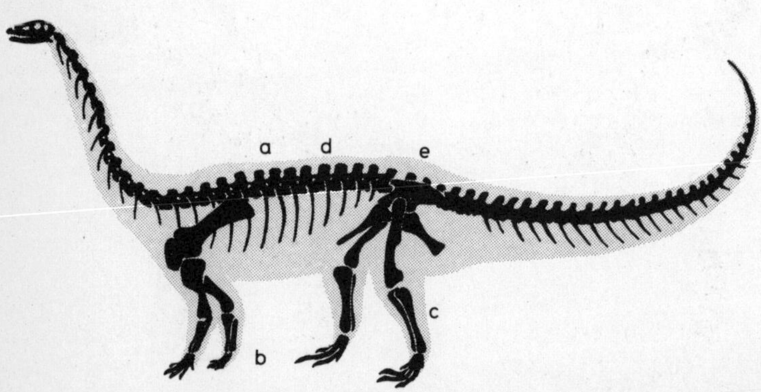

Seltsame Prosauropoden

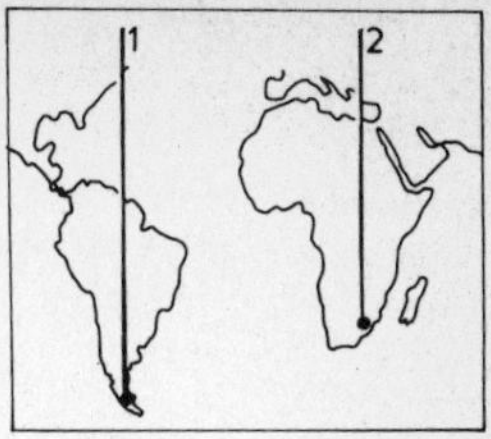

Fossilfunde
Die Karte zeigt Funde des *Mussaurus* (1) und des *Blikanasaurus* (b).

Die Mussauriden (= Mausechsen) mögen die kleinsten Dinosaurier gewesen sein. Der größte aus einem Nest von Jungtieren, das nahe der Südspitze Amerikas entdeckt wurde, war so groß wie eine Amsel – obwohl ausgewachsene Tiere größer gewesen sein müssen.

Die »Blikanasauriden« scheinen eine ungewöhnliche Familie von afrikanischen Prosauropoden gewesen zu sein, die vierzehige Fußabdrücke hinterließen, nicht dreizehige wie die anderen Prosauropoden.

1. Mussaurus (= Mausechse) ist der kleinste bekannte Dinosaurier. Hals und Kopf waren relativ kurz für einen Prosauropoden. Länge: 20 cm bei Jungen; Erwachsene mögen 3 m erreicht haben. Zeit: späte Trias. Fundort: südliches Argentinien.

2. »Blikanasaurus« (= Blikana-Echse) aus Blikana in Südafrikas Kapprovinz hatte ungewöhnlich kurze und starke Gelenkknochen und einen »großen Zeh«, der nach vorn zeigte. Zeit: späte Trias.

Der kleinste Dinosaurier?
Junge und Eier des *Mussaurus* waren erstaunlich klein.
A) Ein fossiles Ei, anscheinend von einem *Mussaurus*.
B) Das Skelett eines *Mussaurus*-Jungen in Lebensgröße.

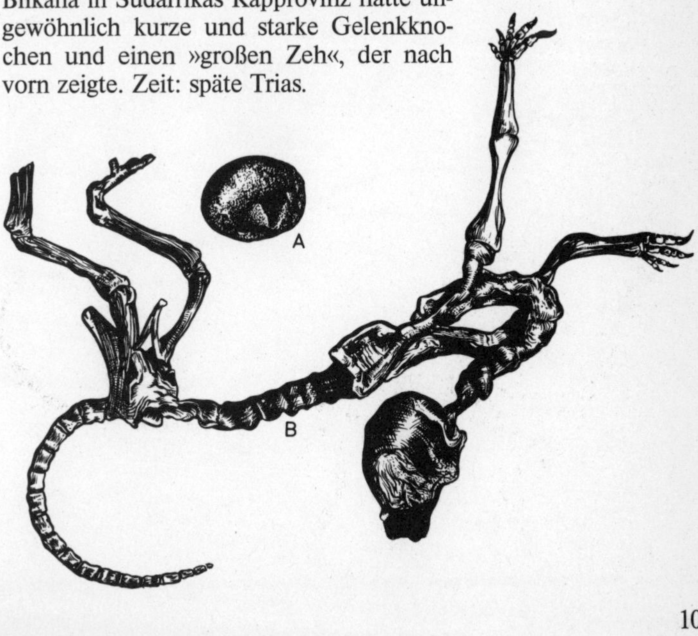

Der Schädel des *Diplodocus* war klein im Vergleich zu der riesigen Körpergröße dieses Dinosauriers. Die Nasenlöcher (oder eine nasale Öffnung) lagen über den Augen, und es gab keine Zähne an den Seiten der Kiefer.

Obwohl man die Sauropoden schon lange kennt, verwirren ihre ungewöhnlichen Schädel die Wissenschaftler noch immer.
Abbildung aus *The Dinosaurs* von W. E. Swinton (George Allen and Unwin).

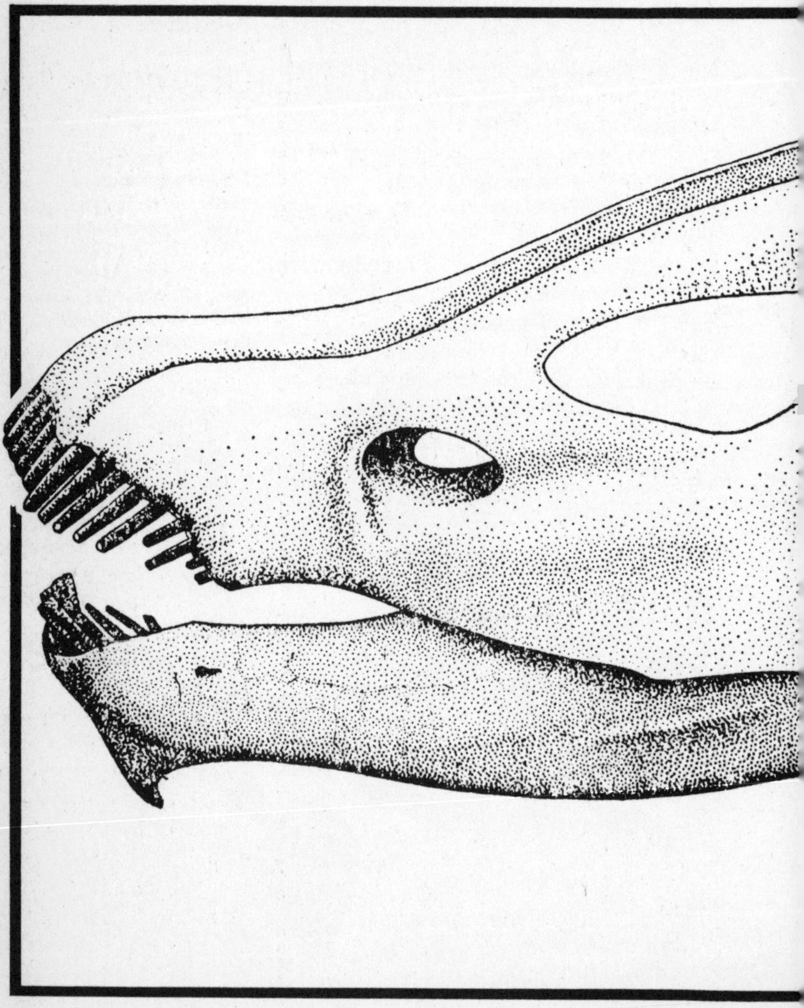

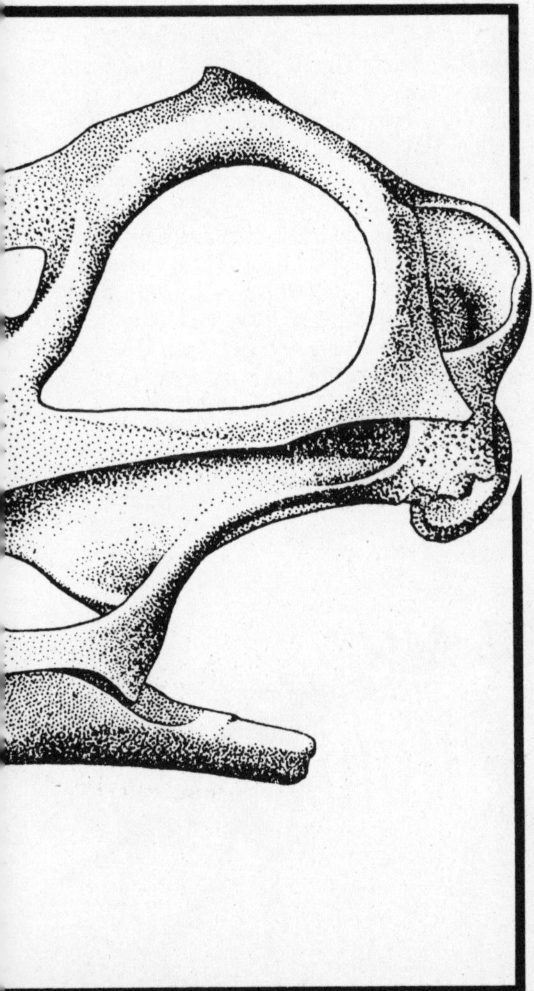

Abschnitt 4

Die Sauropoden

Die Sauropoden (= Echsenfüßer) waren Riesen unter den Dinosauriern und die einzige große Gruppe der Saurischier, deren Mitglieder alle Pflanzenfresser waren. Die Experten stellen sie mit den Prosauropoden (oder Paläopoden) in die Saurischier-Unterordnung der Sauropodomorphen (= Sauropoden-Formen). Verschiedene Experten unterteilen die Sauropoden unterschiedlich. Wir nehmen fünf Hauptfamilien an, zusätzlich die Sauropoden, die in keine dieser Gruppen passen. (Für allgemeine Informationen über diesen Abschnitt siehe die Kapiteleinführung auf der Seite 36.)

Wer waren die Sauropoden?

Die Sauropoden, die »Echsenfüßer«, hatten fünfzehige Füße wie die Eidechsen, sonst aber kaum Gemeinsamkeiten mit diesen Tieren. Zu ihnen gehörten die größten Tiere, die jemals auf der Erde lebten: Diese friedlichen Pflanzenfresser umfaßten Riesen von der Länge mehrerer Omnibusse, die schwerer als ein Dutzend großer Elefanten waren.

Ihre Körper waren für dieses enorme Gewicht gebaut. Vier säulendicke Beine trugen den schweren Leib. Die ersten drei Zehen an jedem Hinterfuß hatten große Klauen, und an jedem »Daumen« befand sich eine große Klaue. Ein mächtiger Hüftgürtel und lange, flache Schulterblätter hielten die Muskeln, die die Beine bewegten. Wie der Ausleger eines Krans hob sich vom Körper ein langer Hals, während hinten das Rück-

Körperbau der Sauropoden
a) Kleiner Kopf
b) Langer Hals, der wie ein Kran gehoben und gesenkt werden konnte
c) Leichte, hohle Wirbel
d) Massiver Körper
e) Säulenähnliche Beine mit schweren, dickwandigen Knochen
f) Kurze, starke Hinterfüße mit langen Klauen an den Zehen 1-3
g) Eine Klaue an jedem »Daumen«
h) Langer Schwanz, oft erhoben
i) Hinterbeine, Hüften und große Kreuzbeinwirbel dienten als »Brückenturm« für das Gewicht des Rückgrats

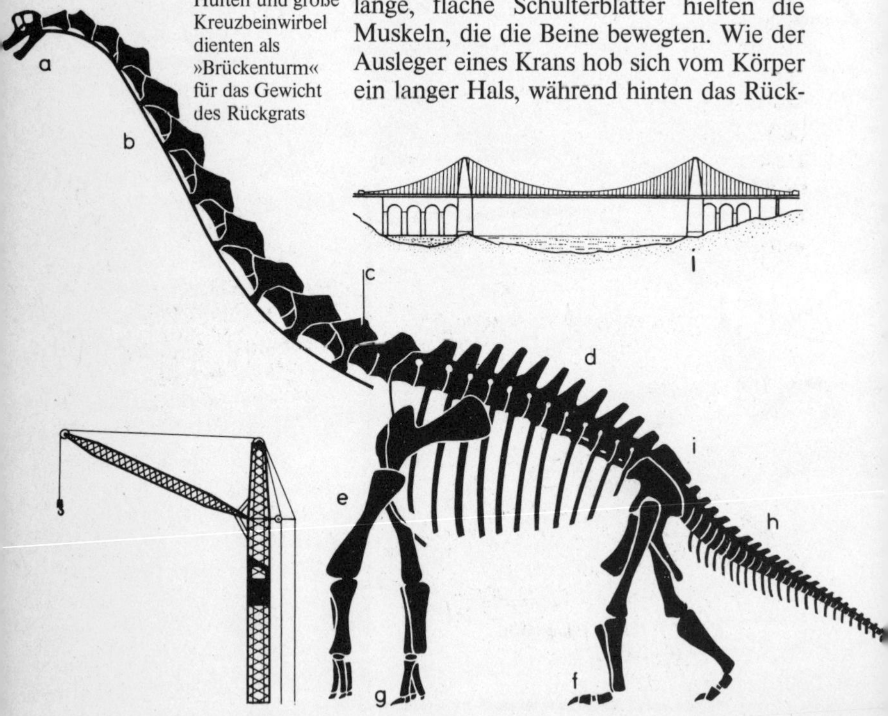

grat durch einen langen Schwanz fortgesetzt wurde. Die Wirbelknochen waren so miteinander verbunden, daß die Muskeln Hals und Schwanz heben und senken oder nach rechts und links bewegen konnten. Die Schenkelknochen mußten dick und massiv sein, um den Körper zu tragen; bei vielen Sauropoden waren die Knochen des Rückgrats zur Gewichtseinsparung aber tief ausgehöhlt. Die Köpfe einiger Sauropoden waren kleiner als der Kopf eines Pferdes – winzig im Verhältnis zur Größe –, und darin befand sich manchmal ein Gehirn, das nicht größer als das einer Katze war. Die Kiefer einiger Sauropoden waren nur mit wenigen schwachen Zähnen ausgestattet. Eigenartige Nasenöffnungen befanden sich weit über der Schnauze hoch am Kopf.
Vermutlich entwickelten sich diese Riesen aus kleinen, zweibeinigen Vorfahren vor dem Ende der Trias vor 193 Millionen Jahren. Im späten Jura gehörten die Sauropoden zu den häufigsten pflanzenfressenden Dinosauriern in Nordamerika, Ostafrika und China. Einige Sauropodenarten lebten noch in der Kreide, ihr Höhepunkt fällt jedoch in den späten Jura.

Köpfe und Gehirne
Verglichen mit einem Sauropoden (1) wirken ein Pferd (2) klein und eine Katze (3) winzig. Aber viele Sauropoden hatten einen kaum pferdegroßen Kopf (4, 5) und ein katzengroßes (6) Gehirn. Relativ gesehen hatten die Sauropoden die kleinsten Gehirne aller Wirbeltiere. Aber vermutlich waren sie nicht besonders unintelligent.

Wie lebten die Sauropoden?

Magensteine
Solche Steine (in Originalgröße) mögen die Verdauung der Sauropoden unterstützt haben. Vermutlich schluckten diese Dinosaurier Steine, die in einem Magen die Nahrung zerrieben. Mit der Zeit wurden die Steine glatt. Wissenschaftler haben bei Dinosauriern Tausende solcher sogenannter Gastrolithen gefunden.

Die Sauropoden waren wohl meist dort zu Hause, wo üppige Vegetation die Ufer von Seen und Flüssen, die sich langsam durch niedrige, warme Ebenen schlängelten, bewuchs. Früher hat man angenommen, daß diese Riesendinosaurier fast immer im Wasser waten mußten. Nur dort hätten die Beine die mächtigen Körper tragen können. Man dachte, daß nur Wasserpflanzen weich genug für die Zähne der Sauropoden waren. Daneben glaubte man, daß die Sauropoden an Land eine leichte Beute für die wilden Carnosaurier gewesen wären. All dies ist heute umstritten. Untersuchungen zeigen, daß die Sauropoden besser für das Gehen an Land gebaut waren als für die Futtersuche in tiefem Wasser, obwohl sie zweifellos ab und zu ein Bad nahmen, um wie die Elefanten heute ihre Haut von Parasiten zu befreien. Vermutlich benutzten sie ihre langen Hälse, wie es heute die Giraffen tun, um die hohen Zweige an den Bäumen abzuweiden. Die von den Zähnen abgetrennten Blätter und Zweige wanderten in einen Muskelmagen, in dem sie von verschluckten Steinen zermahlen oder durch Bakterien chemisch zerkleinert wurden. Dies wog auf, daß die Zähne nicht kauen konnten.
Wenn die Sauropoden eine Gegend abgeweidet hatten, mußten sie weiterwandern.

A

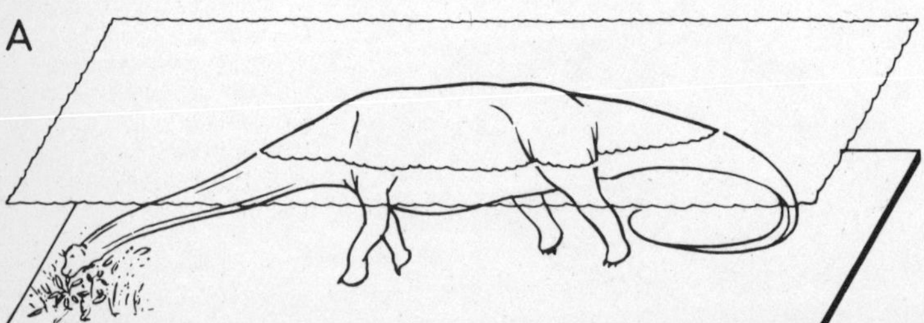

Ihre fossilen Fußabdrücke legen nahe, daß sie in Herden wanderten, vielleicht mit erhobenen Schwänzen, um Abstand zu wahren. Die Fußabdrücke zeigen auch, daß die Jungtiere in der Mitte der Herde zogen, wo sie vor den Angriffen der Carnosaurier am sichersten waren. Wenn ihr hervorragender Geruchssinn sie vor einem nahen Feind warnte, dürften die Sauropoden nicht ins Wasser geflohen sein, da die großen fleischfressenden Dinosaurier schwimmen konnten. Statt dessen mögen die großen, dickhäutigen Bullen ihre peitschenartigen Schwänze geschwungen haben, wie es manche erschreckte Eidechsen tun, oder sie richteten sich auf und schlugen mit ihren Vorderbeinen, wie es Elefanten bei einem Tigerangriff tun. Da die fossilen Hinweise verschiedener Weise ausgelegt werden können, können wir über das Verhalten dieser faszinierenden Monster nur Vermutungen anstellen.

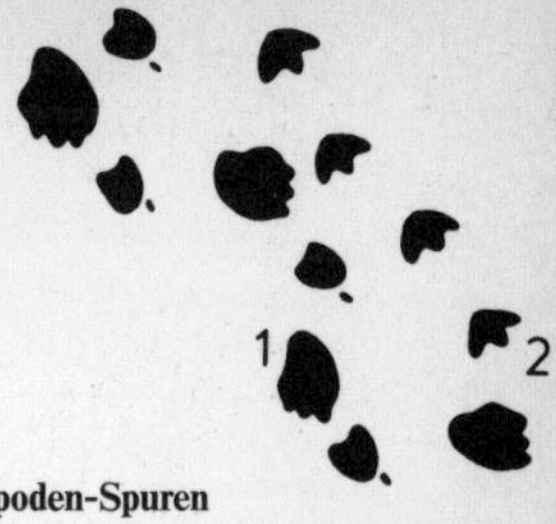

Sauropoden-Spuren
In Schlamm, der zu Stein wurde, sind diese großen Fuß spuren **(1)** neben vogelartigen Spuren **(2)** erhalten. Vielleicht wurde hier ein riesiger Sauropode von einem großen Raubdinosaurier gejagt.

Für den Auftrieb gebaut?
(links)
Wenn die Sauropoden im Wasser lebten, würden die leichten Wirbelknochen für Auftrieb gesorgt haben, während die schweren Beine sie wie Gewichte an Tauchbooten aufrecht hielten **(A).** Aber die starken Beine und das leichte Rückgrat würden auch an Land beim Stehen und Gehen geholfen haben.

B

C

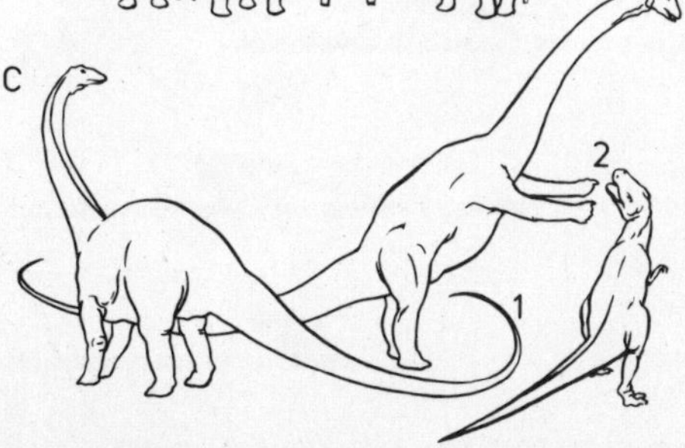

Dinosaurier-Giraffen
Wenn die Sauropoden wie die Giraffen weideten, rissen sie alle Zweige ab, die sie erreichten **(B).**

Gegenangriff
Zwei Möglichkeiten **(C)**
, wie ein Sauropode sein Gewicht bei der Abwehr eines Carnosauriers einsetzte:
1. Indem er den Schwanz hin und her peitschte – einige Sauropoden hatten peitschenartige Schwänze.
2. Indem er sich aufrichtete und mit den Vorderbeinen sein Gewicht auf den Carnosaurier warf.

Der Stammbaum der Sauropoden

Stammbaum

Dieser beruht weitgehend auf Annahmen, da viele Sauropoden nur von einer Handvoll Knochen bekannt sind, die einen vagen Eindruck von der Körperform geben. Die Experten sind über die Zahl der Familien und über ihre Verwandschaft uneins. Einige stellen alle Sauropoden in zwei Familien, die in Unterfamilien unterteilt werden. Dr. John McIntosh - ein führender amerikanischer Sauropodenexperte - sagt, es gab wenigstens fünf Familien. Cetiosauriden,
Brachiosauriden, Titanosauriden, Camarasauriden und Diplodociden, vielleicht noch Barapasauriden.

Unser Stammbaum zeigt die Zeiten aller sechs:

a) *Barapasauriden*
b) *Cetiosauriden*
c) *Camarasauriden*
d) *Brachiosauriden*
e) *Diplodociden*
f) *Titanosauriden*

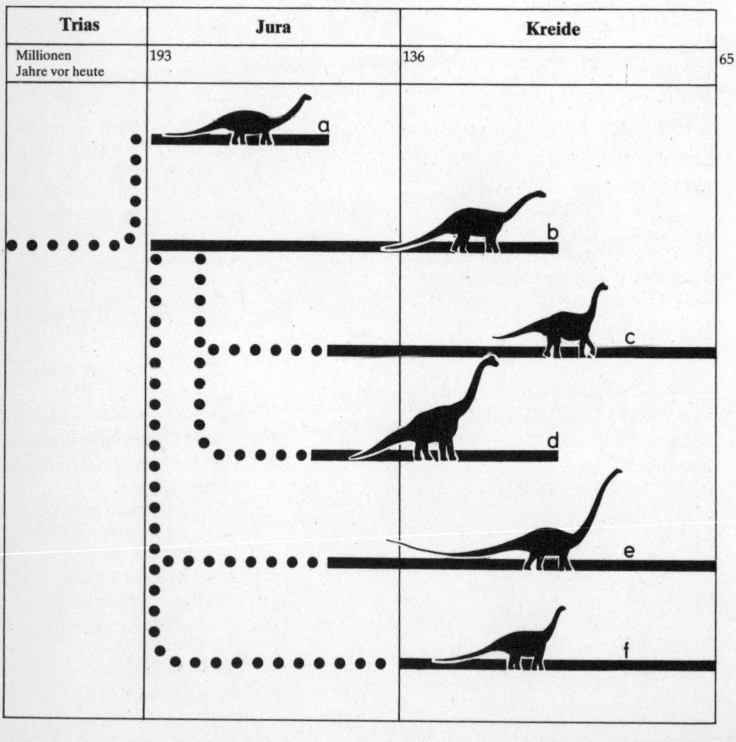

Die Cetiosauriden (1)

Die Cetiosauriden (= Walechsen) bekamen ihren Namen nach einem Fund großer Knochen in Mittelengland, die man damals, 1809, einem großen Meerestier zuschrieb. Als zuerst entdeckte Sauropoden gehören die Cetiosauriden auch zu den ersten in der Entwicklung. Die meisten lebten im Jura, einige aber auch später. Man fand sie in der ganzen Welt. Die Cetiosauriden waren 12 bis 21 m lang. Selbst ein kleines Exemplar wog soviel wie zwei oder drei asiatische Elefanten.

Die Cetiosauriden hatten einen langen Rükken, einen ziemlich langen Hals, einen kürzeren Schwanz und vielleicht einen kurzen, plumpen Kopf mit Zähnen, die irgendwie wie dicke, abgeflachte Löffel aussahen. Das Rückgrat war fast solide, anders als bei den höherentwickelten Sauropoden wie *Brachiosaurus,* wo es zur Gewichtseinsparung ausgehöhlt war. Nicht alle halten die Cetiosauriden für eine eigene Familie.

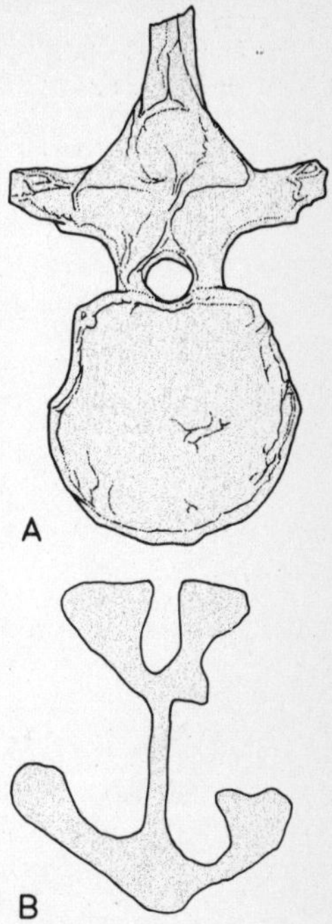

Zwei Typen der Rückgratknochen
Die Draufsicht auf die Wirbel eines Cetiosauriden und eines Brachiosauriden zeigt, daß diese unterschiedlich gebaut waren.
A) Ein dicker, fester Wirbel des *Cetiosaurus*
B) Der tief ausgeschnittene Wirbel des *Brachiosaurus*

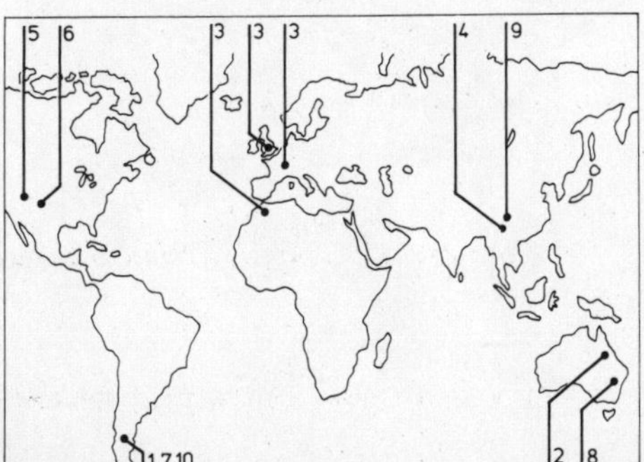

Fossilfunde
Die Cetiosauriden-Funde sind auf dieser Karte verzeichnet.

1. *Amygdalodon*
2. *Austrosaurus*
3. *Cetiosaurus*
4. *Chinshakiangosaurus*
5. *Dystrophaeus*
6. *Haplocanthosaurus*
7. *Patagosaurus*
8. *Rhoetosaurus*
9. *Shuosaurus*
10. *Volkheimeria*

1. Amygdalodon (= Mandelzahn) war ein einfacher Sauropode und ist nur von seinen mandelförmigen Zähnen, von Wirbeln und Knochenbruchstücken bekannt. Zeit: mittlerer Jura. Fundort: Südargentinien.
2. Austrosaurus (= Südechse) war vielleicht ein später Cetiosauride. Verstreute Funde mitgenommener Knochen gab es in den Gesteinen der frühen mittleren Kreide Nordostaustraliens: Länge: 15 m.
3. Cetiosaurus (= Walechse) wurde sehr groß. Er hatte einen langen Hals (aber kürzer als bei einigen späteren Sauropoden), einen langen Rücken, einen ziemlich kurzen, leichten Schwanz und vermutlich einen plumpen Kopf und löffelförmige Zähne. Länge: 14–18 m. Gewicht eines 14-m-Exemplars: etwa 9 Tonnen. Ein riesiges Skelett, das man 1979 in Marokko gefunden hat, hatte einen 2 m langen Schenkelknochen. Zeit: mittlerer bis später Jura. Fundorte: Westeuropa und Nordafrika.

Der Körperbau der Cetiosauriden
a) Kopf nicht gut bekannt
b) Zähne wie flache Löffel
c) Mäßig langer Hals
d) Vorderbeine 2/3–4/5 Länge der Hinterbeine
e) Relativ kurzer Schwanz
f) Wirbelknochen hatten fast massive Mitten und waren oben nicht gegabelt.
Das Cleveland Museum hat ein gutes *Haplocanthosaurus*-Skelett.

4. Chinshakiangosaurus (= Kinsha-kiang-Echse) stammt aus Jünnan in Südchina. 1975 beschrieben, lebte er in der späten Trias oder im frühen Jura und ist damit einer der frühesten bekannten Sauropoden.

5. Dystrophaeus (= der Ausgezehrte) ist nur von Knochenstücken des Armes, der Hüfte oder der Schulter bekannt. Er war ein großer Dinosaurier. Zeit: später Jura. Fundort: Utah/USA.

6. Haplocanthosaurus (= Einzelstachelechse) war groß und glich dem *Cetiosaurus.* Er hatte einen langen Rücken, ziemlich hohe Schultern, einen länglichen Hals und einen kurzen Schwanz. Der Stachel an jedem Wirbel war nicht gegabelt wie bei einigen Sauropoden. Länge: bis 21,5 m. Zeit: später Jura. Fundort: Colorado/USA.

7. Patagosaurus (= Patagonien-Echse) erinnerte an *Cetiosaurus,* hatte aber einen anderen Schwanz und andere Hüftknochen. Er war »altertümlicher« gebaut als der *Haplocanthosaurus,* aber nicht so »alt« wie der *Amygdalodon.* Zeit: später Jura. Südostargentinien.

8. Rhoetosaurus (= Rhoetos-Echse) wurde nach einem Riesen der griechischen Mythologie benannt. Vermutlich hatte er einen langen Hals und maß über 12 m. Mittlerer Jura Ostaustraliens.

9. Shuosaurus (= Shu-Echse) wurde in Szechuan/China 1979 ausgegraben. (Shu war der Name eines alten chinesischen Königreichs.) Dieser Sauropode aus dem frühen mittleren Jura maß ca. 9 m. Er mag an den indischen *Barapasaurus* erinnert haben.

10. Volkheimeria (= Volkheimers) ist von Knochen eines Tieres bekannt, halb so groß wie der *Patagosaurus,* hatte er ein »altertümlicheres« Rückgrat. Beide wurden 1979 beschrieben, lebten im späten Jura und wurden im selben Teil Argentiniens gefunden.

Die Brachiosauriden (1)

Diese »Armechsen« entwickelten sich vielleicht aus Tieren wie dem *Cetiosaurus,* aber sie hatten einen relativ längeren Hals, höhere Schultern und längere »Arme«. Gebaut wie riesige Giraffen konnten sie vielleicht die Baumkronen erreichen, indem sie nur ihren langen Hals hoben. Einige Wissenschaftler meinten einst, die Brachiosauriden waren zu groß, um auf dem Land zu leben, da die Beine unter ihrem Gewicht zusammengebrochen wären. In der Tat waren die Brachiosauriden die schwersten Landlebewesen, die es je gab. Einige mögen mehr als 20 große Elefanten gewogen haben, soviel wie ein Blauwal, das größte heute lebende Tier. Die größten Brachiosauriden mögen länger als der *Diplodocus* gewesen sein, den man oft als längsten Dinosaurier bezeichnet. Mittlerer Jura bis zur Kreide.

1. Astrodon (= Sternzahn) war kleiner als die meisten Brachiosauriden, aber einige *»Astrodons«* haben sich als Jungtiere anderer Sauropoden herausgestellt. Länge: über 10 m. Frühe Kreide. Maryland und Texas/ USA, vielleicht auch Frankreich und England.

2. Bothriospondylus (= ausgehöhlter Wirbel) war vielleicht größer als der Astrodon, aber kleiner als der *Brachiosaurus.* Länge: 15 bis 20 m. Zeit: mittlerer Jura bis frühe Kreide. Westeuropa und Madagaskar.

3. Brachiosaurus (= Armechse) war einer der mächtigsten Dinosaurier. Länge: 23 m, vielleicht bis zu 27 m, dies machte ihn zu einem der längsten Dinosaurier. Kopfhöhe: etwa 12 m. Gewicht 77 Tonnen, vielleicht bis zu 102 Tonnen. Zeit: später Jura. Fundorte: Colorado/USA, Algerien und Tansania.

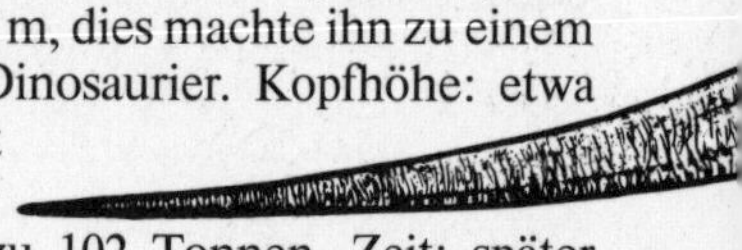

Körperhau der Brachiosauriden
a) Größe im Vergleich zu Giraffe und Mensch
b) Nasenöffnungen an einer Erhöhung über den Augen
c) Lange, breite Schnauze
d) Sehr langer Hals
e) Schultern höher als Hüften
f) Schwerfälliger Schwanz, viel kürzer als bei den Diplodociden
g) Vorderbeine so lang wie oder länger als die Hinterbeine

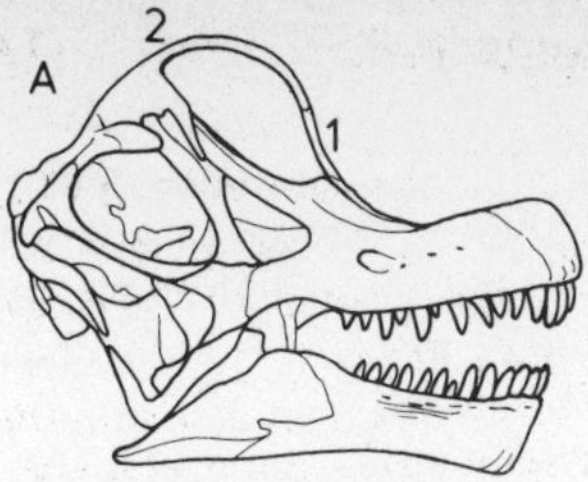

Ein verwirrender Schädel
A) Knochenstützen (1) erleichterten den *Brachiosaurus*-Schädel, der hohe Nasenöffnungen (2) über den Augen hatte. Einige Tiere mit solchen Öffnungen haben Rüssel, vielleicht hatte auch der Brachiosaurus einen solchen. Vielleicht floß auch Blut durch die dünne Haut der Nasenwände, so daß die Hitze schnell genug weitergegeben wurde und das Gehirn kühler blieb.
B) Nach alter Vorstellung konnte dieser Dinosaurier auch untergetaucht mit den hohen Nasenlöchern atmen. Tatsächlich hätte das Wasser die Lungen eingedrückt.

4. Dinodocus (schrecklicher Balken) hatte schlanke Vorderbeine, aber er ist nur von zerbrochenen Schenkeln und Hüftknochen bekannt. Länge: 22 m. Zeit: frühe Kreide. Fundort: Kent/England.

5. »Hughenden Sauropode«, der bei Hughenden in Nordostaustralien gefunden wurde, ist noch nicht beschrieben. Länge: 24 m. Zeit: frühe Kreide.

6. Pelorosaurus (= monströse Echse) scheint eine Haut gehabt zu haben, die mit kleinen, flachen, sechseckigen Plättchen besetzt war (vielleicht auch bei anderen Brachiopoden). Länge: vielleicht 24 m. Zeit: später Jura bis frühe Kreide. Westeuropa.

7. Rebbachisaurus (= Rebbachi-Echse) lebte in der frühen Kreide Marokkos und Tunesiens. Einige seiner Rückenwirbel waren etwa 1,5 m groß.

Riesen unter Riesen
A) Der »Ultrasaurus« war um ein Viertel größer als der größte benannte Dinosaurier: er mag so schwer wie ein Blauwal gewesen sein.
B) Der »Supersaurus« erreichte als Brachiosauride 24 m, als Diplodocide 28 m.
C) Der *Brachiosaurus* umfaßte vielleicht Individuen so groß wie der »Ultrasaurus«. Alle drei wurden durch den *Brevipapopus* in den Schatten gestellt, der nach Spuren in Marokko benannt wurde und 48 m lang gewesen sein könnte. Er war vielleicht das längste Wirbeltier aller Zeiten.

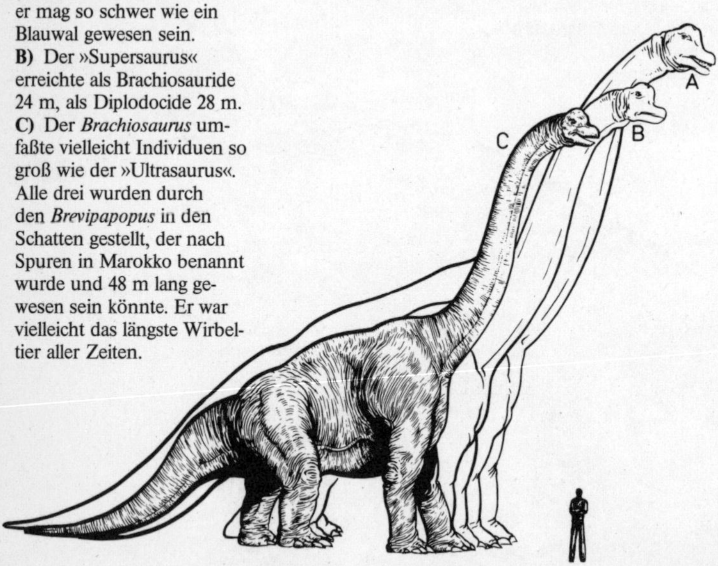

8. Supersaurus (= Superechse) stellte alle bekannten Brachiopoden in den Schatten, als er 1972 gefunden wurde. Geschätze Kopfhöhe: 16,5 m; Schulterhöhe: 8 m; Halslänge: 12 m. Hauptschulterknochen: 2,4 m lang. Größter Wirbel: fast 1,5 m lang. Gesamtlänge: 24–30 m. Vielleicht war er auch ein Diplodocide, der viel weniger als der *Brachiosaurus* gewogen hat. Zeit: später Jura. Fundort: westliches Colorado/USA.
9. Ultrasaurus (= Ultraechse) erwies sich, als er 1979 gefunden wurde, noch länger als der »Supersaurus«. Er mag der größte Dinosaurier gewesen sein, aber beide Riesen müssen noch wissenschaftlich benannt und untersucht werden. Länge: vielleicht über 30 m. Gewicht: vielleicht bis zu 136 Tonnen. Zeit: später Jura.
10. Zigongosaurus (= Zigong-Echse) war ein 1976 beschriebener Sauropode. Zeit: später Jura. Fundort: Zigong, Szechuan/China.

Wo Brachiosauriden lebten
Die Fundstellen auf der Karte:
1. *Astrodon*
2. *Bothriospondylus*
3. *Brachiosaurus*
4. *Dinodocus*
5. »Hughenden Sauropode«
6. *Pelosaurus*
7. *Rebbachisaurus*
8. »Supersaurus«
9. »Ultrasaurus«
10. *Zigongosaurus*

In Ostberlin und Paris gibt es Brachiosauriden-Fossilien.

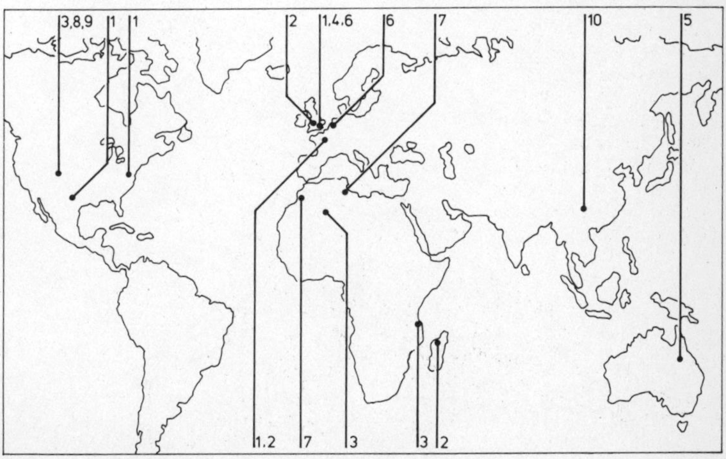

Die Camarasauriden (1)

Die »gekammerten Echsen« haben ihren Namen von Hohlräumen im Rückgrat. Sie hatten einen ziemlich kurzen, wuchtigen Körper, einen langen, biegsamen Hals und einen langen Schwanz - aber kürzer als der vieler Sauropoden. Die Vorderbeine waren etwas kürzer als die Hinterbeine, aber bei manchen Tieren senkte sich der Rücken zum Schwanz hin. Große Nasenlöcher öffneten sich oben auf dem Kopf, der bei einigen Camarasauriden ziemlich groß und tief war und ein kurzes, plumpes Gesicht hatte. Die Kiefer waren mit Dutzenden von großen, starken Zähnen in der Form von abgeflachten Löffeln besetzt. Manch ein Camarasauride maß etwa 12 m und wog soviel wie drei große Elefantenbullen. Diese Sauropoden lebten im westlichen Nordamerika und in Ostasien. Hier sind auch die einst Euhelopiden (= gute Sumpffüßer) genannten Dinosaurier beschrieben.

Körperbau des Camarasaurus

a) Großer, kurzer, breiter und leichtgebauter Schädel
b) Nasenlöcher auf dem Kopf
c) Viele große, starke Zähne
d) Langer, biegsamer Hals
e) Größte Rückenhöhe an den Schultern
f) Kurzer, mächtiger Körper
g) Vorderbeine kürzer als Hinterbeine
h) Langer Schwanz
i) Jungtiere hatten einen relativ großen Kopf, einen kurzen Hals und einen kurzen Schwanz

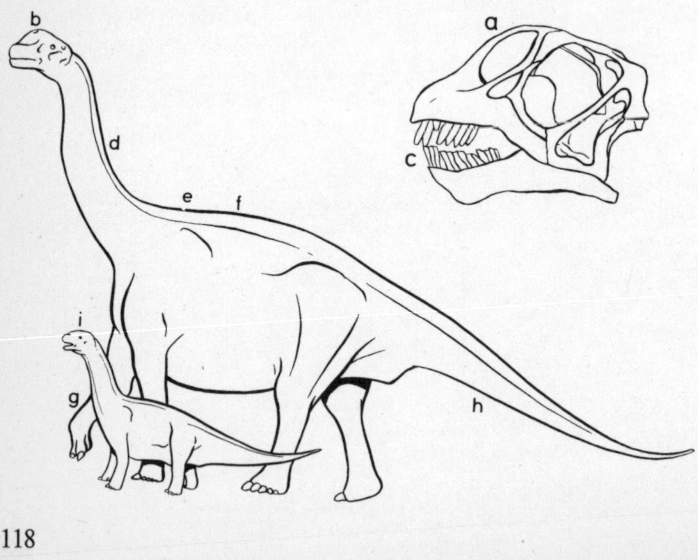

1. Asiatosaurus (= asiatische Echse) ist von Zähnen bekannt, die in Gesteinen der frühen Kreide der Mongolei und Chinas gefunden wurden.

2. Camarasaurus (= gekammerte Echse) war schwer gebaut und an den Schultern höher als an den Hüften. Sein ziemlich großer, plumper Kopf hatte ein kurzes Gesicht, große Augen und vier Dutzend große Zähne. Große Nasenlöcher auf der Oberseite des Kopfes weisen auf eine Art Rüssel hin. Länge: bis 18 m. Gewicht: vielleicht 18 Tonnen. Zeit: später Jura. Fundorte: USA (Colorado, Oklahoma, Utah und Wyoming).

3. Chiayüsaurus (= Chia-yü-Echse) stammt aus Chia-yü-kuan in Nordwestchina. Das Tier ist nur von seinen Zähnen bekannt, die man ähnlich in Kansas/USA fand. Vielleicht stammen all diese Zähne vom *Euhelopus.* Der *Chiayüsaurus* lebte in der späten Kreidezeit.

Wo die Camarausiden lebten
Die Karte zeigt die Fossilfunde:
1. *Asiatosaurus*
2. *Camarasaurus*
3. *Chiayüsaurus*
4. *Euhelopus*
5. *Omeisaurus*
6. *Opisthocoelicaudia*
7. *Tienshanosaurus*

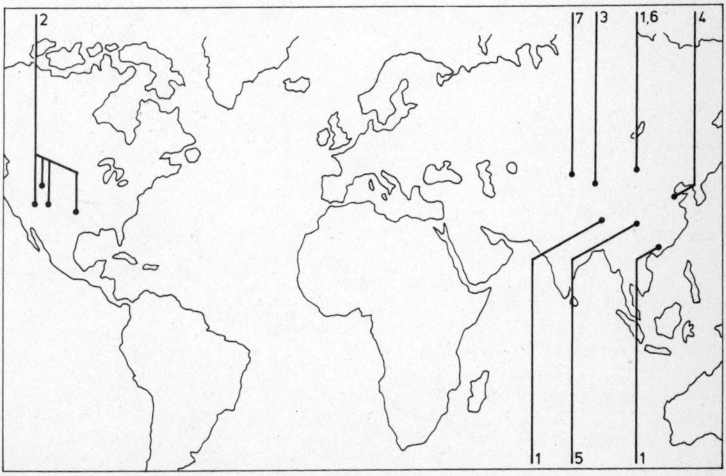

4. **Euhelopus** (der gute Sumpffüßer) hatte einen besonders langen Hals, einen relativ längeren Kopf und eine längere Schnauze als der *Camarasaurus.* Wie dieser Dinosaurier hatte der *Euhelopus* aber große, starke Zähne, die um den ganzen Kiefer standen, nicht nur vorn wie bei anderen Sauropoden. Auch *Euhelopus* hatte Nasenöffnungen an der Kopfoberseite, vielleicht auch einen Rüssel. Dieser Sauropode maß 10–15 m, und große Individuen mögen 24 Tonnen gewogen haben. Zeit: frühe Kreide. Fundort: Shantung/Ostchina.

5. **Omeisaurus** (= Omei-Echse) ist nach dem O-mei-Berg im südlichen Zentralchina benannt, wo seine Knochen gefunden wurden. Der Unterschied zu dem *Camarasaurus* war der längere Hals. Anders als der *Camarasaurus* hatte der *Omeisaurus* einen Rücken, der bei den Hüften höher als an den Schultern war. Länge: 10–15 m. Zeit: früher Jura.

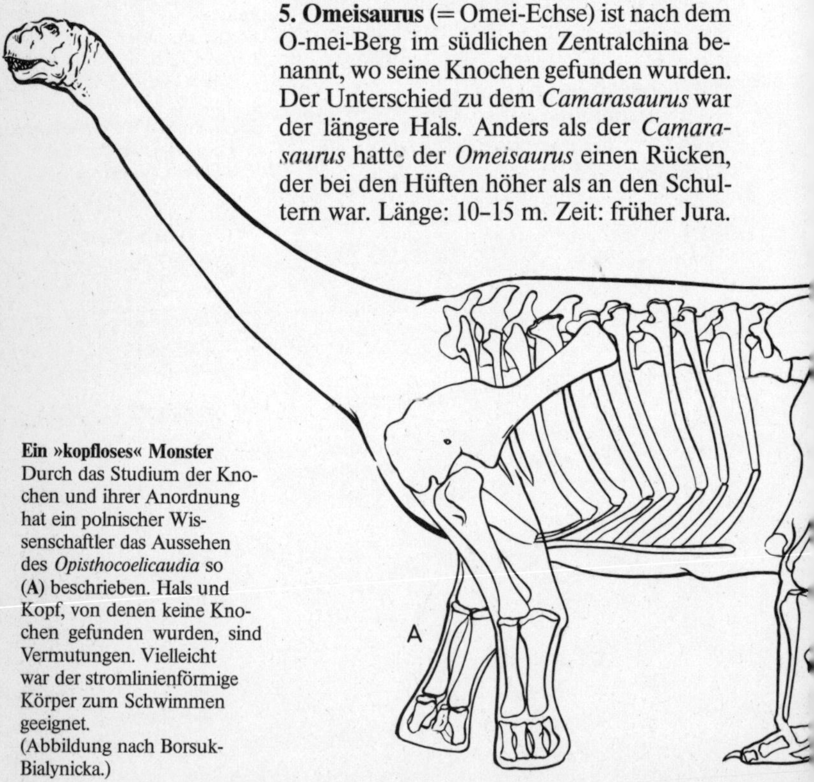

Ein »kopfloses« Monster
Durch das Studium der Knochen und ihrer Anordnung hat ein polnischer Wissenschaftler das Aussehen des *Opisthocoelicaudia* so (**A**) beschrieben. Hals und Kopf, von denen keine Knochen gefunden wurden, sind Vermutungen. Vielleicht war der stromlinienförmige Körper zum Schwimmen geeignet.
(Abbildung nach Borsuk-Bialynicka.)

6. Opisthocoelicaudia (= hinten gekappte Schwanzwirbel) wurde als weitgehend komplettes Skelett von polnischen Wissenschaftlern in der Wüste Gobi gefunden. Sie denken, daß dieser Dinosaurier mit einem fast geraden Rücken und einem nach hinten gehaltenen Schwanz lief. Unglücklicherweise fehlen Hals und Kopf. Ein *Nemegtosaurus*-Schädel, der einige Kilometer entfernt gefunden wurde, veranlaßte einige Experten zur Annahme, daß *Nemegtosaurus* und *Opisthocoelicaudia* zwei Namen für dieselbe Art sind. Aber der Kopf paßt nicht recht zum Körperbau des *Opisthocoelicaudia.* Länge: 12 m. Zeit: späte Kreide.

7. Tienshanosaurus (= Tien-Shan-Echse) kommt aus dem Gebiet der Tien-Shan-Bergkette im Nordwesten Chinas. Fossilsucher fanden fast das ganze Skelett, aber keinen Kopf. Zeichnungen dieses Dinosauriers legen einen langen Hals, einen langen Schwanz und einen fast geraden Rücken nahe. Länge: 12 m. Zeit: frühe Kreide oder später Jura.

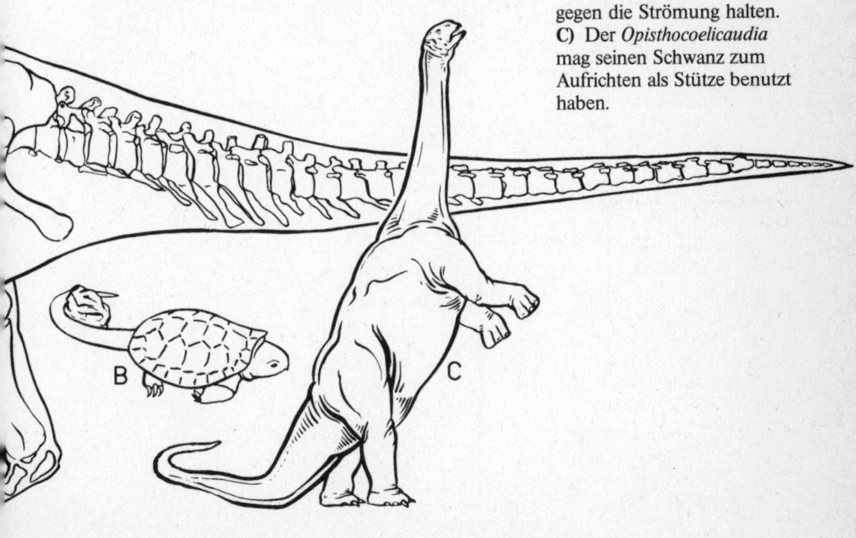

Stützen und Anker
A) Der polnische Wissenschaftler, der den *Opisthocoelicaudia* beschrieb, bemerkt, daß seine Schwanzknochen an die bestimmter Süßwasserschildkröten erinnern.
B) Die Alligatorschildkröte kann ihren Schwanz um einen Stein legen und sich gegen die Strömung halten.
C) Der *Opisthocoelicaudia* mag seinen Schwanz zum Aufrichten als Stütze benutzt haben.

Die Titanosauriden (1)

Trotz ihres Namens, der »Riesenechsen« bedeutet, waren einige Titanosauriden ziemlich klein. Unglücklicherweise kennt man die meisten nur von wenigen Überresten. Sie scheinen einen lang abfallenden Kopf mit zapfenförmigen Zähnen gehabt zu haben, der auf einem Hals mit ziemlich kurzen Knochen saß. Die Vorderbeine waren dreiviertel so lang wie die Hinterbeine, und es gab einen langen, schlanken »Peitschenriemen«-Schwanz. Die Wirbel der Titanosauriden waren weniger ausgehöhlt als die anderer später Sauropoden. Dies läßt sie »altertümlich« erscheinen, aber in mindestens einer Weise scheinen sie »modern« gewesen zu sein: Bestimmte Arten hatten kleine gepanzerte Schilde in ihrer Haut, was man von anderen Sauropoden

Wo die Titanosauriden lebten
Die Karte zeigt die Fundstellen. Einige Experten deuten manche Funde unterschiedlich.

1. *Aegyptosaurus*
2. *Aepisaurus*
3. *Alamosaurus*
4. *Algoasaurus*
5. *Antarctosaurus*
6. *Argyrosaurus*
7. *Campylodoniscus*
8. *Chondrosteosaurus*
9. *Hypselosaurus*
10. *Laplatasaurus*
11. *Macrurosaurus*
12. *Microcoelus*
13. *Saltasaurus*
14. *Succinodon*
15. *Titanosaurus*
16. *Tornieria*

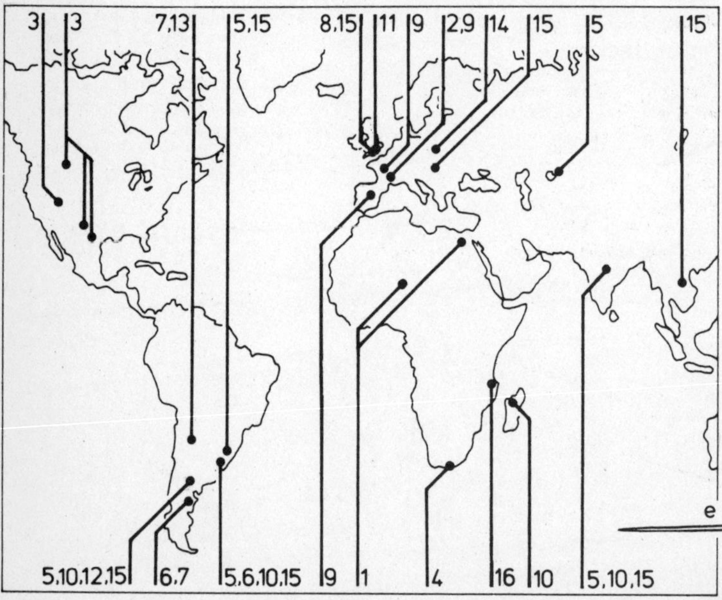

nicht kennt. Die Titanosauriden bilden die größte Familie der Sauropoden. Vermutlich alle haben in der Kreidezeit gelebt, viele auf den südlichen Kontinenten.

1. Aegyptosaurus (= ägyptische Echse) ist von Schenkelknochen bekannt, die in Gesteinen der späten Kreide Nordägyptens gefunden wurden; andere in Nordwestafrika. Länge: 16 m.

2. Aepisaurus (= Elefantenechse) war ein kleiner Sauropode. Ein Armknochen wurde in Gesteinen der frühen Kreide Südfrankreichs gefunden. Länge: 15 m.

3. Alamosaurus (= Alamo-Echse) stammt aus New Mexico, Utah, Texas und Montana. Zeit: späte Kreide (vor 70 Millionen Jahren). Länge: 21 m. Gewicht: 27 Tonnen.

4. Algoasaurus (= Algoa-Echse) scheint ein kleiner Sauropode gewesen zu sein: Sein Schenkelknochen war nur 50 cm lang. *Algoasaurus* stammt aus der Nähe der Algoa Bay/Südafrika. Länge: 9 m. Zeit: frühe Kreide.

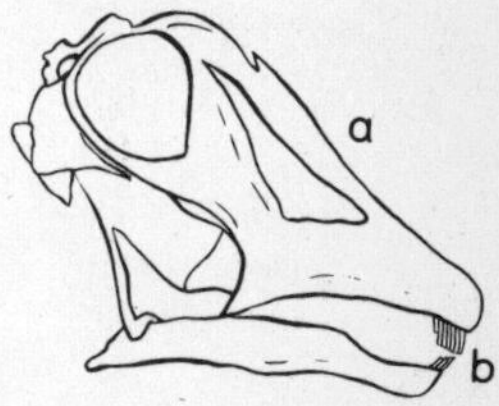

Merkmale der Titanosauriden
a) Steil abfallendes Gesicht
b) Zapfenartiger Zahn
c) Kurze Halsknochen
d) Panzer (bei einigen)
e) Langer Peitschenschwanz
f) Vorderbeine haben $^3/_4$ Länge der Hinterbeine

Die meisten Titanosauriden sind nur von wenigen Knochen bekannt. Museen in Argentinien, England, Frankreich, Indien, Schweden und USA haben Fundstücke. (Illustration nach Bakker.)

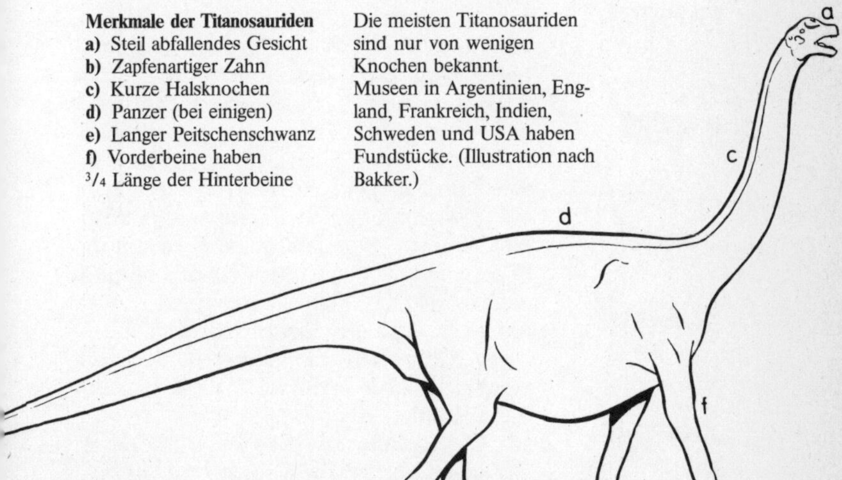

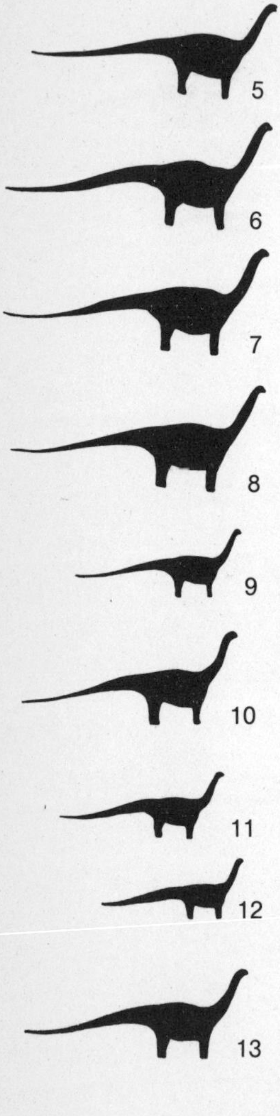

5. Antarktosaurus (= nicht nördliche Echse) mag zu den größten Dinosauriern gehört haben: Einer hatte einen 2,3 m langen Schenkelknochen. Diese Dinosaurier hatten schlanke Hinterbeine, ein kurzes abgeflachtes Gesicht, große Augen und eine breite Schnauze. Länge: 18 m, vielleicht mehr. Späte Kreide. Argentinien, Uruguay, Brasilien, Indien und Kasachstan.

6. Argyrosaurus (= Silberechse) war ein massiver Dinosaurier, der nach Argentinien (= Silberland) benannt wurde. Ein fossiler Schenkelknochen ist länger als ein durchschnittlicher Mensch. Länge: etwa 21 m oder mehr. Späte Kreide. Uruguay, Argentinien.

7. Campylodiniscus (= mit gebogenen Zähnen) mag derselbe wie *Argyrosaurus* oder ein anderer Titanosauride gewesen sein. Ein Kieferteil wurde im südlichen Argentinien gefunden. Späte Kreide.

8. Chondrosteosaurus (= knochige Knorpelechse) ist nur von Stücken hohler Wirbel von der Isle of Wight/England bekannt. Größe: sehr groß. Zeit: frühe Kreide.

9. Hypselosaurus (= Hochrückenechse) war ein mittelgroßer Titanosauride und wird manchmal mit hohen Hüften, plumpem Kopf und langem Schwanz beschrieben. Seine zapfenförmigen Zähne waren klein und schwach. Man fand seine Knochen im Süden und in der Mitte Frankreichs und auch in Spanien. Viele Sauropoden-Eier waren wohl Eier des *Hypselosaurus,* die einzigen Sauropoden-Eier übrigens, die man einer Art zuordnen kann. Länge: 12 m. Zeit: späte Kreide.

10. Laplatasaurus (= La-Plata-Echse) war größer und schlanker als der *Titanosaurus.* Länge: vielleicht 18 m. Zeit: späte Kreide.

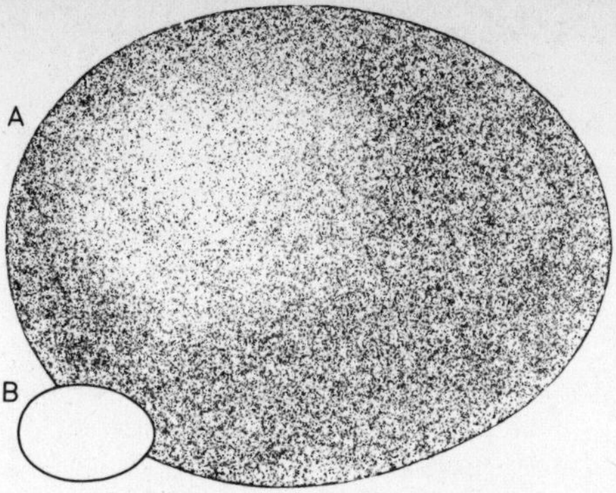

Große Eier
A) Der *Hypselosaurus* legte vermutlich große Eier wie dieses - wirkliche Größe 30 cm lang, Durchmesser 25 cm mit 3,3 Liter Volumen. Vermutlich legte kein Dinosaurier größere Eier.
B) Ein Hühnerei im selben Maßstab.
C) Ein vergrößerter Schnitt durch die Schale des *Hypselosaurus*-Eis zeigt eine höckrige Oberfläche. (Illustration nach Colbert.)

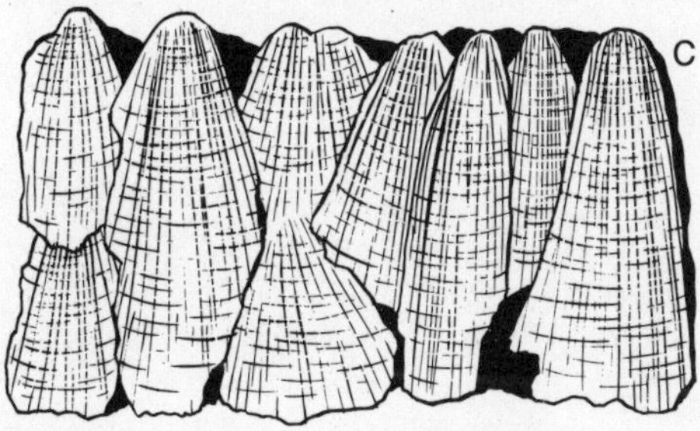

Fundorte: Argentinien, Indien und Madagaskar.
11. Macrurosaurus (= Langschwanzechse) hat seinen Namen von 40 Schwanzknochen in zwei Gruppen, die über Kilometer verstreut gefunden wurden, aber anscheinend zu einem Individuum gehören. Länge: vielleicht 12 m. Zeit: frühe Kreide. Fundort: bei Cambridge/England.
12. Microcoelus (= winziges Loch) ist nur von ein paar Knochen bekannt, die im westlichen Zentralargentinien gefunden wurden. Späte Kreide.
13. Saltasaurus (= Salta-Echse) wurde in der Salta-Provinz/Nordwestargentinien gefunden. Tausende kleiner und wenige große Knochenplatten schützen seinen breiten

Rücken und die Seiten. 1980 wurde er als erster gepanzerter Sauropode beschrieben. Sein Körperbau legt die Vermutung nahe, daß sich dieser Sauropode aufgerichtet hat, um die Baumwipfel zu erreichen. Saltasaurus war ein mittelgroßer Titanosauride, etwa 12 m lang. Späte Kreide.

14. Succinodon (= Schmalzahn) kennt man von einem Kieferfund aus Gesteinen der späten Kreide, südöstlich von Warschau/ Polen.

Ein gepanzerter Sauropode
Die Zusammensetzung von Knochen verschiedener unvollständiger Skelette gab eine Vorstellung vom Aussehen des *Saltasaurus,* obwohl kein Schädel gefunden wurde.
a) Breiter Rücken
b) Starke, breite untere Schwanzknochen machten den Schwanz zur Stütze
c) Ziemlich flache Füße
d) Hunderte von winzigen Knochenhöckern in der Haut schützten Rücken und Seiten
e) Wirkliche Größe der Knochenhöcker
f) Einige wenige Knochenplatten, vielleicht mit Hornstacheln, schützten den Rücken
g) Wirkliche Größe der Knochenplatten
(Illustrationen e und g nach Bonaparte und Powell.)

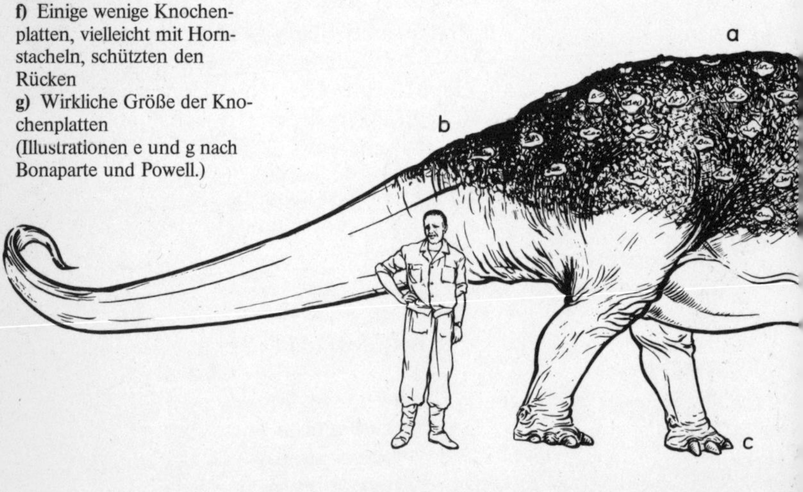

15. Titanosaurus (= Titanenechse) ist nach den Titanen, Riesen der griechischen Mythologie, benannt. Tatsächlich war er viel kleiner als viele andere Sauropoden. Der *Titanosaurus* war ziemlich schwer gebaut, vermutlich mit einem breiten, niedrigen, gepanzerten Rücken wie beim *Saltasaurus* und mit einem peitschenartigen Schwanz. Länge: 12 m. Zeit: späte, vielleicht auch frühe Kreide. Vermutlich lebte er in Europa, Indien, Indochina und Südamerika.

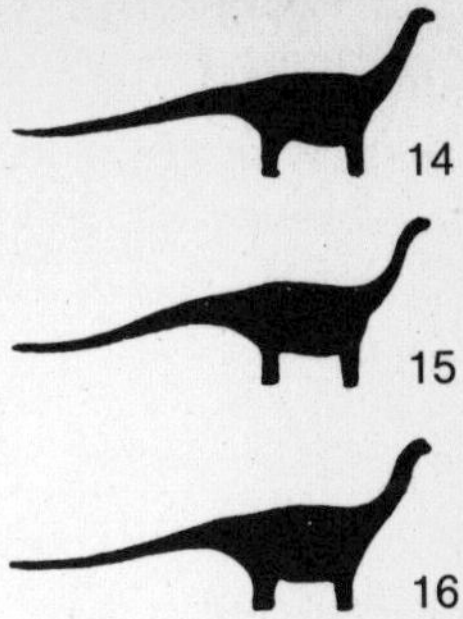

16. Tornieria wurde nach Gustav Tornier, einem deutschen Wissenschaftler, benannt. Das Tier lebte im späten Jura, weshalb es vielleicht der erste Titanosauride war, aber einige Wissenschaftler sagen, daß es ein Diplodocide war. Tansania und Malawi.

Die Diplodociden (1)

Die Diplodociden (= Doppelbalken) umfassen möglicherweise die längsten aller Dinosaurier. Aber sie waren leichtgewichtige Riesen: Die längsten wogen nur halb soviel wie viele andere Sauropoden, die kaum die halbe Länge erreichten. Ein tief ausgehöhltes Rückgrat verringerte das Gewicht. Die Diplodociden hatten lange, niedrige, abfallende Köpfe mit schwachen bleistiftartigen Zähnen, die nur an der Vorderseite der Kiefer gefunden wurden. Sie atmeten durch eine Nase, die sich in einem einzigen Loch auf dem Schädeldach zwischen den Augen öffnete. Ihr langer Hals war schlangenähnlich. Die Vorderbeine waren viel kürzer als die Hinterbeine, und der Rücken mag an den Hüften am höchsten gewesen sein. Sie hatten einen langen, peitschenartigen Schwanz. Viele Schwanzknochen hatten Fortsätze nach vorne und hinten, die »Doppelbalken«, die dieser Familie den Namen gaben.

Fossilfunde
Die Fundstellen der Diplodociden sind auf der Karte eingezeichnet.
1. *Amphicoelias*
2. *Apatosaurus*
3. *Barosaurus*
4. *Cetiosauriscus*
5. *Dicraeosaurus*
6. *Diplodocus*
7. *Mamenchisaurus*
8. *Nemegtosaurus*
9. Diplodocide ohne Namen

Viele Museen haben Diplodociden-Fossilien oder Bruchstücke des Diplodocus-Skeletts.

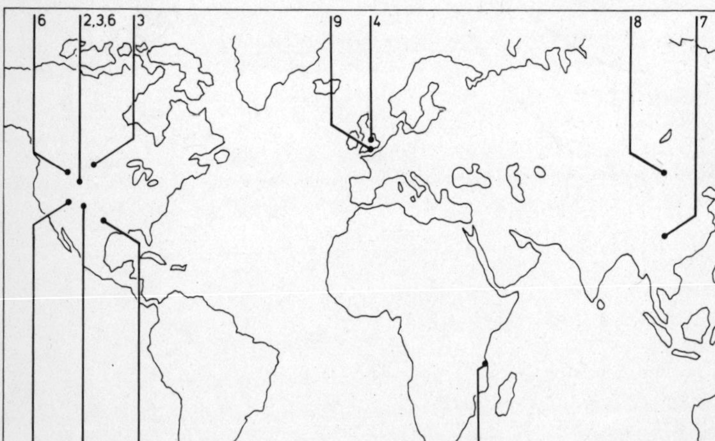

1. Amphicoelias (mit hohlendigen Wirbeln) war lang und dünnknochig. Seine unvollkommenen Überreste mögen in Wirklichkeit zu einem *Barosaurus* oder *Diplodocus* gehören. Spätes Jura. Colorado/USA.

2. Apatosaurus (= trügerische Echse) hatte einen sehr langen Hals, einen kurzen Körper und einen sehr langen Schwanz. Er war kürzer als der *Diplodocus,* aber dreimal schwerer, und wurde *Brontosaurus* (= Donnerechse) genannt, da er beim Gehen den Boden erzittern ließ. Länge: 21 m. Schulterhöhe: 4,5 m. Gewicht: 30 Tonnen. Zeit: später Jura. Fundorte: USA (Colorado, Oklahoma, Utah und Wyoming).

3. Barosaurus (= schwere Echse) war schlankbeinig wie der *Diplodocus,* aber mit kürzeren Schwanz- und längeren Halsknochen - die längsten fast 1 m. Sein Hals war tatsächlich sehr lang. Gesamtlänge des Tieres: vielleicht 23–27 m. Zeit: später Jura. Fundorte: USA (Süddakota und Wyoming) und Tansania.

Ein neuer Schädel
Einst dachte man, daß der *Apatosaurus* einen Kopf wie der *Camarasaurus* (a) hatte. In den 70er Jahren wurde der wahre *Apatosaurus*-Schädel (b) identifiziert. Der *Apatosaurus* hatte einen niedrigen Kopf (c).

4. Cetiosauriscus (= Walechse) war ein einfacher Diplodocide mit einem peitschenartigen Schwanz und einem länglichen Hals. Länge: 15 m. Zeit: später Jura. Fundort: südliches England.
5. Dicraeosaurus (= gegabelte Echse) bekam ihren Namen von hohen, gegabelten Stacheln an einigen Wirbeln, die die Muskeln hielten. Der *Dicraeosaurus* war kürzer als der *Diplodocus.* 13–20 m. Später Jura. Tendaguru/Tansania.
6. Diplodocus (= Doppelbalken) ist nach den mittleren Schwanzknochen benannt, deren Sporne nach vorn und hinten die Blutgefäße schützten, wenn der Schwanz am Boden schleifte. Er war einer der längsten Dinosaurier, aber schlankknochig und ziemlich leicht. Vollständige Länge: bis zu 27 m, das meiste davon der schlangenartige Hals und der Peitschenschwanz. Gewicht: nur 10,6

Der Diplodociden-Schädel
Diese zwei Ansichten zeigen die Lage der Nasenlöcher **(1)** und der zapfenartigen Zähne **(2)**. Die Zähne waren meist an der Vorderseite des Mundes und könnten winzige Organismen aus dem Wasser gesiebt haben. Viele Zähne waren aber durch das Kauen von Blättern abgenutzt.

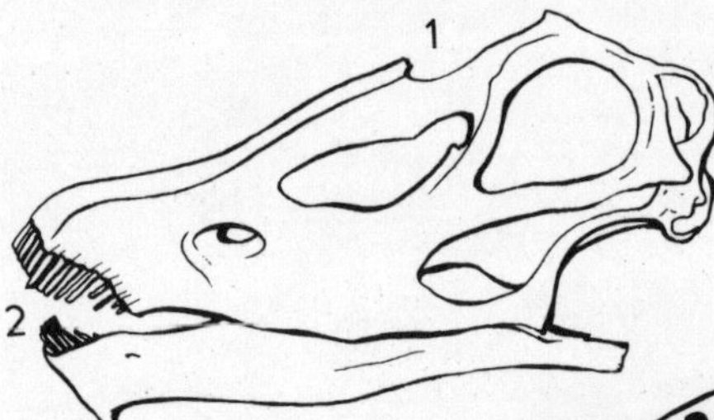

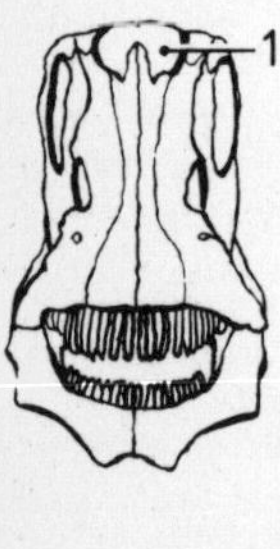

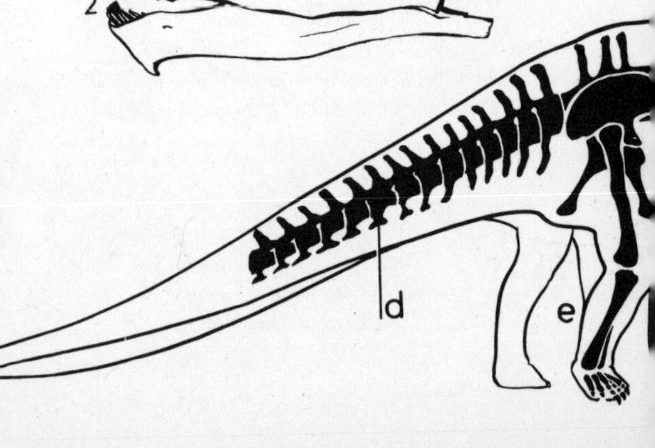

Tonnen. Zeit: später Jura. Fundorte: USA (Colorado, Montana, Utah und Wyoming).

7. **Mamenchisaurus** (= Mamenchi-Echse) aus Mamenchi im südlichen Zentralchina hatte möglicherweise den längsten Hals von allen Tieren. Kein bekannter Dinosaurier hatte so viele Halswirbel (19). Von vielen davon gingen lange Verstrebungen aus, die die hinteren Wirbel überlappen. Dies verstärkte den Hals, mit Ausnahme der Verbindungen zu Kopf und Brustkorb. Länge: 22 m. Später Jura.

8. **Nemegtosaurus** (= Nemegt-Echse) aus dem Nemegt-Becken der Mongolei ist nur von einem abgeflachten Schädel bekannt, der dem des *Diplodocus* gleicht. Der Körper mag ähnlich leicht und lang gewesen sein wie bei diesem. Zeit: späte Kreide (viel später als die anderen Diplodociden).

9. **Diplodocide ohne Namen.** Ein bestimmbarer Schwanzknochen eines Diplodociden wurde auf der Isle of Wight/Südengland gefunden. Körperlänge: 16,6 m. Zeit: frühe Kreide.

Ein starker Mechanismus
Gezeigt sind der *Mamenchisaurus* **(A)** und der *Diplodocus* **(B)**.
a) Lange Halsknochen mit sich überlappenden Stacheln verstärkten den Hals.
b) Der Rücken war ziemlich kurz.

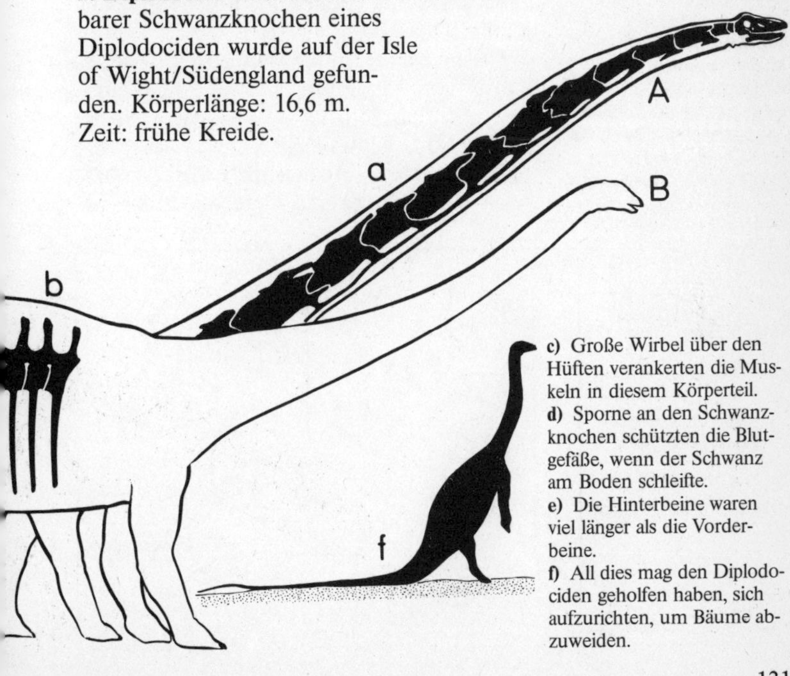

c) Große Wirbel über den Hüften verankerten die Muskeln in diesem Körperteil.
d) Sporne an den Schwanzknochen schützten die Blutgefäße, wenn der Schwanz am Boden schleifte.
e) Die Hinterbeine waren viel länger als die Vorderbeine.
f) All dies mag den Diplodociden geholfen haben, sich aufzurichten, um Bäume abzuweiden.

Verschiedene Sauropoden

1. Atlantosaurus (= Atlas-Echse) nach einem Riesen der griechischen Sage. Länge: 23 m. Zeit: spätes Jura. Fundort: Colorado/USA.

2. Barapasaurus (= Großbeinechse) ist einer der frühesten bekannten Sauropoden. Er hatte schlanke Beine, einen kurzen, tiefliegenden Kopf, löffelförmige, gezackte Zähne und ungewöhnliche Hohlräume im Rückgrat. Bestimmte Knochen waren »altertümlich« wie bei einem Prosauropoden. Länge: bis zu 18 m. Früher Jura. Zentralindien.

3. Chubutisaurus (= Chubut-Echse) aus der Chubut-Provinz Südargentiniens wurde 1974 beschrieben und einer neuen Familie, den Chubutisauriden, zugeordnet. Er hatte kürzere Vorder- als Hinterbeine, große Löcher im Rückgrat und vermutlich einen kurzen Schwanz. Länge: 23 m. Zeit: späte Kreide.

4. Clasmodosaurus (= Zahnfragment-Echse) ist nur von Zähnen bekannt, die man einst einem Fleischfresser zuordnete. Späte Kreide Südargentiniens.

5. Hypsibema (= Hochschritt) wurde zuerst nach Knochen zweier Tiere benannt, von

Fossilfunde

Die Karte zeigt die Fundstellen der hier beschriebenen Sauropoden.

1. *Atlantosaurus*
2. *Barapasaurus*
3. *Chubutisaurus*
4. *Clasmodosaurus*
5. *Hypsibema*
6. *Loricosaurus*
7. *Mongolosaurus*
8. *Ohmdenosaurus*
9. *Sanpasaurus*
10. *Vulcanodon*

Ein *Barapasaurus*-Skelett wird in Calcutta gezeigt. Anderswo sind zuwenig Fossilien für eine Ausstellung im Museum.

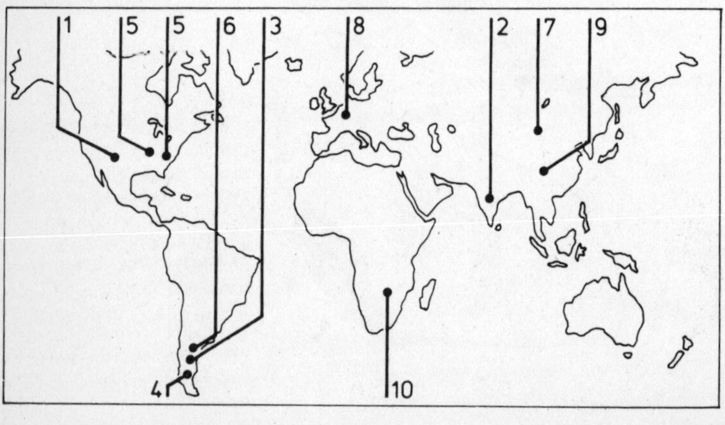

denen nur eines ein Sauropode war. Späte Kreide. North Carolinas; Missouris/USA.

6. Loricosaurus (= gepanzerte Echse) war vielleicht ein gepanzerter Titanosauride, vielleicht der *Titanosaurus.* Nur seine knochigen Hautplatten wurden gefunden. Späte Kreide Südargentiniens.

7. Mongolosaurus (= mongolische Echse) aus der frühen Kreide der Mongolei ist nur von Zähnen und Stücken des Schädels und des Rückgrats bekannt.

8. Ohmdenosaurus (= Ohmden-Echse) war ein sehr kleiner, früher Sauropode. Ein zerbrochener Beinknochen wurde bei Ohmden/Südwestdeutschland gefunden. Länge: 4 m. Zeit: Ende des frühen Jura.

9. Sanpasaurus (= Sanpa-Echse) aus dem späten Jura des südlichen Zentralchinas ist nach den Knochen eines jungen Sauropoden, vielleicht aber auch eines Iguanodontiden benannt.

10. Vulcanodon (= Vulkanzahn) wurde in vulkanischen Tuffen aus dem frühen Jura Zimbabwes gefunden. Seine kleinen, gezackten Zähne waren wie die eines Prosauropoden, aber er hatte die Beine eines Sauropoden. Länge: 6,5m.

»Großbeinige Echse«
Der *Barapasaurus* könnte so ausgesehen haben. Zu seinen deutlichsten Merkmalen gehörten ungewöhnliche Kammern in seinen Dorsalwirbeln, genauso wie normale andere Löcher.

Eine alte Abbildung eines *Iguanodon*-Schädels zeigt einen zahnlosen 5chnabel, geeignet für das Abreißen von Blättern, und abgeflachte Backenzähne zum Zermahlen der Pflanzen. Die Ornithopoden und andere Ornithischier entsprachen unseren heutigen Pferden, Kühen, Schafen und Hirschen. Illustration nach L. Dollo. erschienen in *Dinosaurus* von W. E. Swinton (British Museum, Natural History).

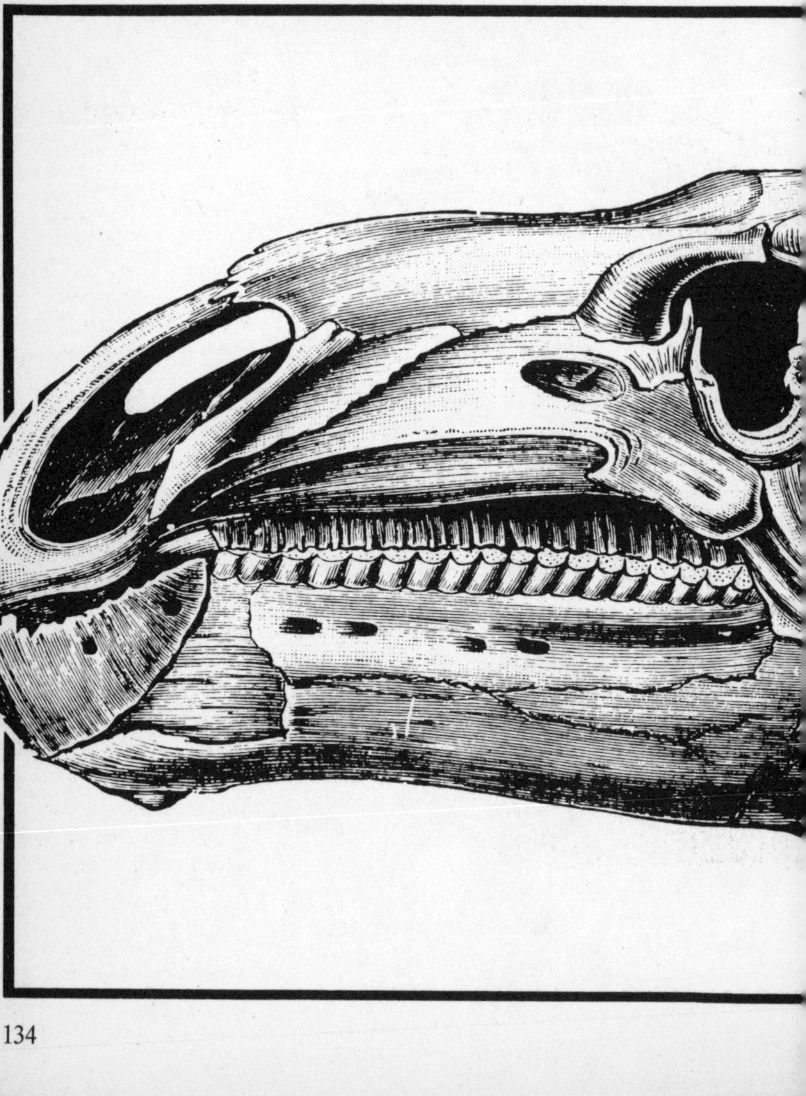

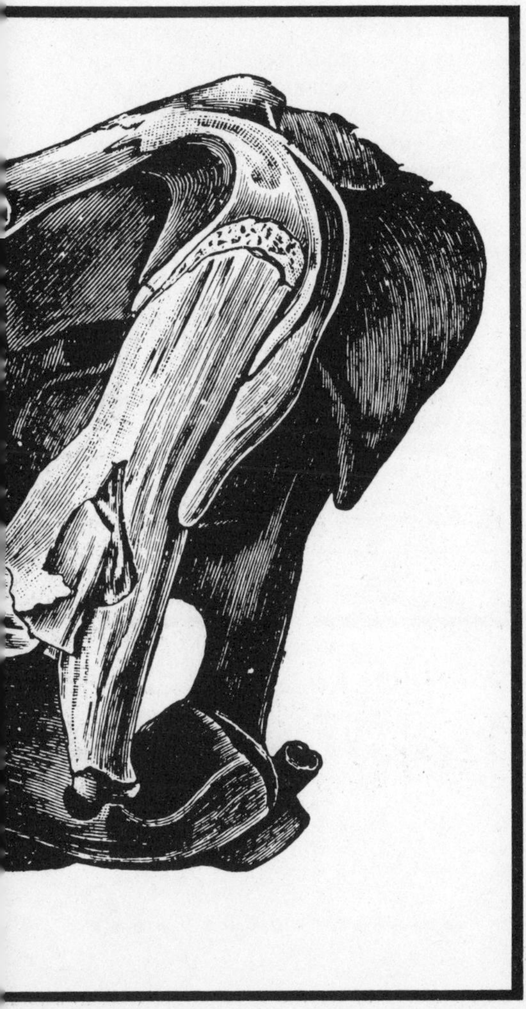

Abschnitt 5

Die Ornithopoden

Die Ornithopoden (= Vogelfüßer) waren die einzigen Ornithischier-Dinosaurier, die auf ihren Hinterbeinen gehen oder laufen konnten. Die meisten Paläontologen bezeichnen sie als eine der vier Unterordnungen der Ornithischier, obwohl einige die Knochenschädel-Ornithischier einer eigenen Unterordnung zuweisen. Dieses Buch beschreibt neun Familien der Ornithopoden. Eine von diesen, die Hadrosauriden, ist in zwei Unterfamilien unterteilt. *(Für allgemeine Informationen über diesen Abschnitt siehe die Kapiteleinführung auf S. 36.)*

Die Ornithopoden

Diese »Vogelfüßer« mit den Vogelhüften waren meist Dinosaurier, die man mit Gazellen oder Hirschen vergleichen kann. Frühe Ornithopoden umfaßten die kleinen, beweglichen Fabrosauriden und die Heterodontosauriden; einige waren nicht größer als ein Hund. Die Hypsilophodontiden waren meist leichter als ein Mensch. Aber mit der Zeit traten die Ornithopoden auch als größere Tiere auf: zuerst die Camptosauriden, dann die Iguanodontiden und schließlich die Hadrosauriden, von denen einige so schwer wie ein Elefant waren. Mit der Zunahme der Größe veränderten sich die Ornithopoden auch in anderer Weise. Der Kopf wurde relativ groß, aber die Zähne verschwanden von der Vorderseite der Kiefer, die jetzt in einem hornigen Schnabel endeten, mit dem man die Pflanzen abreißen konnte. Die Backenzähne entwickelten sich zu Mahlzähnen, mit denen Blätter zerrieben

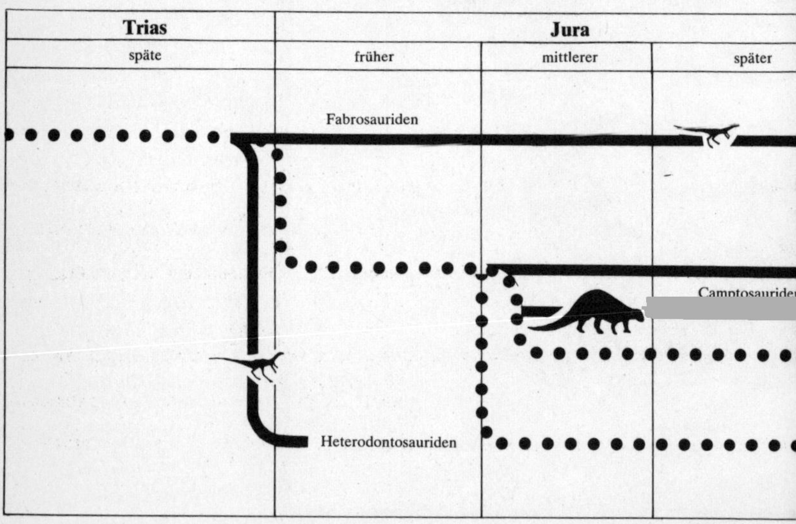

werden konnten; und kurz darauf die Backentaschen - sinnvolle Vorratsbehälter für Blätter, bevor sie gekaut wurden. Bei vielen späteren Ornithopoden waren die ersten und fünften Zehen und Finger geschrumpft oder verschwunden. Die meisten dieser Dinosaurier hatten dreizehige Füße mit Klauen oder hufartigen Nägeln.

Die Ornithopoden konnten auf ihren langen Hinterbeinen gehen oder laufen, wobei sie den Körper mit dem Schwanz balancierten. Bei vielen war dazu der Schwanz mit Knochenstäbchen versteift. Die kleinen Ornithopoden liefen vermutlich schneller als ihre schwereren Verwandten, von denen viele die meiste Zeit auf allen vieren verbrachten und die Hände nicht zum Greifen benutzten. Die Ornithopoden entwickelten sich in der späten Trias, vielleicht auch nicht vor dem Jura. Gut ausgerüstet um Pflanzen zu kauen und schnell vor einer Gefahr zu fliehen, umfaßten sie einige der langlebigsten Familien der Dinosaurier.

Stammbaum der Ornithopoden
Über die Verwandschaft der Ornithopoden-Familien herrscht größere Klarheit als bei den meisten Gruppen der Dinosaurier. Trotzdem könnten die Camptosauriden Iguanodontiden und die Thescelosauriden Hypsilophodontiden gewesen sein. Ebenso bleibt ein Rätsel, wann sich manche Familien entwickelt haben. Die Fabrosauriden und die Heterodontosauriden könnten in der Trias erschienen sein, vielleicht aber auch erst im Jura.

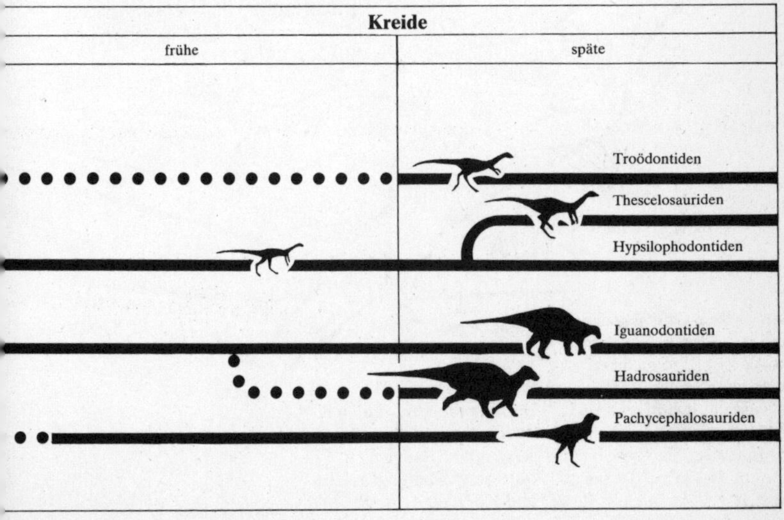

Die Fabrosauriden

Aus kleinen Tieren wie diesen mögen sich alle anderen Dinosaurier mit Vogelhüften entwickelt haben. Sie waren leicht gebaut und hatten hohle Beinknochen, lange Schwänze und lange Beine mit vierzehigen Füßen. Die meisten hatten kleine Arme mit winzigen fünffingrigen Händen. Ihre Kiefer waren mit Zähnen mit Erhöhungen versehen, so daß es keine Backentaschen gab. Der Unterkiefer endete in einem zahnlosen Knochen. Die Fabrosauriden lebten in Europa, Nordamerika und Südafrika von der späten Trias an 55 Millionen Jahre.

1. Azendohsaurus, benannt nach der Ortschaft Azendoh im marokkanischen Atlas, war größer als der *Lesothosaurus.* Länge: vielleicht 1,8 m. Zeit: späte Trias.

2. Echinodon (= stachliger Zahn) war kleiner als der *Lesothosaurus.* Er hatte einen kürzeren Kopf, relativ größere Zähne - zwei davon lang und scharf - und weniger Vorderzähne. Er lebte am Ende des Juras in Südengland. Länge: vielleicht 60 cm.

Schnabellose Ornithopoden
Anders als die meisten Ornithopoden hatten die frühen Fabrosauriden wie der katzengroße *Lesothosaurus* (A) keinen zahnlosen Schnabel zum Abrupfen von Blättern und keine Backentaschen.

Wo sind sie zu sehen?
Der *Lesothosaurus* im University College/London; Fossilien des *Scutellosaurus* in Museen in Cambrigde/USA und Flagstaff/Arizona.

3. Fabrosaurus (= Fabres Echse) hatte anscheinend niedrigere und breitere Zähne als der *Lesothosaurus* und einen breiteren Kieferknochen mit Löchern für neue Zähne, die die alten ersetzten. Länge: 1 m. Zeit: späte Trias oder früher Jura. Lesotho/Afrika.

4. Lesothosaurus (= Lesotho-Echse) könnte ein anderer Name für den Fabrosaurus sein. Er war für den schnellen Lauf gebaut: mit kurzen Armen und langen Beinen, bei denen die Schienbeine länger als die Oberschenkelknochen waren. Zehen und Finger waren mit Klauen besetzt. Die Vorderzähne waren spitz, die Backenzähne sahen wie kleine, gezackte Pfeilspitzen aus. Länge: 1 m. Zeit: späte Trias/früher Jura.

5. Scutellosaurus (= Kleinschildechse) wurde 1981 beschrieben und ist der einzige bekannte gepanzerte Fabrosauride. Hunderte kleiner Knochenplatten schützten seinen Rücken und erhöhten sein Gewicht. Er hatte einen sehr langen Schwanz zur Balance und lange Arme, die er manchmal als Zusatzbeine nutzte. Länge: 1,2 m. Früher Jura, Arizonas/USA:

6. Trimucrodon (= Dreispitzenzahn) ist ein Fabrosauride aus dem späten Jura Portugals.

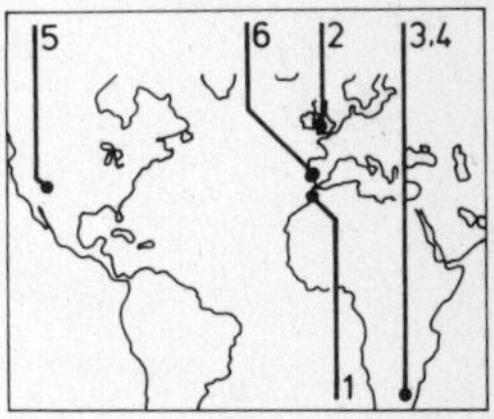

Wo sie lebten
Die Fabrosauriden-Fundstellen:
1. *Azendohsaurus*
2. *Echinodon*
3. *Fabrosaurus*
4. *Lesothosaurus*
5. *Scutellosaurus*
6. *Trimucrodon*

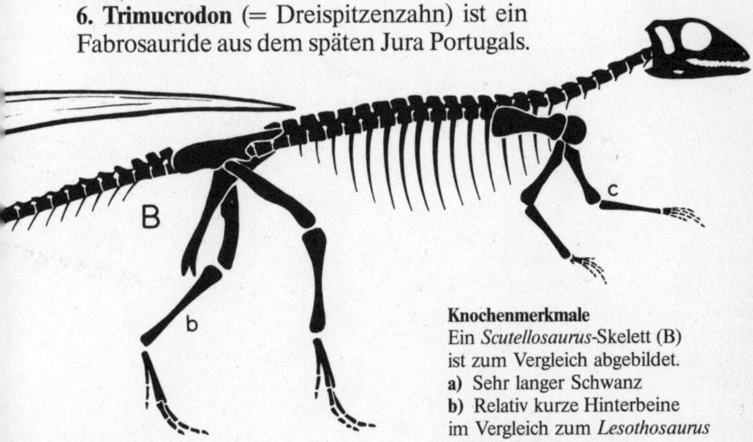

Knochenmerkmale
Ein *Scutellosaurus*-Skelett (B) ist zum Vergleich abgebildet.
a) Sehr langer Schwanz
b) Relativ kurze Hinterbeine im Vergleich zum *Lesothosaurus*
c) Relativ lange Arme
Knochenplättchen schützten den Rücken. (Abbildung nach Colbert.)

Die Heterodontosauriden

Diese »Echsen mit den unterschiedlichen Zähnen« waren kleine, frühe vogelhüftige Zweibeiner, die den Fabrosauriden, ihren vermutlichen Vorfahren, ähnelten. Viele hatten drei Arten von Zähnen: scharfe Zähne wie die Fleischfresser im vorderen Unterkiefer; Reihen von Zähnen mit Erhöhungen zum Zermahlen von Pflanzen; und dazwischen hatten zumindest die Männchen Paare langer, scharfer Fangzähne, die in besonderen Sockeln saßen. Zumindest einige Arten hatten auch Muskelbacken. Die meisten maßen um 1,2 m und lebten in der späten Trias oder im frühen Jura des südlichen Afrikas.

1. Abrictosaurus (= wache Echse) aus Lesotho mag ein einfacher Heterodontosauride gewesen sein, aber viele denken, er war ein weiblicher *Heterodontosaurus,* da der erste *Abrictosaurus* keine Fangzähne hatte.

2. Geranosaurus (= Schädelechse) hatte Fangzähne, aber keine Sockel für diese im Oberkiefer. Südafrika.

Körperbau und Schädel
Die Kiefer des *Heterodontosaurus* zeigen, daß kleine, frühe Ornithopoden wie dieser anders als gewöhnliche Reptilien verschiedene Arten von Zähnen hatten. Seine Hauer erinnerten an die chinesischer Wasserhirsche. Vielleicht gab es sie nur bei Männchen.

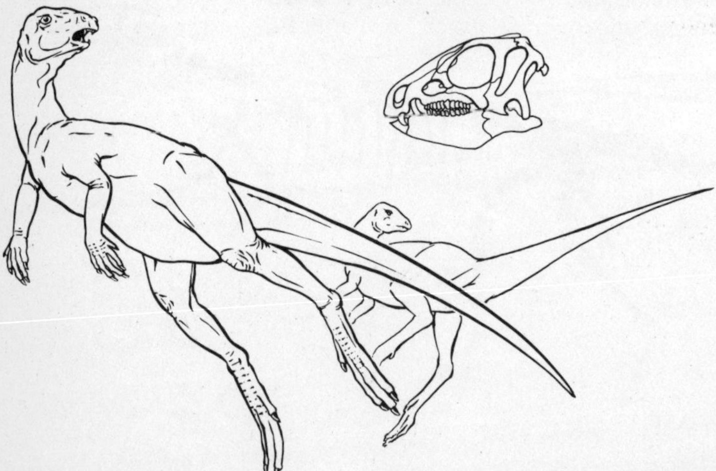

3. Heterodontosaurus (= Echse mit unterschiedlichen Zähnen) war ein fortgeschrittenes Mitglied seiner Familie mit engstehenden Backenzähnen mit Erhöhungen und scharfen, gebogenen Fangzähnen. Die Abnutzung der Zähne zeigt, daß die Kiefer seitlich kauen konnten, nicht nur auf und ab wie bei den Fabrosauriden. Kapprovinz/Südafrika.

4. Lanasaurus (= Wollechse) hatte Zähne, die durch das Aneinanderreiben geschärft wurden und wie Meißel aussahen. Neue Zähne in Dreiergruppen ersetzten die alten. Oranje-Freistaat/Südafrika.

5. Lycorhinus (= Wolfsschnauze) hatte scharfe Fangzähne wie der *Heterodontosaurus* und mag sogar diese Art gewesen sein. Kapprovinz/Südafrika.

6. Pisanosaurus (= Pisanos Echse) hatte spitze Zähne, aber vielleicht keine Fangzähne. Viele halten ihn für den ältesten bekannten Dinosaurier mit Vogelhüften. Er lebte in der späten Trias Nordwestargentiniens. Länge: vielleicht 90 cm.

7. Tatisaurus (= Ta-Ti-Echse) aus Südchina hatte einen großen Unterkiefer mit übereinandergreifenden Zähnen.

Heterodontosauriden-Funde
Die Karte zeigt die Fundstellen.

1. *Abrictosaurus*
2. *Geranosaurus*
3. *Heterodontosaurus*
4. *Lanasaurus*
5. *Lycorhinus*
6. *Pisanosaurus*
7. *Tatisaurus*

Ein Museum in Kapstadt zeigt einen *Heterodontosaurus*-Schädel.

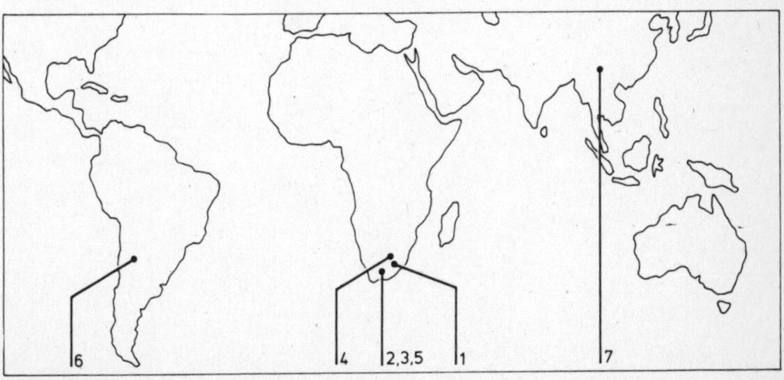

Die Hypsilophodontiden (1)

Die Heimat der Hypsilophodontiden
Die Karte zeigt die Fundstellen.

1. *Alocodon*
2. *Dryosaurus*
3. *Fulgurotherium*
4. »Gongubusaurus«
5. *Hypsilophodon*
6. *Loncosaurus*
7. *Nanosaurus*
8. *Othnielia*
9. *Parkosaurus*
10. *Phyllodon*
11. *Valdosaurus*
12. *Zephyrosaurus*

Museen in Ostberlin, London, New Haven, Pittsburgh und Tübingen zeigen fossile Hypsilophodontiden.

Klein, schlank und schnell waren sie, die Gazellen unter den Dinosauriern. Alle dürften fünffingrige Hände und vierzehige Füße gehabt haben. Ihre Arme waren kurz, aber sie hatten lange, bewegliche Beine, bei denen die Schienbeine wesentlich länger als die Oberschenkel waren.
Die Hypsilophodontiden gehörten zu den schnellsten Läufern der Dinosaurierzeit. Ein langer mit Knochenstäbchen versteifter Schwanz hielt sie in Balance, wenn sie auf ihren Zehen vor Raubtieren flohen. Die Hypsilophodontiden rupften mit ihren Hornschnäbeln Pflanzen ab. Sie kauten diese mit den Backenzähnen, die Erhöhungen hatten und die dieser Familie den wissenschaftlichen Namen gaben: »Zähne mit Erhöhungen«. Die Hypsilophodontiden gehörten zu den erfolgreichsten Dinosauriern und lebten über 100 Millionen Jahre, vielleicht länger als jede andere Dinosaurierfamilie.

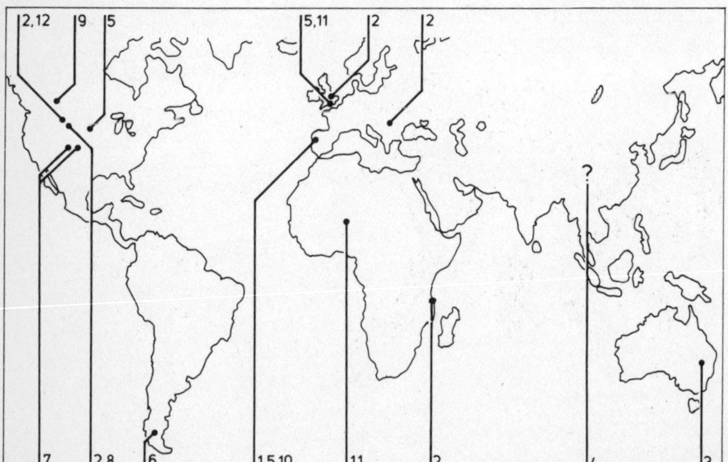

1. Alocodon (= Flügelzahn) hat seinen Namen von der Form seiner Zähne. Zuerst hielt man sie für die Zähne eines Fabrosauriden. Der *Alocodon* lebte im späten Jura Portugals. Länge: etwa 1 m.

2. Dryosaurus (= Eichenechse) war einer der größten Hypsilophodontiden. Er hatte keine Zähne an der Kiefervorderseite, und sein Schädel unterschied sich auch sonst von den Tieren wie dem *Hypsilophodon*. Länge: 2,7–4,3 m. Zeit: Mitte des späten Juras. Fundorte: westliche USA, Ostengland, Tansania und Rumänien.

3. Fulgurotherium (= Lightning-Tier) stammt aus der Lightning Ridge in New South Wales/Australien. Er ist nur von einem zerbrochenen Schenkelknochen bekannt und ist vielleicht eine *Kangnasaurus*-Art. Länge: vielleicht 2 m. Zeit: frühe Kreide.

4. »Gongubusaurus« ist der japanische Name eines Hypsilophodontiden, der noch beschrieben werden muß.

Körper, Schädel und Zähne
Der *Dryosaurus* war einer der größten Hypsilophodontiden.
a) Seine Kiefer hatten Backenzähne, aber keine Vorderzähne.
b) Ein *Dryosaurus*-Zahn, lang und mit Erhöhungen, gab den Hypsilophodontiden ihren Namen.

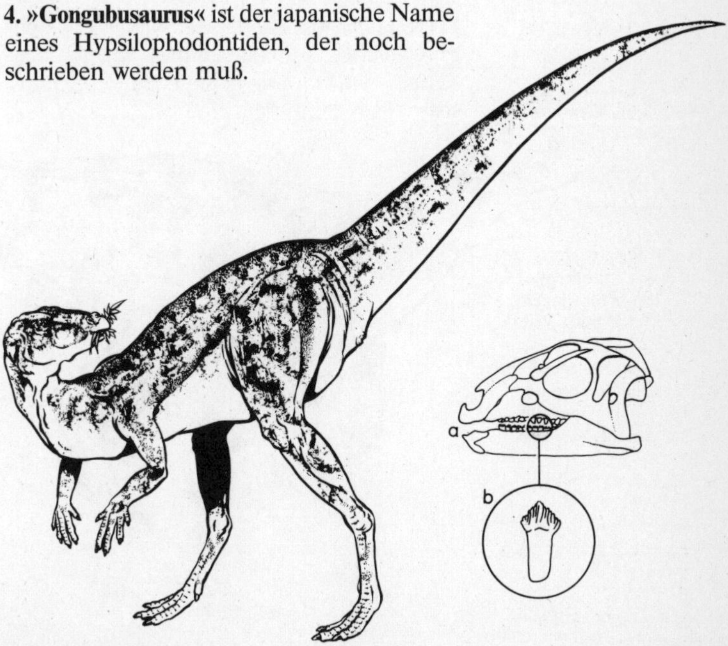

5. Hypsilophodon (= Zahn mit Erhöhungen) hatte lange, selbstschärfende Backenzähne mit Erhöhungen und mehr Zähne in seinem Hornschnabel. Er hatte kurze Arme mit fünffingrigen Händen und lange Sprinterbeine mit vierzehigen Füßen. Zwei Reihen von Knochenhöckern mögen an seinem Rücken verlaufen sein. Länge: 1,4–2,3 m. Der *Hypsilophodon* lebte in der Welt der frühen Kreide von Südengland und Portugal bis South Dakota/USA.

6. Loncosaurus (= Lonco-Echse) aus Südargentinien war vielleicht ein Hypsilophodontide der späten Kreide. Länge: vielleicht 2 m.

7. Nanosaurus (= Zwergechse) mag der kleinste der Familie gewesen sein. Länge: 90 cm. Zeit: später Jura. Fundorte: Colorado und Utah/USA.

8. Othnielia war klein. Sein Name ehrt den Fossilsucher Othniel Charles Marsh. Die Zähne hatten auf beiden Seiten Zahnschmelz, nicht nur auf einer wie beim *Hypsi-*

Eine Dinosaurier-»Gazelle«
Der *Hypsilophodon* war ein kleiner »altertümlicher« Dinosaurier mit mehr Fingern, Zehen und Zähnen als bei einigen Kreide-Dinosauriern. Man dachte, daß er auf Ästen hockte (siehe kleines Bild rechts), bis man feststellte, daß er ein auf dem Boden lebender Sprinter war.
a) Lange Sprinter-Schienbeine
b) Lange vierzehige Füße
c) Versteifter Schwanz, der Körper und Kopf in Balance hielt
d) Kurze Arme mit fünffingrigen Händen

lophodon. Er lebte im späten Jura des westlichen Nordamerikas. Länge: 1,4 m.

9. Parksosaurus (= Parks' Echse) hatte einen anderen Schädel und andere Zähne als die übrigen Hypsolophodontiden. Er lebte auch später als fast alle anderen. Länge: 2,4 m. Gewicht: vielleicht 68 kg. Zeit: späte Kreide. Fundort: Alberta/Canada.

10. Phyllodon (= Blattzahn) ist nach einem Zahn benannt, der denen des *Nanosaurus* gleicht. Er stammt aus einer Braunkohlengrube in Portugal. Länge: vielleicht nur 90 cm. Zeit: später Jura.

11. Valdosaurus (= Weald-Echse) war ein großer Hypsilophodontide mit Schenkelknochen, die denen des *Dryosaurus,* seines Vorfahren, glichen. Er lebte in der frühen Kreide Südenglands und Nigers in Westafrika. Länge: um 3m.

12. Zephyrosaurus (= Westwindechse) aus den westlichen USA (Montana) hatte Vorderzähne wie der *Hypsilophodon,* aber eine ungewöhnliche Hirnkapsel. Länge: vielleicht 1,8 m. Zeit: frühe Kreide.

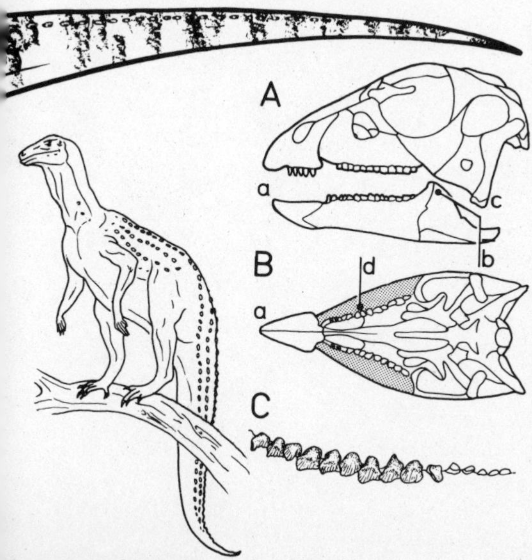

Kiefer und Zähne
Die Kiefer und Zähne der Hypsilophodontiden waren besser geeignet, Pflanzennahrung zu kauen, als die der frühen Ornithopoden. Die Abbildung zeigt den Schädel eines *Hypsilophodons* von der Seite (A) und von unten (B). Verschiedene Merkmale sind:
a) Hornschnabel zum Rupfen
b) Knochige Erhöhung zur Verankerung der Kiefermuskeln
c) Kiefer-»Angelpunkt« unter der Höhe der Zahnreihe, damit alle oberen Zähne die unteren auf einmal treffen können
d) Versetzte Zähne ließen Platz für Backentaschen (grau unterlegt) zur Futterspeicherung. Die Backenzähne des *Zephyrosaurus* sind in wirklicher Größe abgebildet (C). Beim Aufeinanderreiben nutzten sie sich ab und wurden durch neue Zähne ersetzt.
(Illustrationen nach Galton und Sues.)

Die Troödontiden

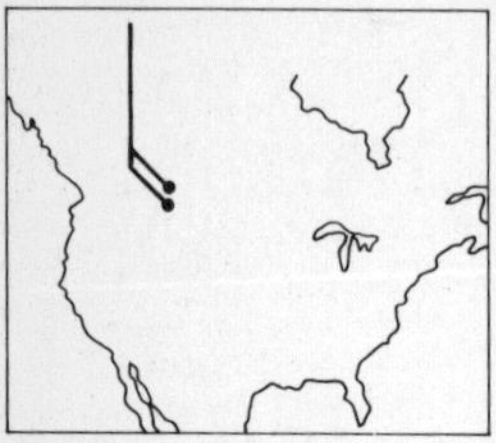

Wo der Troödon lebte
Die Karte zeigt die Fossilfunde.

Zähne des Troödons
Die Ansichten eines Zahns des *Troödons* von den Seiten (a, b) und von vorne (c) zeigen abgeflachte Seiten, eine Spitze und gebogene, gezackte Vorder- und Rückseiten, die an die Zähne der Theropoden, der fleischfressenden Saurischier-Dinosaurier, erinnerten. Wie bei diesen scheinen die Zähne eher zum Fleischzerkleinern geeignet. So hielt man den *Troödon* einst für einen Theropoden.

Ein seltsamer Ornithopode
Der Troödon könnte in der Tat, wie hier abgebildet, ein kleiner fleischfressender Ornithopode gewesen sein, der den Hypsilophodontiden verwandt war. Ein Hinweis ist ein vermutlicher Hypsilophodontiden-Oberschenkelknochen, der heute dem *Troödon* zugewiesen wird. Er weist auf ungewöhnlich kleine, vierzehige Füße hin.

Fast 100 Jahre lang kannte man von dieser Familie nur einen seltsamen, kleinen, spitzen und gezackten Zahn. In den 40er Jahren dieses Jahrhunderts tauchte dann der Teil eines Unterkiefers auf. 1979 und 1980 fanden die Fossilsucher John Horner und Robert Makela mehr Zähne, einen Kiefer, andere Teile des Skeletts, fossile Troödontideneier und -junge. Es wurde klar, daß diese Tiere an die harmlosen Pflanzenfresser Hypsilophodontiden erinnerten. Die Zähne waren aber für Fleisch, nicht für Blätter geeignet. So waren diese vogelhüftigen Dinosaurier Fleischfresser - fast so unglaublich wie eine fleischfressende Kuh. **Troödon** (= verwundender Zahn) war ein kleiner Jäger mit »Steakmesser-Zähnen«, zwei langen, schlanken Beinen und kurzen, schmalen vierzehigen Füßen, anders als jeder andere zweibeinige Dinosaurier mit Vogelhüften. Er lebte in der späten Kreide Albertas und Montanas. Länge: etwa 2,4 m.

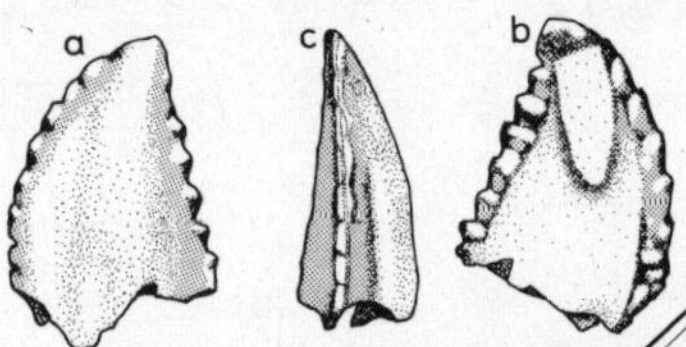

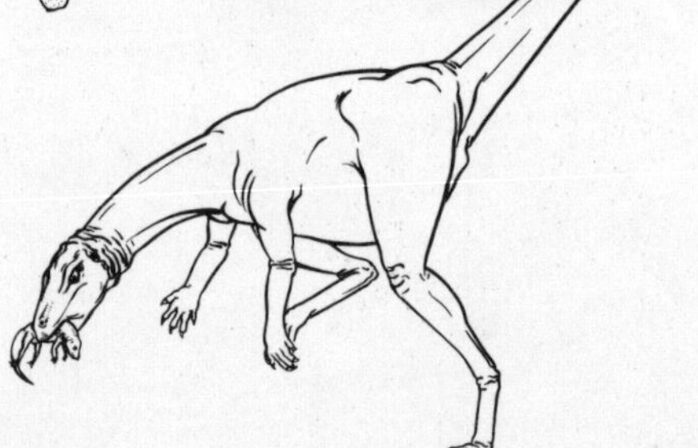

Die Thescelosauriden

Die Thescelosauriden (= wundervollen Echsen) kommen aus den obersten Gesteinsschichten des Mesozoikums und gehören so zu den letzten Dinosauriern. Sie wurden so lang wie ein Kleinwagen. Manchmal ordnet man sie den schwersten Hypsilophodontiden zu. Ihre Beine erinnerten an die viel größeren Iguanodontiden, die manchmal auf allen vieren gingen. Nach Meinung mancher Wissenschaftler haben sie sich aus einer Iguanodontiden-Familie entwickelt. Sie lebten in Nordamerika, und bis jetzt wurde nur eine Art beschrieben.

Thescelosaurus (= wundervolle Echse) war lang, niedrig und zweibeinig. Auf dem Rükken gab es Reihen von Knochenhöckern. Wie der *Hysilophodon* hatte er Zähne an der Vorderseite des Oberkiefers, aber beide Seiten jedes Zahns hatten Zahnschmelz. Die Oberschenkel waren länger als die Unterschenkel wie auch beim Iguanodon. Länge: 3,4 m. Zeit: sehr späte Kreide. Fundorte: westliches Nordamerika (Alberta, Saskatchewan, Montana und Wyoming).

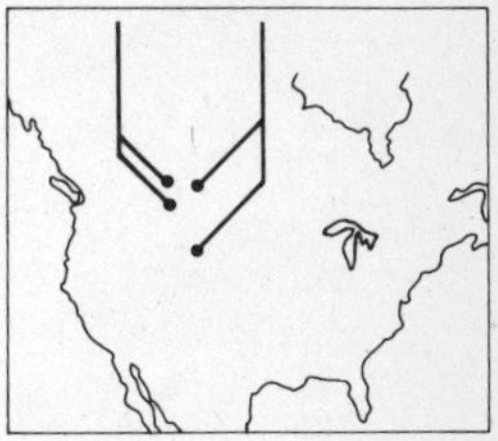

Fossilfunde
Die Karte zeigt Fundstellen des *Thescelosaurus*.
Ein Skelett ist im National Museum of Natural History in Washington zu sehen.

Körperbau der Thescelosauriden

a) Mäßige Größe
b) Langer, niedriger Körper
c) Fünffingrige Hand
d) Fünfzehiger Fuß
e) Langer, steifer Schwanz
f) Lange Oberschenkel
g) Knochenplättchen in der Haut
h) Backenzähne und Zähne an der Vorderseite des Unterkiefers (ungewöhnlich bei späteren Ornithopoden)

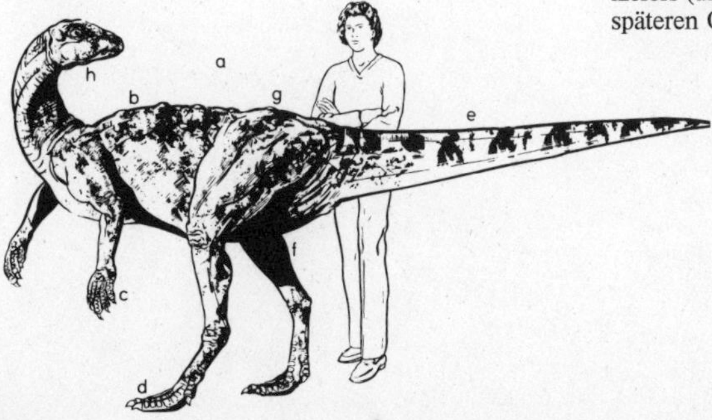

Die Camptosauriden

Die Camptosauriden (= gebogene Echsen) waren größer und weniger beweglich als ihre Vorfahren: winzige, vogelhüftige Zweibeiner wie der *Hypsilophodon.* Manchmal hält man sie nur für kleine Iguanodontiden. Jeder hatte einen untersetzten Körper mit großen, starken Hinterbeinen und kurzen Vorderbeinen. Jeder Fuß hatte vier Zehen mit hufähnlichen Klauen. Die ersten drei Finger jeder Hand endeten ebenso in einer hufähnlichen Klaue. Der Kopf war lang und flach, die dichtgepackten Zähne hatten Erhöhungen. Vorne war ein scharfer, zahnloser Schnabel.

1. Callovosaurus (= Callovian-Echse) wurde nach den Callovian-Gesteinen benannt, in denen sein Schenkelknochen gefunden wurde. Dieser frühe Camptosauride maß etwa 3,5 m und lebte im mittleren Jura Südenglands.

2. Camptosaurus (= gebogene Echse) variierte in der Länge von 1,2–7 m und wog bis zu 500 kg oder mehr. Zeit: später Jura bis frühe Kreide. Fundorte: Westeuropa und westliches Nordamerika.

Lage der Fossilfunde
Die Karte zeigt die Funde von Camptosauriden-Fossilien.
1. *Callovosaurus*
2. *Camptosaurus*
3. »Honghesaurus«
Einige Museen in Nordamerika zeigen *Camptosaurus*-Fossilien.

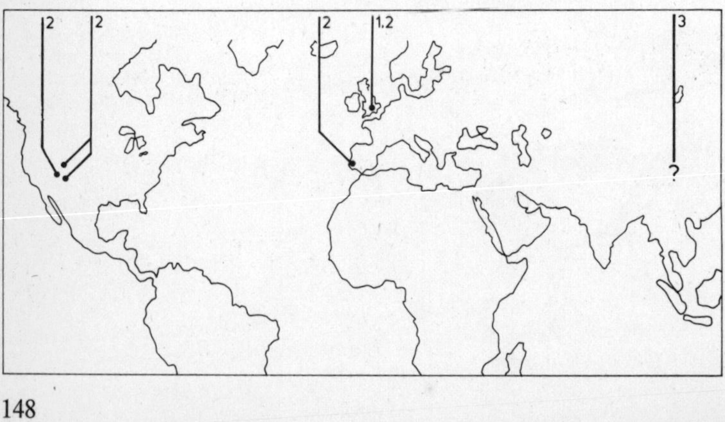

3. »Honghesaurus«, benannt und abgebildet in Japan, war vielleicht ein chinesischer Camptosauride.

Fußabdrücke von Camptosauriden, die in Gesteinen erhalten blieben, zeigen, daß diese Dinosaurier oft auf ihren Hinterbeinen gingen. Sie konnten aber auch auf allen vieren gehen, was die Hufe an den Fingern als wahrscheinlich erscheinen lassen. Genauso zeigen dies ihre Schenkelknochen, die gebogen und nicht gerade waren. Vielleicht weideten die Camptosauriden auf allen vieren die niedrigwachsenden Pflanzen, aber richteten sich zum schnellen Gang auf.

Die Camptosauriden waren harmlose Pflanzenfresser und könnten eine lange Zunge gehabt haben, mit der sie die Blätter ins Maul zogen. Der Hornschnabel schnitt die Blätter ab, bevor sie die Backenzähne zerkauten. Ein Camptosauride konnte während des Kauens atmen, da eine Knochenplatte den Mund vom Nasenraum trennte. Die galt auch für viele andere Dinosaurier.

Weil der *Camptosaurus* in Nordamerika und Europa lebte, glaubt man, daß diese beiden Kontinente in der Jurazeit miteinander verbunden waren.

Lebende Lassos
Die Camptosauriden und ihre Verwandten, die Iguanodontiden, hatten eine breite Rinne im Unterkiefer. Vielleicht hielt diese eine lange, bewegliche Zunge. Wie bei einer Giraffe mag diese als Lasso benutzt worden sein, um Zweige abzureißen und sie ins Maul zu stopfen.

Körperbau des Camptosaurus
a) Lange, niedrige, breite Schädel und Backenzähne mit Erhöhungen
b) Zahnloser Schnabel
c) Kräftige Vorderbeine, die das Gewicht trugen
d) Fünf Finger: 1–3 mit hufartigen Nägeln, 4–5 winzig
e) Lange, starke Hinterbeine
f) Vier Zehen mit winzigen Hufen
g) Versteifter Schwanz

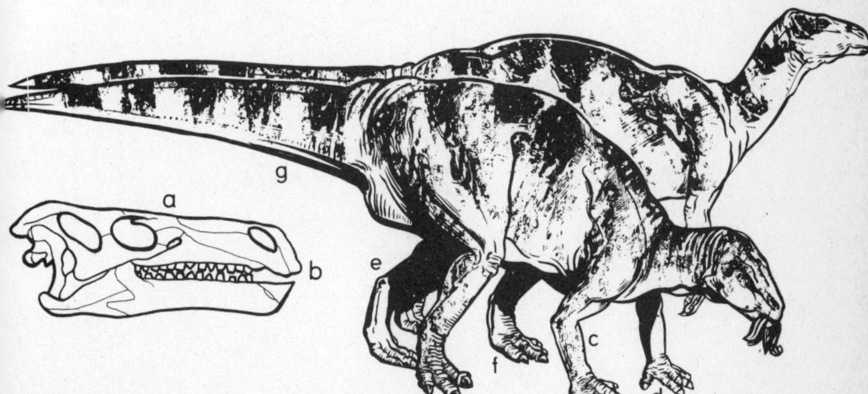

Die Iguanodontiden (1)

Die Iguanodontiden (= Leguanzähne) waren meist größer als die Camptosauriden, hatten geradere Schenkelknochen, relativ längere Arme und mehr Backenzähne. Einige waren so schwer wie ein Elefant und konnten sich hoch aufrichten, aber sie gingen meist auf allen vieren. Die bestbekannte Art *Iguanodon* wanderte durch warmes, sumpfiges Land, wo Herden großer Männchen und kleinere Weibchen Schachtelhalme abweideten. Vielleicht haben sie ihre spitzen Daumen in die Augen angreifender Raubsaurier gestochen. Die Iguanodontiden lebten alle in der Kreide und verbreiteten sich über alle Kontinente. Wissenschaftler fanden ihre Fußabdrücke in Südamerika und sogar in Spitzbergen.

Iguanodontiden-Fossilfunde
Die Plätze sind auf der Karte zu sehen:

1. *Anoplosaurus*
2. *Craspedodon*
3. »Gadolosaurus«
4. *Iguanodon*
5. *Kangnasaurus* (vielleicht ein Hypsilophodontide)
6. *Mochlodon*
7. *Muttaburrasaurus* (vielleicht ein Camptosauride)
8. *Ouranosaurus*
9. *Probactrosaurus*
10. *Vectisaurus*
11. *Tenontosaurus* (vielleicht ein Hypsilophodontide)
12. Iguanodontiden-Fußabdrücke

In Brüssel, London und einigen anderen europäischen Städten gibt es in Museen *Iguanodon*-Skelette.

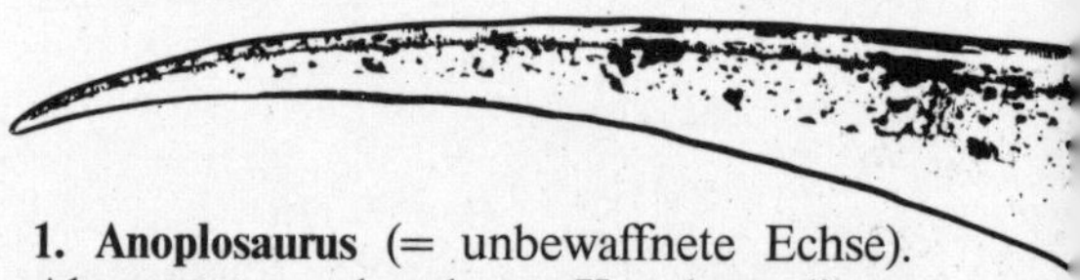

1. Anoplosaurus (= unbewaffnete Echse). Abgenutzte, gebrochene Knochen dieses Dinosauriers der frühen Kreide wurden im 19. Jh. in Ostengland gefunden.

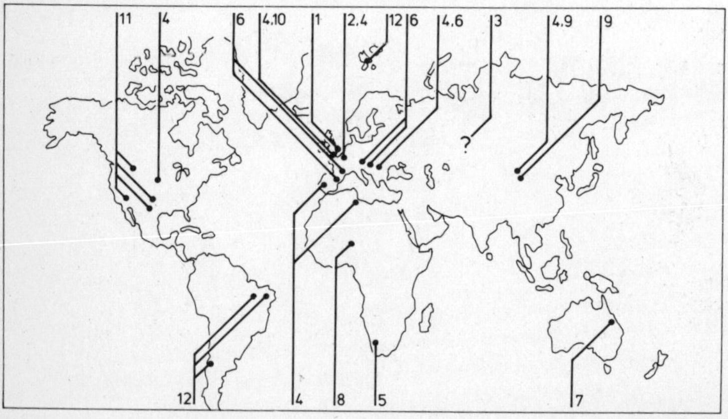

2. Craspedodon (= Eckzahn) ist nur von seinen Zähnen mit fünf Erhöhungen bekannt, die von Seite zu Seite abgeflacht waren. Damit konnten diese Tiere vielleicht noch wirksamer kauen als der *Iguanodon*. Lebte in der späten Kreide Belgiens.

3. »Gadolosaurus« ist ein kleiner Iguanodontide aus Rußland, der noch nicht offiziell beschrieben wurde.

4. Iguanodon (= Leguanzahn) hatte Zähne wie die heutigen Leguane, war aber viel größer. Seine spitzen Daumen waren die einzige Verteidigungswaffe. Dieser Dinosaurier der frühen Kreide war der größte, häufigste und am weitesten verbreitete aller Iguanodontiden. Länge: bis zu 9 m. Aufgerichtet 5 m hoch. Gewicht: bis zu 4,5 Tonnen. Fundorte: Westeuropa, Rumänien, westliches Nordamerika, Nordafrika und Mongolei.

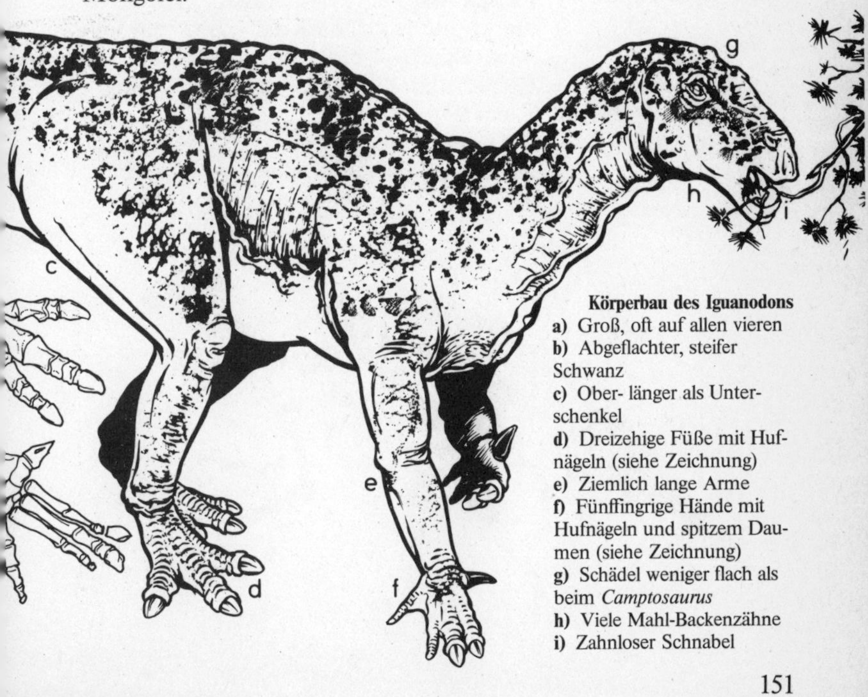

Körperbau des Iguanodons

a) Groß, oft auf allen vieren
b) Abgeflachter, steifer Schwanz
c) Ober- länger als Unterschenkel
d) Dreizehige Füße mit Hufnägeln (siehe Zeichnung)
e) Ziemlich lange Arme
f) Fünffingrige Hände mit Hufnägeln und spitzem Daumen (siehe Zeichnung)
g) Schädel weniger flach als beim *Camptosaurus*
h) Viele Mahl-Backenzähne
i) Zahnloser Schnabel

5. Kangnasaurus (= Kangnas-Echse) ist der Name, der einem Zahn und einem Beinknochen gegeben wurde. Gefunden wurden die Fossilien in der Kreide des Namaqualandes/Südafrika.

6. Mochlodon (= Riegelzahn) aus der späten Kreide Süd- und Osteuropas erinnerte in mancher Hinsicht mehr an den *Camptosaurus* als an den *Iguanodon.* Einige Experten glauben, er gehörte zu keiner der beiden Familien.

7. Muttaburrasaurus (= Muttaburra-Echse), vielleicht auch ein Camptosauride, wurde 1981 zum ersten Mal beschrieben. Er hatte einen niedrigen, breiten Kopf mit einem aufwärts gewölbtem Maul und Zähnen, die wie Scheren schnitten; vielleicht hat er Fleisch und Pflanzen gefressen. Er lebte in der Mitte der späten Kreide, und sein fossiles Skelett wurde bei Muttaburra in Queensland/Australien gefunden. Länge: 7 m. Hüfthöhe: 3 m.

8. Ouranosaurus (= tapfere Waranenechse) hatte einen flachen Kopf, ein »Entenschnabel«-Maul und vielleicht ein Haut-»Segel«

Ein Ornithopode mit Segelrücken
Diese Ansicht zeigt die Stacheln, die vom Rückgrat nach oben weisen und wie beim *Spinosaurus* das Hautsegel des *Ouranosaurus* trugen. Ein gutes *Ouranosaurus*-Skelett wird in Niamey/Niger gezeigt.

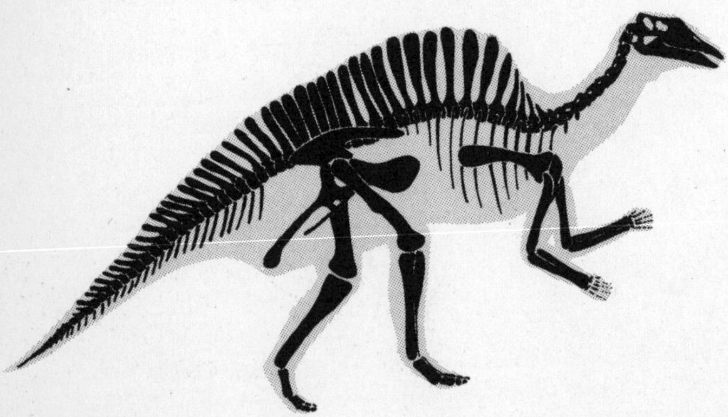

längs des Rückens. Dieses mag als Wärmeaustauscher gedient haben. Länge: 7 m. Zeit: frühe Kreide. Fundort: Niger/Westafrika.

9. Probactrosaurus (vor der baktrischen Echse) war ein Iguanodontide aus der Mongolei, der einem flachköpfigen Hadrosauriden ähnlich sah. Vermutlich war er der Vorfahre der Familie der Entenschnabel-Dinosaurier. Länge: 6 m. Zeit: späte Kreide. Fundorte: China und Mongolei.

10. Vectisaurus (= Riegelechse) hatte längere Stacheln, die vom Rückgrat ausgingen, als der *Iguanodon.* Wie dieser Dinosaurier lebte er in der frühen Kreide Südenglands. Länge: mindestens 4 m.

11. Tenontosaurus (= Sehnenechse) wurde als Iguanodontide bezeichnet, war aber vielleicht ein Hypsilophodontide. Er hatte einen breiten und endlos langen Schwanz, viel länger als der übrige Körper. Seine langen Vorderbeine zeigen, daß er oft auf allen vieren ging. Fossilfunde sprechen dafür, daß er von Rudeln des *Deinonychus,* einem viel kleineren Raubsaurier, angegriffen wurde. Länge: 6,5 m. Gewicht: 900 kg. Zeit: frühe Kreide. Fundorte: USA (Montana, Oklahoma, Texas und Arizona).

Das Opfer
Knochen des *Tentosaurus* und des *Deinonychus* wurden gemeinsam gefunden. Griffen Rudel des *Deinonychus* manchmal einen *Tenontosaurus* an, oder wurden die Knochen durch Wasser zusammengespült? *Tenontosaurus*-Reste werden im Peabody Museum in New Haven, Connecticut/USA gezeigt.

Die Hadrosauriden
(Entenschnäbel)

Diese »großen Echsen« bekamen nach ihren breiten, zahnlosen Schnäbeln den Namen »Entenschnäbel«; aber weiter hinten waren ihre Kiefer mit Reihen von Mahlzähnen besetzt – mit mehr Zähnen als bei allen anderen Dinosauriern. Die Entenschnäbel erinnerten an ihre Iguanodontiden-Vorfahren, hatten aber breitere Schwänze und längere Beine. Die meisten hatten einen

Stammbaum der Hadrosauriden
Die Hadrosauriden oder »Entenschnäbel« waren eine Ornithopoden-Familie mit zwei Unterfamilien. Schädel der meisten Gattungen sind mit abgebildet.

Hadrosaurier:
1. *Mandschurosaurus* (auch Gilmoreosaurus genannt)
2. *Aralosaurus*
3. *Brachylophosaurus*
4. *Hadrosaurus*
5. *Lophorhothon*
6. *Prosaurolophus*
7. *Saurolophus*
8. *Claosaurus*
9. *Tanius*
10. *Shantungosaurus*
11. *Edmontosaurus*
12. *»Edmontosaurus copei«*
13. *Secernosaurus*
14. *Telmatosaurus*

Lambeosaurier:
15. *Jaxartosaurus*
16. *Lambeosaurus*
17. *Corythosaurus*
18. *Hyacrosaurus*
19. *Bactrosaurus*
20. *Tsintaosaurus*
21. *Parasaurolophus*

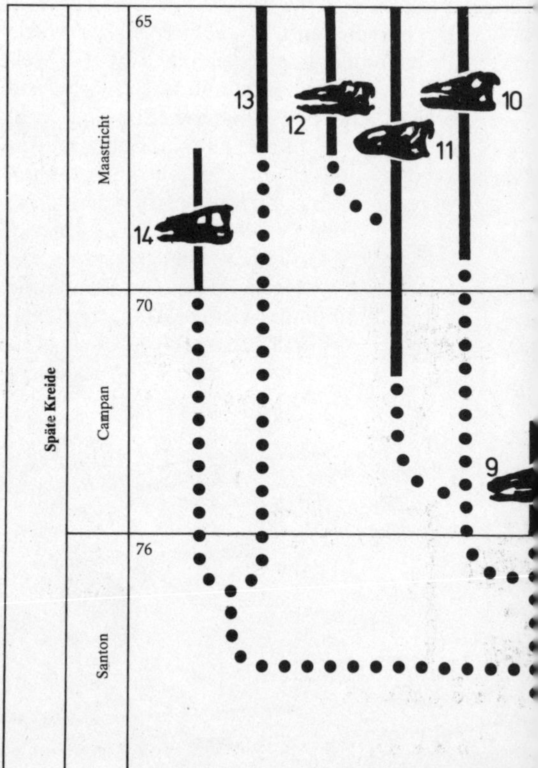

Größenvergleich (unten)
Im gleichen Maßstab sind neben einem Menschen der größte und der kleinste Entenschnabel gezeigt.

Knochenkamm auf dem Kopf. Viele wogen soviel wie eine Elefantenkuh. Auf den Hinterbeinen waren einige so groß wie ein Haus, obwohl eine Art winzig war. Fußabdrücke der Entenschnäbel wurden in den Gesteinen der frühen Kreide Canadas gefunden, aber die bekannten Fossilien stammen alle aus der späten Kreide. Vermutlich von Asien aus erreichten diese harmlosen Zweibeiner Europa und Südamerika und gehörten bald zu den häufigsten Dinosauriern Nordamerikas.

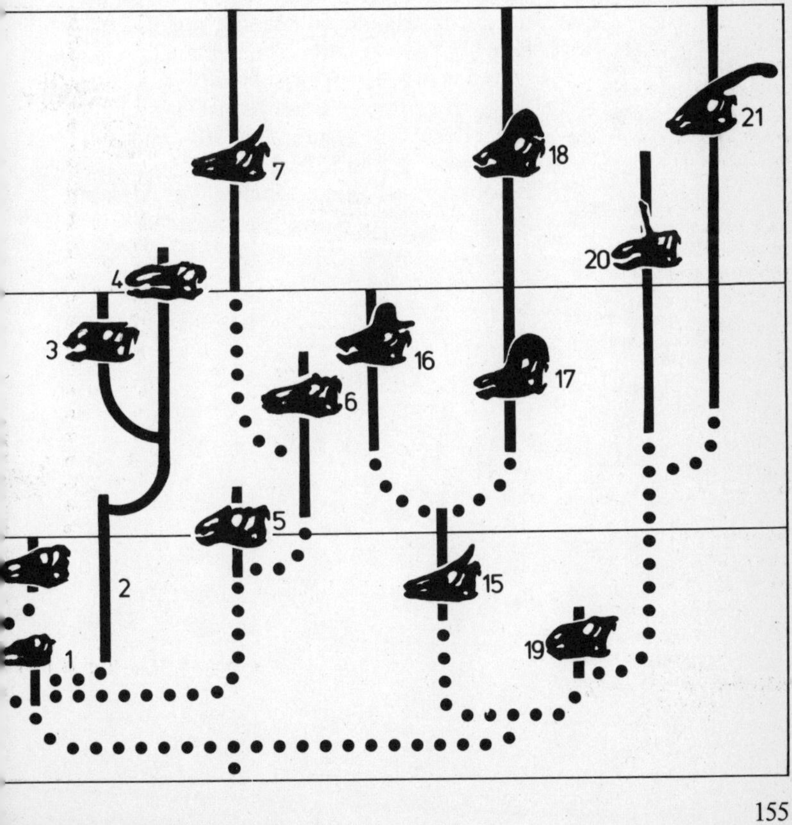

Das Leben der Hadrosauriden

Vielleicht standen die Entenschnäbel auf ihren Hinterbeinen, um die Bäume abzuweiden, aber fraßen die niedrig-wachsenden Pflanzen auf allen vieren. Während ihre kräftigen Kiefer kauten, konnten sie ungekautes Futter in den Backentaschen speichern.

Die Entenschnäbel hatten keine wirksame Waffe gegen starke Feinde, aber ihre scharfen Augen und Ohren warnten sie ebenso früh wie der Geruchssinn. Wenn ein wilder Raubsaurier näherkam, erhob sich der weidende Entenschnabel auf seine langen, kräftigen Hinterbeine und rannte mit gesenktem Kopf davon, wobei ihn der lange, steife Schwanz im Gleichgewicht hielt. Manchmal mag ein verfolgter Entenschnabel in einen See oder Fluß gesprungen sein und mit seitlichen Schwanzbewegungen vorwärts geschwommen sein, wobei er das Wasser

Kiefer und Zähne
Man dachte früher, daß die Entenschnäbel weiche Wasserpflanzen fraßen. Bei einigen Funden ist der Mageninhalt aber so gut erhalten, daß wir heute sagen können, daß diese Tiere harte Zweige, Piniennadeln, Früchte und Samen fraßen. Dafür waren die Kiefer und Zähne dieser Dinosaurier auch eingerichtet.
Die Abbildungen zeigen einen Schädel (1) und einen Unterkiefer (2) eines Entenschnabels. Hinter dem entenähnlichen Schnabel (a) waren im Kiefer dichtgepackte Zahnreihen (b) angeordnet. Jeder sichtbare Zahn krönte eine senkrechte Reihe neuer Zähne, die die abgenutzten ersetzen konnten. Ein Entenschnabel konnte so insgesamt bis zu 2000 Zähne haben. Pfeile zeigen die Zugrichtung der Muskeln, die die Kiefer des *Corythosaurs* öffneten (c) und schlossen (d) und den Unterkiefer vor und zurück bewegten (c).
Abgebildet ist auch ein Querschnitt durch Ober- und Unterkiefer eines Entenschnabels (3). Dieser zeigt neue Zähne (f), die nachwachsen, um alte (g) zu ersetzen. Harter Schmelz an der Außenkante des oberen und an der Innenkante des unteren Zahnes (h) rieben das weiche Zahnbein (i) ab und schärften die Kanten der Reibflächen (j).
(Illustrationen 1 und 3 nach Colbert.)

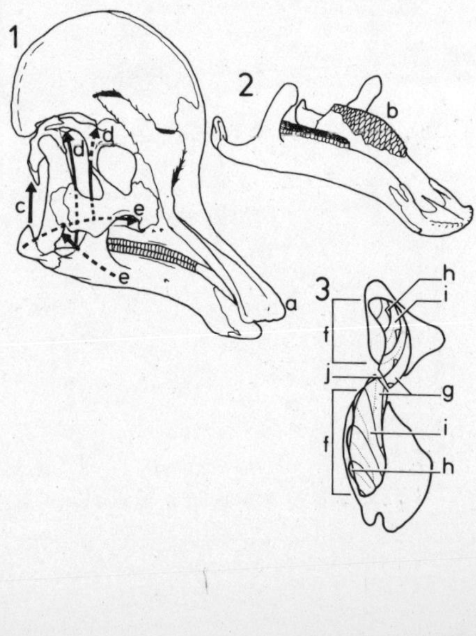

mit den Schwimmhäuten an den Fingern nach hinten drückte.
Wahrscheinlicher ist aber, daß die Entenschnäbel auf der Flucht in bewaldetem Gelände untertauchten.
Einige kamen bis über den Polarkreis hinaus, um zarte junge Blätter zu finden. Die Winter waren nicht so kalt wie heute, aber da es dann doch weniger Pflanzen gab, wanderten die Hadrosauriden vermutlich wieder nach Süden, wie es die Karibus heute tun.
In der Paarungszeit halfen vermutlich die Kämme auf den Köpfen, die Hauttaschen im Gesicht, die wie Ballons aufgeblasen wurden, und bellende Rufe den Männchen und Weibchen einer Art, einander zu finden. Die Weibchen scheinen die Eier in schüsselförmige Erdlöcher gelegt zu haben. Vermutlich haben sie diese beschützt und dann die Jungen gefüttert.

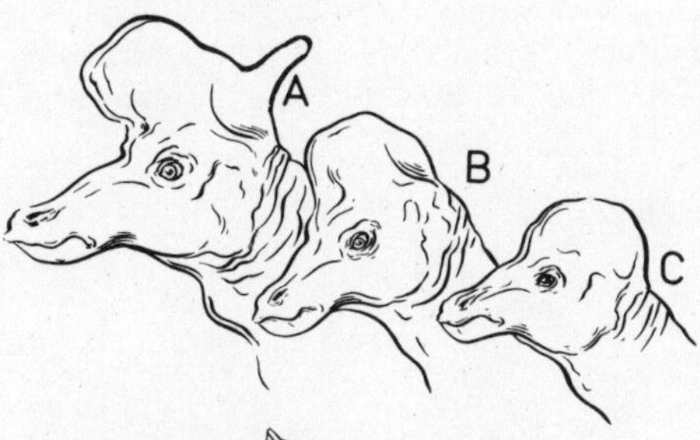

Wer kommt da?
An unterschiedlichen Kämmen oder aufgeblasenen Hautlappen im Gesicht konnten sich die verschiedenen Arten und Geschlechter erkennen. Beim *Lambeosaurus* hatten die Männchen **(A)** größere Kämme als die Weibchen **(B)** und Jungtiere **(C)**

Nistkolonien
Die Hadrosauriden-Mütter könnten ihre Eier in Nestern ausgebrütet haben. Hinweise darauf wurden 1982 gefunden, als amerikanische Fossilsucher eine Gruppe von Lehmnestern der Hadrosauriden fanden, die jeweils eine Körperlänge voneinander entfernt waren. Die Mütter auf den Nestern waren dann fast im »Pick«-Abstand zu ihren Nachbarn, wie dies bei den Nistkolonien mancher Seevögel der Fall ist. Während einige erwachsene Tiere auf Futtersuche waren, konnten die zurückgebliebenen Eier und Junge bewachen.

Die Entenschnabel-Hadrosaurier (1)

Die Entenschnabel-Hadrosaurier hatten flache Köpfe oder Schädel mit *kompakten* Knochenhöckern oder Knochenkämmen, einen langen, geraden Unterkiefer und lange, schlanke Beine.

1. Aralosaurus (= Aral-Echse) war ein früher Hadrosauride, der beim Aralsee in Zentralasien gefunden wurde. Sein unvollständiger Schädel hatte eine niedrige Erhöhung über den Augen.

2. Brachylophosaurus (= Kurzkammechse) aus Alberta/Canada hatte ein steiles Gesicht und ein flaches Schädeldach, das von einer knochigen, spatenförmigen Platte gebildet wurde, die als kurzer Stachel nach hinten ragte. Körperlänge: um 7 m.

3. Claorhynchus (= verzweigter Schnabel) aus Montana ist nur von einem Schädelteil bekannt.

4. Claosaurus (= verzweigte Echse) war etwa 3,7 m klein, und ein früher »altertümlicher« Hadrosauride aus Kansas mit schlankem Körper und schmalen Füßen. Zehen und

Die Heimat der Hadrosaurier
Die Karte zeigt die Fossilfunde.

1. *Aralosaurus*
2. *Brachylophosaurus*
3. *Claorhynchus*
4. *Claosaurus*
5. *Edmontosaurus*
6. *Hadrosaurus*
7. *Laphorhothon*
8. *Maiasaura*
9. *Mandschurosaurus*
10. *Microhadrosaurus*
11. *Notoceratops*
12. *Orthomerus*
13. *Prosaurolophus*
14. *Saurolophus*
15. *Secernosaurus*
16. *Shantungosaurus*
17. *Tanius*
18. *Telmatosaurus*

Viele nordamerikanische Museen zeigen Entenschnabel-Skelette.

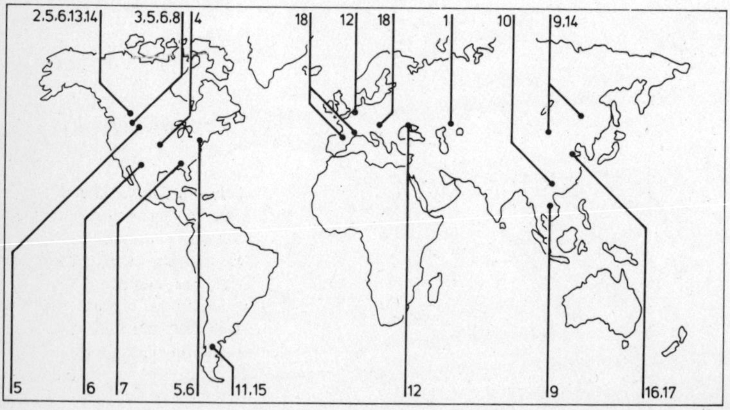

Zähne erinnerten entfernt an seine Iguanodonten-Vorfahren.

5. Edmontosaurus (= Edmonton-Echse) aus Alberta, Montana und New Jersey war mit bis zu 13 m einer der größten Entenschnäbel. Er wog 3,1 Tonnen. Sein flaches Gesicht könnte Hautlappen gehabt haben, die er aufblasen konnte, um seinen lauten, bellenden Ruf zu verstärken. Der langköpfige *»Edmontosaurus* (oder *Anatosaurus*) *copei«* ist eine »neue« Gattung, die noch beschrieben und umbenannt werden muß.

6. Hadrosaurus (= große Echse) maß 8–10 m. Er hatte ein tiefes, schmales Gesicht mit einem abgerundeten Höcker vor den Augen, der vielleicht mit einer dicken Haut überzogen war. Eine weiche Krause verlief über seinen Rücken. USA und Canada.

7. Lophorhothon (= Kammschnauze) hatte eine kurze Schnauze und einen winzigen pyramidenförmigen Höcker vor den Augen. Er mag bis 15 m groß geworden sein, aber die bekannten Funde könnten auch einem jungen Parasaurolophus zugeordnet werden. Alabama/USA.

Hadrosauriden in Aktion
Einige Experten glauben, daß die Hadrosauriden-Dinosaurier folgende Möglichkeiten hatten:
a) Niedriges Weiden
b) Zweibeiniger Gang
c) Vierbeiniger Gang
d) Aufgerichtetes Weiden
e) Schneller Lauf

8

9

10

11

12

13

8. Maiasaura (= Gute-Mutter-Echse) aus Montana/USA erreichte 9 m Länge. Ein kurzer Knochenstachel ragte über den Augen aus dem Kopf. 1978 fand man ein Nest des *Maiasaura* mit Jungen und dazu Hinweise, daß dieser Dinosaurier seinen Jungen Futter brachte.

9. Mandschurosaurus (= mandschurische Echse) aus Nordchina, Laos und der Mongolei maß 8 m. Er hatte einen flachen Kopf, vielleicht mit einer langen, niedrigen Erhöhung über der Mitte des Gesichts.

10. Microhadrosaurus (= winziger *Hadrosaurus*) war ein kleiner, 1979 beschriebener Entenschnabel aus China.

11. Notoceratopos (= südliches Horngesicht) ist nur von einem Kieferbruchstück bekannt, das in Südargentinien gefunden wurde. Einige glauben, dieses komme von einem gehörnten Dinosaurier.

12. Orthomerus (= mit geraden Teilen) ist von seinen geraden Beinknochen bekannt, die in den Niederlanden und in Südrußland gefunden wurden. Vielleicht war er derselbe wie der *Telmatosaurus*.

13. Prosaurolophus (= vor dem *Saurolophus*) hatte ein abfallendes Gesicht mit Höckern über den Augen und einer breiten, flachen Schnauze. Vielleicht war dieser kanadische Entenschnabel der Vorfahre des *Saurolophus*. Länge: 8 m.

14. Saurolophus (= Echse mit einem Kamm) hatte einen festen, stacheligen Kamm, der

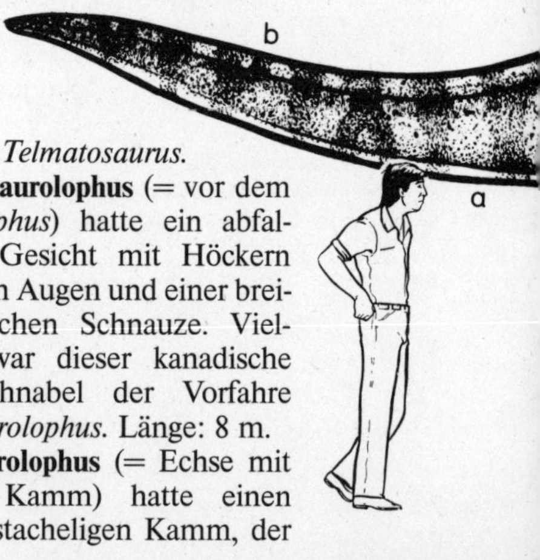

Körperbau des Saurolopbus
a) Bedeutende Größe
b) Großer, abgeflachter Schwanz
c) Lange, schlanke Beine
d) Drei Zehen mit Hufen
e) Vier Finger mit Schwimmhäuten (zwei Finger mit Hufen)
f) Flacher Kopf
g) Massiver Knochenkamm
h) Langer, gerader Unterkiefer
i) Zahnloser Schnabel
j) Batterien von Backenzähnen
k) Schädeleinbuchtung (mit Hautlappen bedeckt)
l) Hautlappen (aufgeblasen)

vom Rücken bis zum Kopf reichte. Vielleicht konnte er Hautballons über die Länge seines Gesichts aufblasen. Er lebte in Ostasien und Nordamerika. Länge: 9 m.
15. Secernosaurus (= abgesonderte Echse) war vermutlich ein flachköpfiger Entenschnabel, der nur 3 m lang war. Er lebte im heutigen Argentinien, weit von der nördlichen Heimat der meisten Entenschnäbel
16. Shantungosaurus (= Shantung-Echse) erreichte 12–15 m Länge und 7 m Höhe. Dieser chinesische Entenschnabel erinnerte an den *Edmontosaurus,* aber war sogar noch größer.
17. Tanius (= der aus Tan), ein chinesischer Hadrosauride ähnelte dem *Edmontosaurus,* aber sein gesamter Vorderkopf ist unbekannt.
18. Telmatosaurus (= Sumpfechse) hatte einen tiefen Schädel wie der *Hadrosaurus.* Er ist einer der wenigen Entenschnäbel, die in Europa gefunden wurden: Ungarn, Pyrenäen und Südfrankreich.

14

15

16

17

18

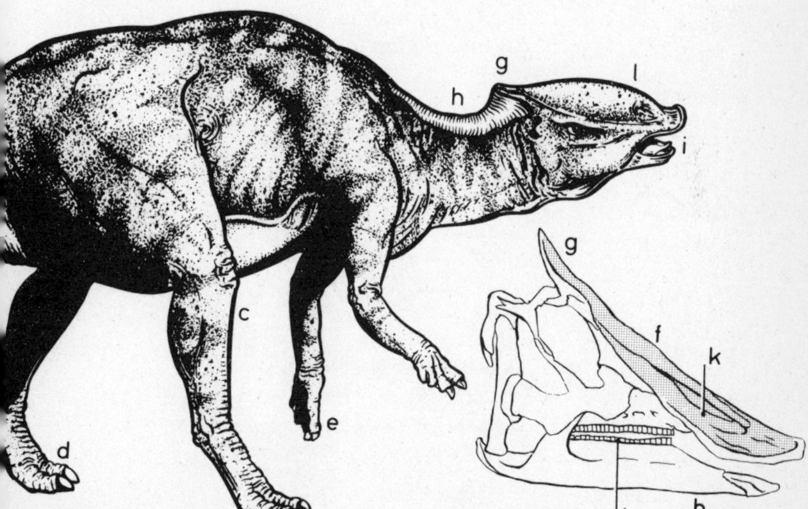

Die Entenschnabel-Lambeosaurier

»Lambes Echsen« hatten meistens große, eindrucksvolle Kämme aus Hohlknochen auf dem Kopf. Die Unterkiefer und die Beinknochen waren relativ kurz.

1. Bactrosaurus (= baktrische Echse) war ein früher Lambeosaurier aus Zentral- und Ostasien, der vielleicht vom *Probactrosaurus* abstammte. Er hatte einen schmalen Schnabel. Länge: 4 m.

2. Barsboldia wurde nach Professor Rinchen Barsbold benannt. Dieser große Entenschnabel aus der Mongolei wurde 1982 zum ersten Mal beschrieben.

3. Corythosaurus (= Helmechse) hatte einen großen, hohlen und schmalen Kamm wie ein Dreispitz. Jungtiere und Weibchen hatten kleinere Kämme. Fundorte: Alberta/ Canada. Über 10 m. 3,8 Tonnen.

4. Hypacrosaurus (= Unter-der-Spitze-Echse) hatte einen kurzen, hohen Schädel und einen kleineren und dickeren Kamm als der *Corythosaurus*. Von der Hinterseite des Kammes ging eine feste Knochenspitze

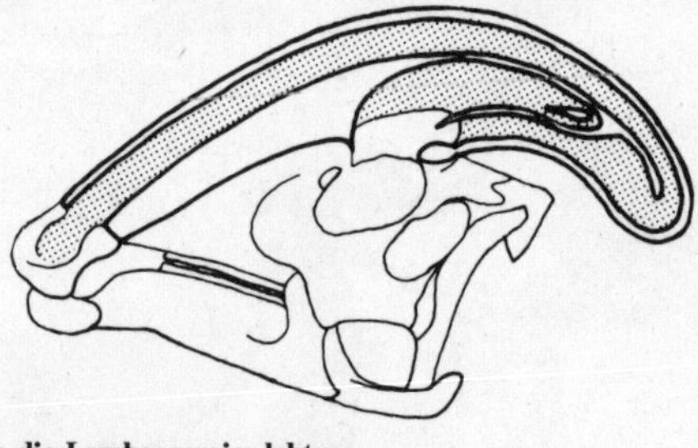

Hornartige Rufe?
Dieser Schnitt zeigt den Weg der Luft im Schädel des weiblichen *Parasaurolophus*. Wenn die Lambeosaurier einander riefen, könnte dieser Luftkanal wie ein Jagdhorn gewirkt haben. (Die Hadrosaurier riefen einen ähnlichen Effekt hervor, wenn sie ihre Hautlappen wie die Schallblasen von Fröschen aufbliesen.)

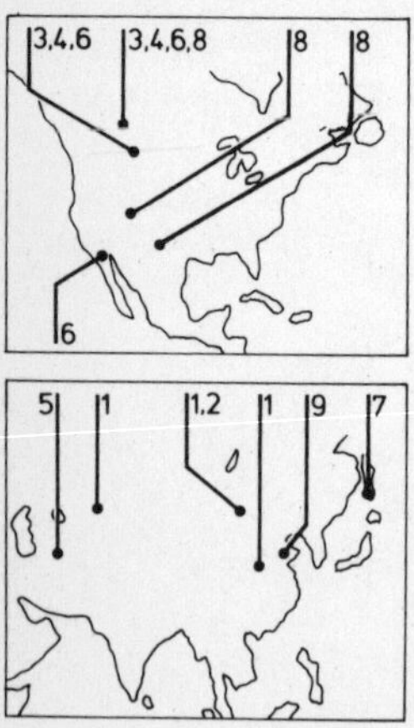

Wo die Lambeosaurier lebten
Die Karte zeigt die Fossilfunde.

1. *Bactrosaurus*
2. *Barsboldia*
3. *Corythosaurus*
4. *Hypacrosaurus*
5. *Jaxartosaurus*
6. *Lambeosaurus*
7. *Nipponosaurus*
8. *Parasaurolophus*
9. *Tsintaosaurus*

nach hinten und unten. Ein hoher Kamm auf dem Rücken mag zur Wärmeregulierung gedient haben. Fundorte: Alberta und Montana. Länge: 9 m.

5. Jaxartosaurus (= Jaxartes-Echse) aus Zentralasien ist kaum bekannt. Länge: 9 m.

6. Lambeosaurus (= Lambes Echse) hatte einen hohen, beilförmigen Kamm, der vom Schädeldach nach vorne stand, und eine Spitze nach hinten, die eine Halskrause stützte. Eine Art hatte einen flachen »Schwimmschwanz«. Länge: ca. 15 m. Fundorte: Alberta, Montana, Niederkalifornien.

7. Nipponosaurus (= japanische Echse) war ein kleiner Hadrosauride mit einem kurzen, breiten Kopf und einem niedrigen Kamm. Er mag das Jungtier eines anderen Lambeosauriers gewesen sein. Seine Knochen stammen von der Insel Sachalin.

8. Parasaurolophus (= neben dem *Saurolophus*) hatte eine kurze Schnauze und ein gebogenes, hohles Horn, das von seinem Kopf bis zu 1,6 m nach hinten abstand. Eine Krause mag vom Horn zum Rücken verlaufen sein. Länge: 10 m. Fundorte: Alberta, Utah, New Mexico.

9. Tsintaosaurus (= Tsintao-Echse) hatte ein langes, spitzes Horn über den Augen. Ein eindrucksvoller Hautlappen mag vom Horn zum Schnabel verlaufen sein. Dieser chinesische Entenschnabel maß etwa 10 m.

Charakteristische Kämme
Unterschiedliche Gattungen der Lambeosaurier hatten unterschiedliche Kämme.
a) *Corythosaurus*
b) *Hypacrosaurus*
c) *Lambeosaurus*
d) *Parasaurolophus*
e) *Tsintaosaurus*

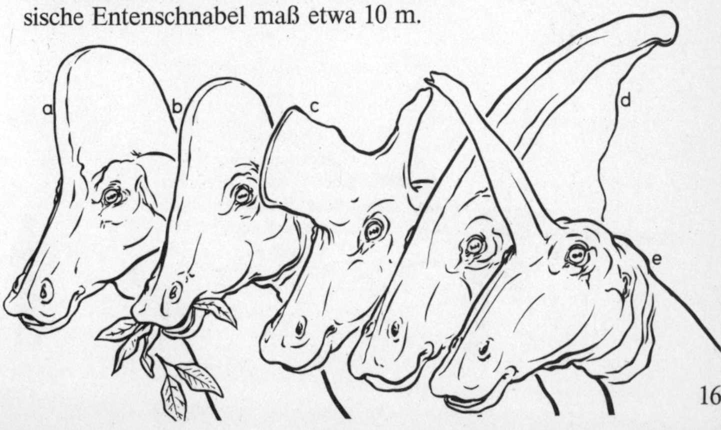

Die Pachycephalosauriden (Knochenschädel) (1)

Die »Knochenschädel« waren seltsame Zweibeiner mit dicken Schädeln. Diese mögen das Gehirn geschützt haben, wenn kämpfende Männchen ihre Köpfe zusammenstießen. Die Knochenschädel hatten scharfe Augen und einen guten Geruchssinn. Sie gingen mit waagrechtem Rücken und benutzten beim Stehen den Schwanz als Stütze. Viele fraßen Blätter, Samen, Früchte und vielleicht Insekten. Einige hatten schärfere Zähne als die anderen und fraßen vielleicht andere Nahrung. Die Knochenschädel lebten im Hügelgelände, vielleicht in Herden, die von starken Männchen geleitet wurden. Die kleinste Art war hühnergroß, die größte viel größer als der Mensch. Die meisten lebten in der späten Kreide Nordamerikas und Asiens.

Fossilfunde der Knochenschädel
Die Karte zeigt die Fundstellen der Pachycephalosauriden.

1. *Goyocephale*
2. *Gravitholus*
3. *Heishansaurus*
4. *Homalocephale*
5. *Majungatholus*
6. *Micropachycephalosaurus*
7. *Pachycephalosaurus*
8. *Prenocephale*
9. *Stegoceras*
10. *Tylocephale*
11. *Wannanosaurus*
12. *Yaverlandia*

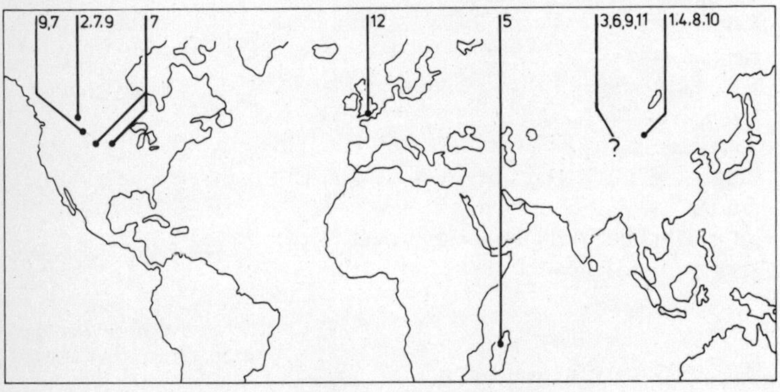

Größenvergleich
Neben einem Menschen sind im gleichen Maßstab ein großer, ein mittelgroßer und ein kleiner Knochenschädel abgebildet.

1. Goyocephale (= Goyot-Kopf) war ein flachköpfiger Knochenschädel aus der Mongolei, der 1982 beschrieben wurde. Einige Wissenschaftler stellen ihn und den *Homalocephale* in eine eigene Familie.

2. Gravitholus (= schwere Kuppel) hatte einen großen, dicken, breiten Schädel mit sehr wenig Raum für das Gehirn. Länge: vielleicht 3 m oder mehr. Fundort: Alberta/Canada.

3. Heishansaurus (= Hei-shan-Echse) kommt aus China. 1953 beschrieb man ihn als gepanzerten Dinosaurier. 1979 wurde er als Knochenschädel identifiziert.

4. Homalocephale (= gleichmäßiger Kopf) aus der Mongolei hatte einen flachen Kopf. Der Schädel war mit Knochenhöckern besetzt. Die Form der Hüftknochen spricht dafür, daß die Knochenschädel lebende Jungen zur Welt brachten und keine Eier legten. Länge: 3 m.

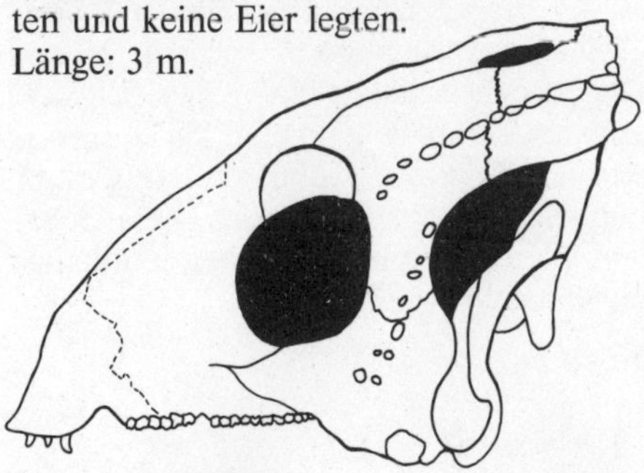

Flachschädel
Die Abbildung zeigt den Flachschädel, nach dem der *Homalocephale* benannt ist. Sein Schädel wurde mit anderen Knochen gefunden, was ungewöhnlich ist, da die meisten Knochenschädel nur von Schädelbruchstücken bekannt sind, die Flüsse von den Hochländern gespült haben, wo viele dieser Tiere gelebt haben mögen. (Abbildung nach Maryanska und Osmlska.)

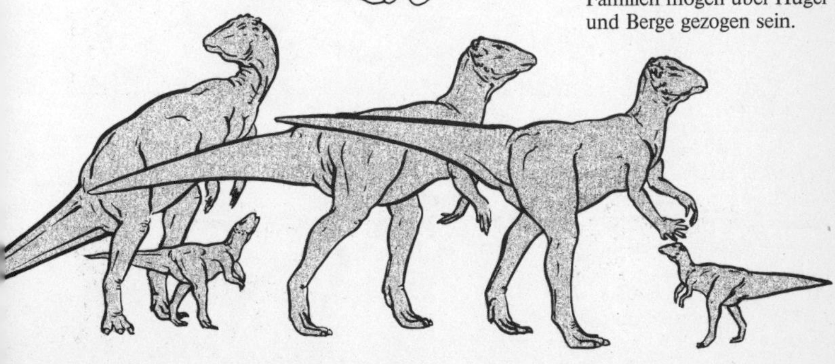

Familienleben
Herden von Knochenschädel-Familien mögen über Hügel und Berge gezogen sein.

5. Majungatholus (= Majunga-Kuppel) hatte einen Schädel mit einem dicken, rauhen, kuppelförmigen Dach. Dieser kleine, »altertümliche« Knochenschädel lebte in der späten Kreide Madagaskars, was beweist, daß die nördlichen Knochenschädel in der frühen Kreide die südliche Hemisphäre erreichten. Sein Schädel wurde am Anfang des 20. Jhs. gefunden, aber erst 1979 identifiziert. Länge: etwa 1,4 m.

6. Micropachycephalosaurus (= winzige Dickschädelechse) aus China hat einen der längsten Namen und einen der kürzesten Körper aller Dinosaurier. Länge: etwa 51 cm.

7. Pachycephalosaurus (= Dickschädelechse) war der größte Knochenschädel mit dem dicksten und stachligsten Schädel. 25 cm dicke Knochen überdachten den Schädel. Die lange, schmale Schnauze war mit Knochenstacheln besetzt und am Hinterkopf befanden sich scharfe Höcker. Dieser Knochenschädel lebte im westlichen Nordamerika. Länge: 4,6 m.

Schädelkampf

a) Zwei rivalisierende *Stegoceras*-Männchen stoßen mit den Köpfen aneinander. Der Gewinner wird die Herde der Weibchen beherrschen. Szenen wie diese spielten sich dort ab, wo heute die Rocky Mountains sind. Heute kämpfen dort Bighorn-Schafe.

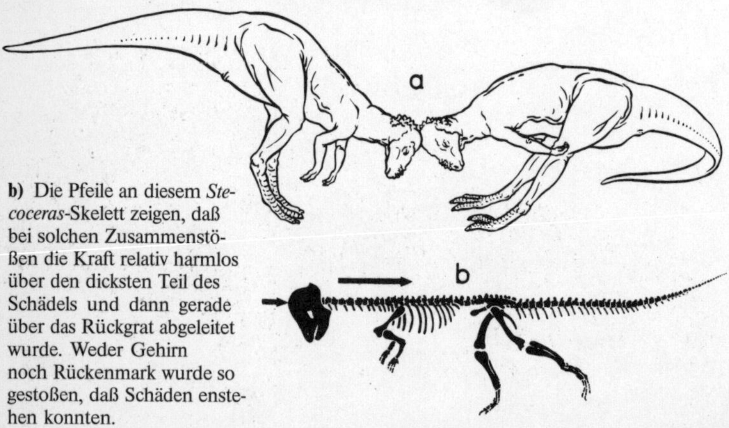

b) Die Pfeile an diesem *Stegoceras*-Skelett zeigen, daß bei solchen Zusammenstößen die Kraft relativ harmlos über den dicksten Teil des Schädels und dann gerade über das Rückgrat abgeleitet wurde. Weder Gehirn noch Rückenmark wurde so gestoßen, daß Schäden enstehen konnten.

8. Prenocephale (= abfallender Schädel) hatte einen hohen, gewölbten Schädel, ein steil abfallendes Gesicht und eine schmale Schnauze. Reihen winziger Höcker seitlich und hinter dem Kopf.

9. Stegoceras (= Horndach) war ein kleiner Knochenschädel mit einem kurzen, tiefliegenden Gesicht. Sein Schädel hatte ein dickes, leicht gewölbtes Dach und eine Reihe von Knochenhöckern an der Rückseite, aber nicht an den Seiten. Die meisten Zähne waren ziemlich scharf. Länge: 2,5 m. Gewicht: bis zu 55 kg. Fundorte: westliches Nordamerika.

10. Tylocephale (= geschwollener Kopf) sah wie der Stegoceras aus, aber die höchsten Teile des Kopfes lagen weiter hinten, und seine Zähne waren relativ groß. Länge: etwa 2,5 m. Fundort: Mongolei.

11. Wannanosaurus (= Wannan-Echse) war ein kleiner, 1977 beschriebener Knochenschädel aus China.

12. Yaverlandia aus Yaverland auf der Isle of Wight. Bei diesem frühesten bekannten Knochenschädel war der Schädel von zwei dicken Knochenschichten abgedeckt. Länge: vielleicht 90 cm. Zeit: frühe Kreide.

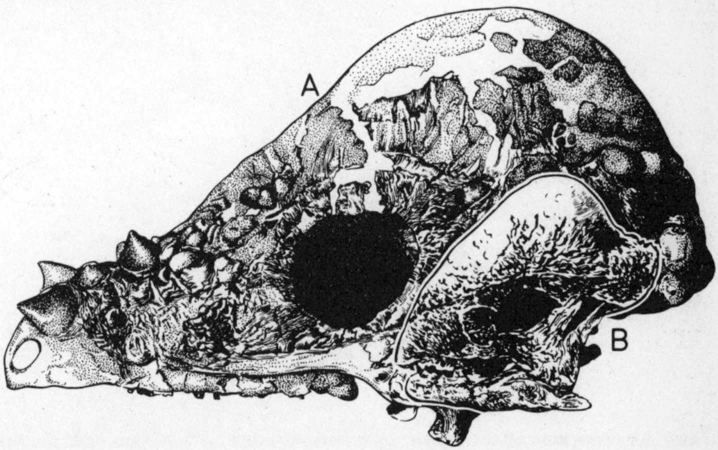

Zwei Schädel der Knochenschädel
Der *Pachycephalosaurus* **(A)** hatte einen viel größeren, höckrigeren Schädel als der *Stegoceras* **(B)**, der sein Vorfahre gewesen sein könnte. Die dicke Schädelwand ließ wenig Platz für das Gehirn.

Scharfe Brauenhörner und eine knochige Halskrause schützten Kopf und Hals dieses Horndinosauriers bei einem Angriff. Obwohl der Schädel 1905 als *Diceratops* bezeichnet wurde, gehörte er in Wirklichkeit einem *Triceratops,* einem Ornithischier-Dinosaurier, der 1889 benannt wurde. Abbildung nach 0. C. Marsh, erschienen in The Dinosaur Dictionary *von Donald F. Glut (Citadel).*

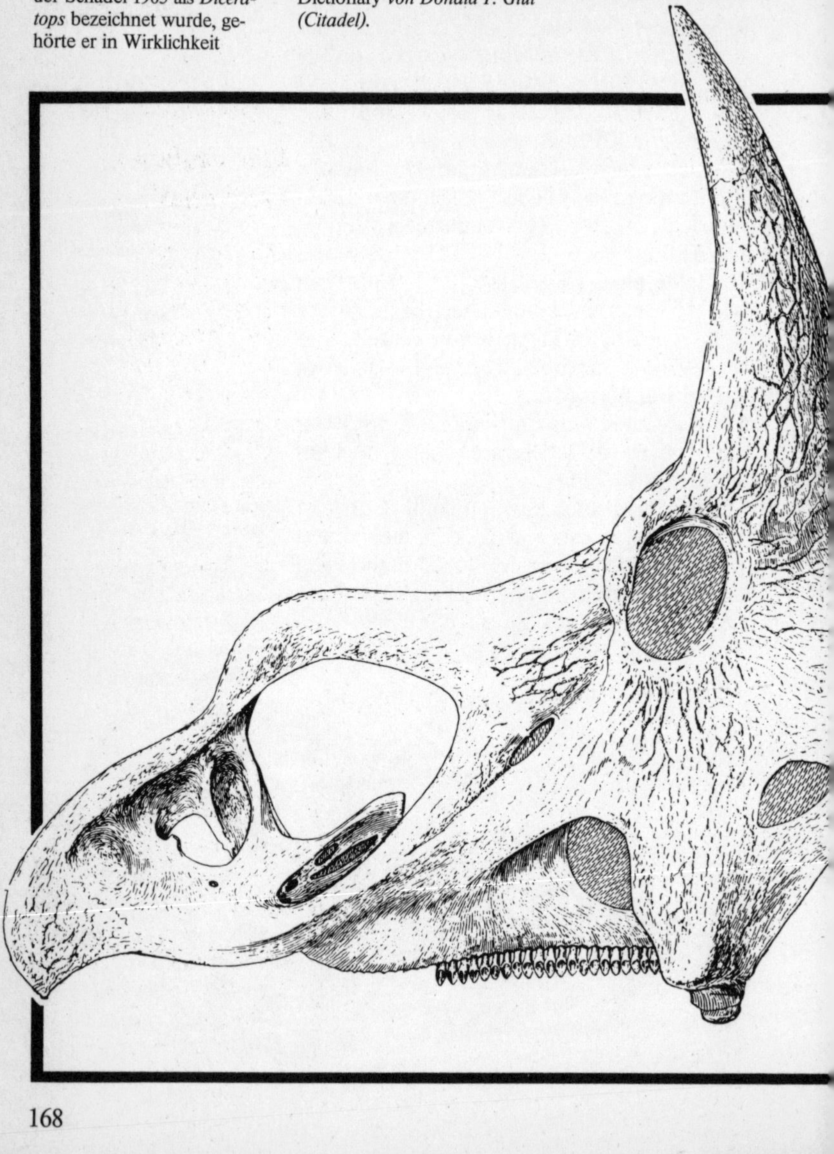

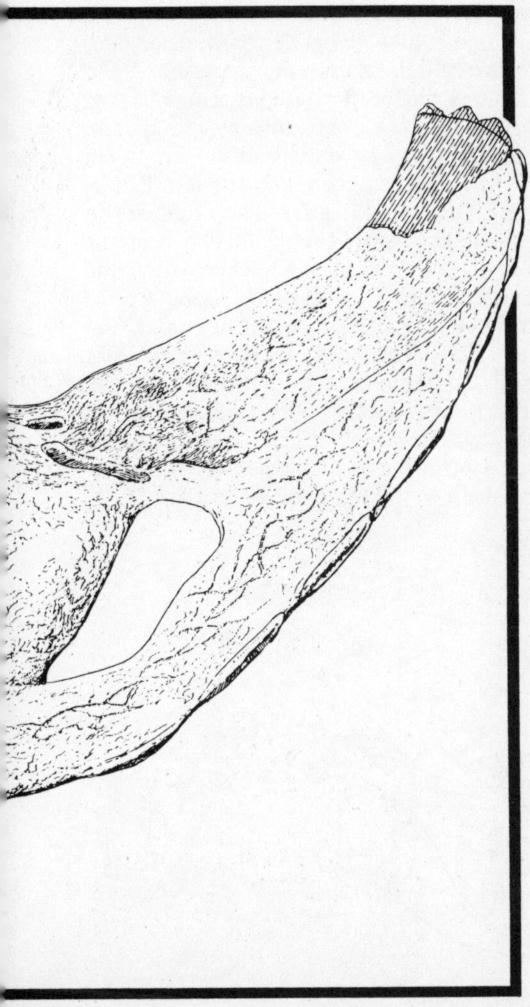

Abschnitt 6

Die vierbeinigen Ornithischier

Die Paläontologen unterteilen diese Pflanzenfresser in drei Unterordnungen: die Platten-, Panzer- und Horndinosaurier – auch als Stegosaurier, Ankylosaurier und Ceratopsier bekannt.
Man kennt eine Familie der Stegosaurier, zwei Familien der Ankylosaurier und drei Familien der Ceratopsier. In diesem Abschnitt werden auch die Scelidosauriden beschrieben, die vielleicht die Vorfahren der Ankylosaurier waren. Einige Experten stellen die Scelidosauriden allerdings zu den zweibeinigen Ornithischiern, den Ornithopoden. (Für allgemeine Informationen über diesen Abschnitt siehe die Einführung in das Kapitel auf Seite 36.)

Die vierbeinigen Ornithischier

Wie ihre Ornithopoden-Verwandten fraßen die vierbeinigen Ornithischier Pflanzen und hatten Hornschnäbel. Die Hüftknochen waren wie bei den Vögeln angeordnet, obwohl die Horndinosaurier ein Knochenstück hatten, das auf den ersten Blick wie der nach vorn gerichtete Pubis der Saurischier oder Echsenhüften-Dinosaurier aussah. Diese Ornithischier dürften sich langsamer bewegt haben als ihre zweibeinigen Verwandten. Sie konnten vor den Raubsauriern nicht fliehen und verließen sich auf ihre Panzerung. Die Scelidosaurier hatten Reihen von Knochenhöckern in der Haut. Die Stegosaurier hatten am Rücken Knochenplatten und Spitzen. Ein Knochenpanzer schützte die meisten Körperteile der Ankylosaurier. Von den Schnauzen der meisten Ceratopsier ging ein Horn aus, und der Hals wurde durch eine massive Knochenkrause geschützt. Obwohl alle diese Vierbeiner eine Art Panzer hatten, stammen sie von zweibeinigen Vorfahren ohne Panzer ab.

Vier Arten des Schutzes
Diese vier Tiere repräsentieren die vier Hauptgruppen der in diesem Kapitel beschriebenen vierbeinigen Ornithischier. Jedes hatte eine andere Art der Panzerung zum Schutz des Körpers.
A) Die Scelidosaurier hatten nur Knochenhöcker in der Haut.
B) Die Stegosaurier hatten Platten oder Stacheln, die von Rücken und Schwanz abstanden, aber schlecht geschützte Seiten.
C) Der Panzer der Ankylosaurier schützte Kopf, Rükken, Schwanz und vielleicht auch die Außenseite der Beine. Einige hatten auch einen Bauchpanzer.
D) Die Ceratopsier entwikkelten riesige Köpfe mit knochigen Halskrausen und furchterregenden Hörnern, aber Rücken und Seiten waren nicht gepanzert.

Die Scelidosauriden

Diese »Gliederechsen« waren niedrige Dinosaurier von der Länge eines Autos. Ihre starken Kiefer hatten Zähne mit Erhöhungen, die niedrigwachsende Pflanzen kauten. Da sie langsam waren, verließen sie sich zum Schutz auf die Knochenhöcker wie die frühen, krokodilähnlichen Vorfahren der Dinosaurier. Ein anderes »altertümliches« Merkmal war das Fehlen eines Präpubis-Fortsatzes (ein nach vorne gerichtetes Stück des Hüftknochens). Da beides auch bei den Ankylosauriern der Fall ist, hält man die Scelidosaurier für deren Vorfahren.

1. Lusitanosaurus (= portugiesische Echse) lebte im frühen Jura Portugals und glich dem *Scelidosaurus*.

2. Scelidosaurus (= Gliederechse) hatte vier starke Beine mit großen Füßen. Sein schwerer Körper war an den Hüften am höchsten. Sieben Reihen von in die Haut eingebetteten Knochenhöckern und Stacheln schützten seinen Rücken. Länge: 3,5 m. Zeit: früher Jura. Fundort: Lyme Regis/Südengland und Tibet.

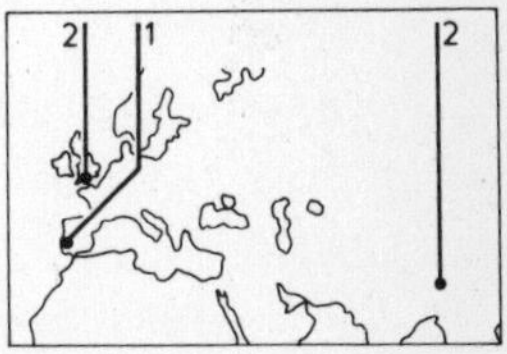

Wo sie lebten
Funde des *Lusitanosaurus* (1) und des *Scelidosaurus* (2).

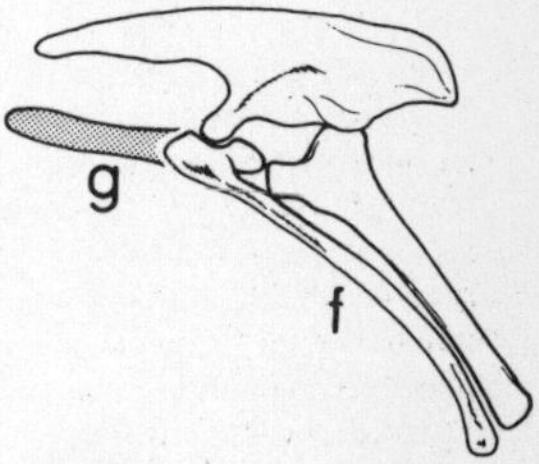

Hüftknochen des Scelidosauriers
Der Pubis (f) hatte keinen Präpubis-Fortsatz (g) wie bei den meisten späteren Ornithischiern.

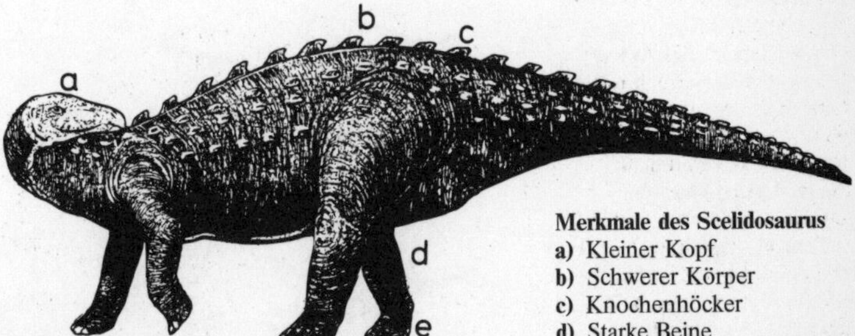

Merkmale des Scelidosaurus
a) Kleiner Kopf
b) Schwerer Körper
c) Knochenhöcker
d) Starke Beine
e) Breite Füße

Die Stegosauriden (Plattendinosaurier) (1)

Die Stegosauriden (= Dachechsen), die Plattendinosaurier bildeten eine eigene Unterordnung. Knochenplatten oder Stacheln schützten Hals, Rücken und Schwanz. Die großen Platten könnten auch Körperwärme abgeleitet haben.

Die Stegosauriden gingen gewöhnlich auf allen vieren, mögen sich aber auch aufgerichtet haben. Ihre schwachen Zähne konnten nur weiche Pflanzen angehen. Diese Dinosaurier entwickelten sich aus kleinen, zweibeinigen Ornithischiern mit Reihen von Knochenhöckern auf dem Rücken. Es gab zwei Typen von Stegosauriden: der eine hauptsächlich mit Platten, der andere vorwiegend mit Stacheln. Die größten waren zweimal so lang wie ein großes Nashorn, aber leichter. Die Stegosauriden durchzogen Nordamerika, Europa, Afrika und Asien und lebten vom mittleren Jura bis zur späten Kreide.

1. Chialingosaurus (= Chia-ling-Echse) war ein schmaler Stegosauride mit ziemlich lan-

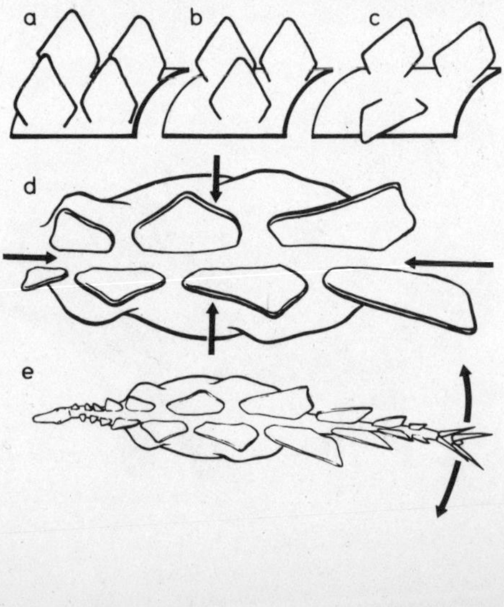

Problematik der Platten
Drei mögliche Anordnungen der großen Knochenplatten des *Stegosaurus:*
a) Paarweise aufrecht
b) Abwechselnd aufrecht
c) Nach außen hängend
Nach außen gerichtete Platten würden den besten Schutz für die Seiten ergeben haben, aber sie hätten die Haut nach unten gezogen. Viele Experten glauben deshalb, daß die Platten nach oben gerichtet waren.

Wärmeableiter
Tests im Windtunnel haben gezeigt, daß je nach Windrichtung bei den Platten Konvektionsströme entstanden (d), die die Wärme ableiteten und die Körpertemperatur so senken konnten.

Schwanz in Bewegung
Die Abbildung (e) zeigt, wie der *Stegosaurus* seinen Stachelschwanz geschwungen haben könnte.

gen Vorderbeinen und kleinen stacheligen Platten auf Rücken und Schwanz. Zeit: mittlerer Jura. Fundort: beim Chia-ling-Fluß/Südchina. Länge: vielleicht 4 m.

2. Craterosaurus (= Schalenechse) ist von einem Stück des Rückgrats mit einer schalenförmigen Vertiefung bekannt, die man erst fälschlich für den Schädel hielt. Dieser Dinosaurier erreichte 4 m Länge und lebte in der frühen Kreide in Südengland.

3. Dacentrurus (= Schwanz mit Spitzen) hatte viele Stachelpaare, aber keine Platten am Rücken und Schwanz. Er hatte längere Vorderbeine und einen niedrigeren Rücken als die meisten Stegosauriden. Zeit: mittlerer bis später Jura. Westeuropa.

4. Dravidosaurus (= Dravidanadu-Echse) bedeutet »Echse aus Südindien«. Dieser kleine, 1979 beschriebene Stegosauride hatte Platten und ungewöhnliche Stacheln, die sich in halber Höhe bogen. Länge: vielleicht 3 m. Zeit: späte Kreide (er war der letzte bekannte Stegosauride). Südindien.

Fossilfunde
Die Stegosauriden-Funde:
1. *Chialingosaurus*
2. *Craterosaurus*
3. *Dacentrurus*
4. *Dravidosaurus*
5. *Huayangosaurus*
6. *Kentrosaurus*
7. *Lexovisaurus*
8. *Paranthodon*
9. *Stegosaurus*
10. *Tuojiangosaurus*
11. *Wuerhosaurus*

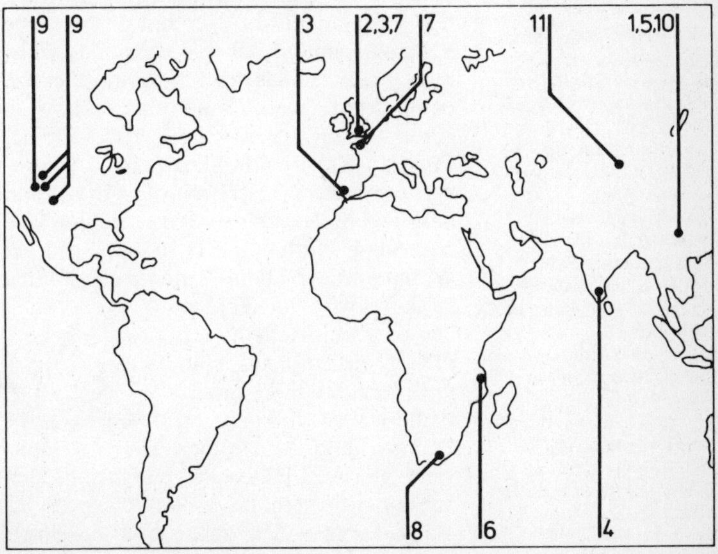

5

6

7

8

5. Huayangosaurus (= Huayang-Echse) wurde 1982 beschrieben. Er hatte Platten, Stacheln und Vorderzähne (keinen zahnlosen Schnabel) und mag der Vorfahre späterer Stegosauriden gewesen sein, Länge: 4 m. Zeit: mittlerer Jura. Fundort: China.

6. Kentrosaurus (= spitze Echse) hatte Paare kurzer, dreieckiger Platten an Hals und Schultern und lange Stacheln an Rücken und Schwanz mit einem zusätzlichen Paar am Ende der Oberschenkel. Länge: 5 m. Zeit: später Jura - Fundort: Tendaguru/Tansania.

7. Lexovisaurus (= Lexovi-Echse) hatte vermutlich ziemlich schmale, kurze Platten an Hals und Rücken und Stacheln am Schwanz. Sein Name kommt vom Stamm der Lexovi in Nordwestfrankreich. Von seinen Hüften stand ein Paar besonders langer Stacheln ab. Länge: 5 m. Fundort: England und Frankreich. Mittlerer Jura.

8. Paranthodon (= neben dem *Anthodon*) ist von einem Schädelstück bekannt, das wie beim *Kentrosaurus* Zähne mit Erhöhungen hatte - Länge: 5 m - Zeit: frühe Kreide. Fundort: Kapprovinz/Südafrika.

9. Stegosaurus (= Dachechse) ist der größte bekannte Stegosauride mit den größten Platten. Seine Hüften waren so hoch wie ein Wohnraum; die Hinterbeine waren zweimal so lang wie die Vorderbeine. Zwei Reihen von Platten liefen längs Hals und Rücken. Die größte Platte war 76 cm hoch und 78,5 cm lang. Mindestens vier schwere Stacheln bewehrten den Schwanz - Länge: bis zu 9 m. Gewicht: bis zu 1,8 Tonnen. Zeit: später Jura. Fundorte:

Körperbau des Stegosaurus
a) Mindestens zwei Paare von Knochenstacheln am Schwanz
b) Schwerer Schwanz
c) Zwei Reihen von vielleicht mit Horn bedeckten Knochenplatten
d) Schmaler Körper, am höchsten an den Hüften
e) Eine Höhle im Rückgrat über den Hüften, die vielleicht eine Drüse für die Hinterbeine enthielt
f) Lange Hinterbeine
g) Kurze Vorderbeine
h) Breite, kurze Füße
i) Vier Zehen mit hufähnlichen Klauen an jedem Hinterfuß
j) Fünf Zehen mit hufähnlichen Klauen an jedem Vorderfuß
k) Kopf klein und schmal mit einem walnußgroßen Gehirn
l) Kleine, schwache Backenzähne
m) Zahnloser Hornschnabel

USA (Colorado, Oklahoma, Utah und Wyoming).

10. Tuojiangosaurus (= Tuojiang-Echse) hatte 15 Paare von dreieckigen Platten (einige stachelig) vom Hals bis zur Hälfte des Schwanzes. Zwei Paare von Stacheln bewehrten das Ende des Schwanzes. Ein 1977 beschriebenes Skelett ist das besterhaltene aller asiatischen Stegosauriden. Länge: 7 m. Zeit: später Jura. Fundort: Zhucheng/Südchina.

11. Wuerhosaurus (= Wuerho-Echse) hatte lange, schlanke Knochenstacheln, die über den Hüften vom Rückgrat abstanden, und lange, niedrige Platten am Rücken. Länge: vielleicht 6 m. Zeit: frühe Kreide. Fundort: Wuerho-Distrikt, Sinkiang/Nordwestchina.

9

10

11

Die Ankylosaurier (Panzerdinosaurier)

Die Ankylosaurier (= gekrümmte Echsen) waren niedrige, untersetzte Tiere mit einem schweren Körper. Viele hatten kurze, starke Beine und faßförmige Körper. Die kleinsten hatten die Länge eines Menschen, die größten waren so lang wie ein Omnibus und so schwer wie ein kleiner Elefant. Alle waren wie lebende Kampfpanzer gebaut. Ein flexi-

Stammbaum der Ankylosaurier
Die möglichen Verbindungen zwischen einigen Mitgliedern in jeder der zwei Familien, die die Unterordnung der Ankylosaurier oder Panzerdinosaurier bilden. Ihr Vorfahre mag der *Scelidosaurus* gewesen sein.

Die Nodosauriden umfaßten:

1. *Hylaeosaurus*
2. *Acanthopholis*
3. *Struthiosaurus*
4. *Sauropelta*
5. *Silvisaurus*
6. *Nodosaurus*
7. *Panoplosaurus*

Die Ankylosauriden umfaßten:

8. *Sauroplites*
9. *Talarurus*
10. *Pinacosaurus*
11. *Saichania*
12. *Tarchia*
13. *Euoplocephalus*
14. *Ankylosaurus*

Die Buchstaben zeigen die Stufen der Kreidezeit:

A) Wealden
B) Valendis
C) Hauterive
D) Barrme
E) Apt
F) Alb
G) Cenoman
H) Turon
I) Coniac
J) Santon
K) Campan
L) Maastricht

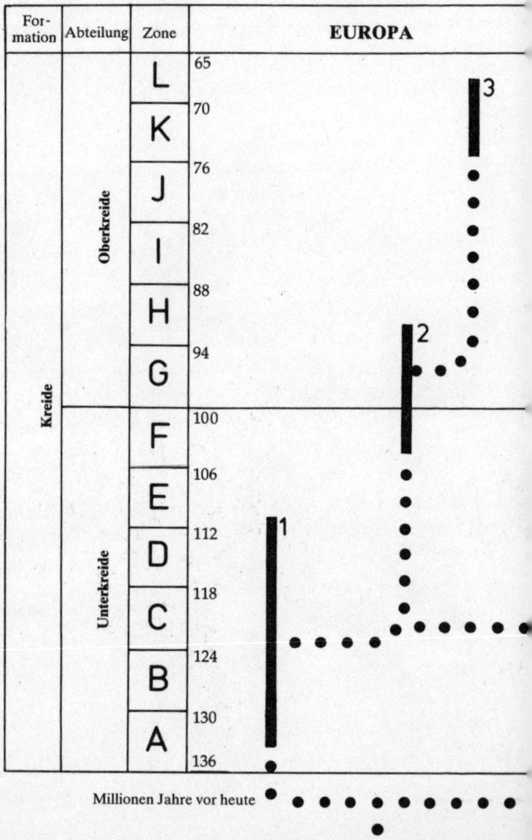

bler Panzer aus Knochenplatten und Stacheln, die in die harte Haut gebettet und mit Horn überzogen waren, schützten den Körper. Die Ankylosaurier hatten kleine Zähne und schwache Kiefer. Sie fraßen vermutlich weiche, niedrigwachsende Pflanzen, aber sie könnten auch von Insekten gelebt haben. Zwei Familien der Ankylosaurier lebten während der Kreide in den nördlichen Kontinenten. Ihre 32 Gattungen machen fast ein Zehntel aller bekannten Dinosaurier aus.

Größenvergleich
Neben einem Menschen sind der kleinste und der größte Ankylosaurier im gleichen Maßstab abgebildet.

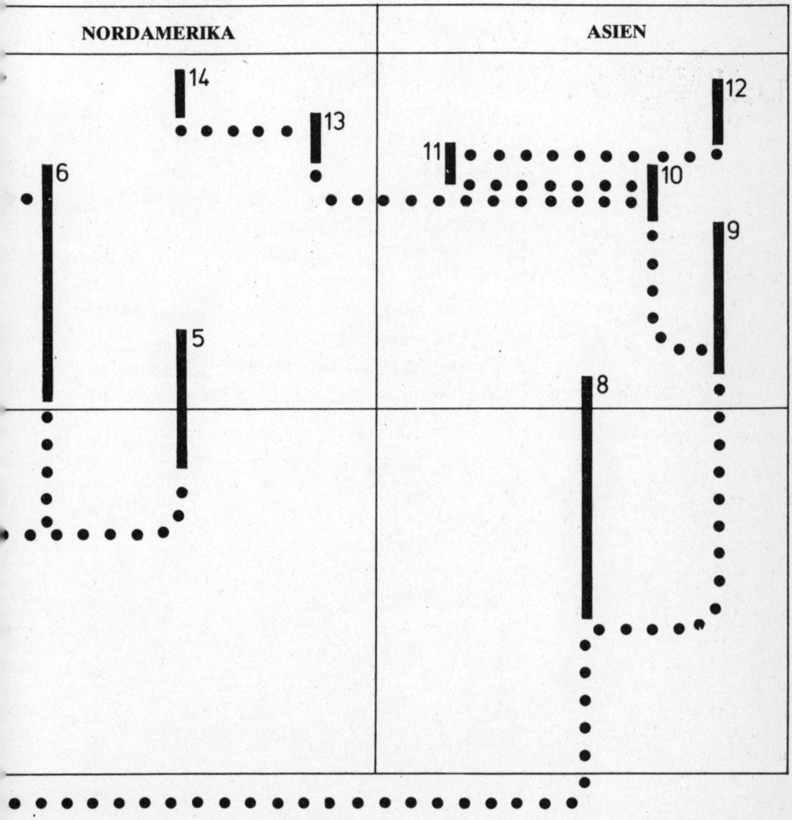

Die Nodosauriden-Ankylosaurier (1)

Die Nodosauriden (= Knotenechsen) hatten schmale Schnauzen, feste Panzerplatten, Stacheln an der Seite, die länger als breit waren, und relativ schlanke Beine. Beim Gehen mag der Körper höher als bei den Ankylosauriden gewesen sein. Die Schwanzspitze war nicht mit einer »Keule« bewehrt.

1. Acanthopholis (= Dornträger) hatte Reihen von erhöhten Platten in seiner Haut, lange Halsstacheln und vielleicht Platten am Schwanz. Länge: 5,5 m. Zeit: frühe und späte Kreide. Fundort: Südengland.

2. Brachypodosaurus (= Kurzfußechse) ist nur von einem kurzen, starken »Unterarm«-Knochen bekannt, der auch der eines Stegosauriden sein könnte. Zeit: späte Kreide. Fundort: Zentralindien.

3. Crataeomus (= mächtige Schulter) war klein und glich dem *Struthiosaurus.* Er maß vielleicht 1,8 m. Zeit: späte Kreide Ungarns und Österreichs.

4. Cryptodraco (= verborgener Drache) aus dem späten Jura von Cambridgeshire/Eng-

Fossilfunde von Nodosauriden
Die Fundstellen auf der Karte:

1. *Acanthopolis*
2. *Brachypodosaurus*
3. *Crateomus*
4. *Cryptodraco*
5. *Dracopelta*
6. *Hoplitosaurus*
7. *Hylaeosaurus*
8. *Minmi*
9. *Nodosaurus*
10. *Palaeoscincus*
11. *Panoplosaurus*
12. *Polacanthoides*
13. *Priconodon*
14. *Priodontognathus*
15. *Sarcolestes*
16. *Sauropelta*
17. *Silvisaurus*
18. *Struthiosaurus*
19. »Tenchisaurus«

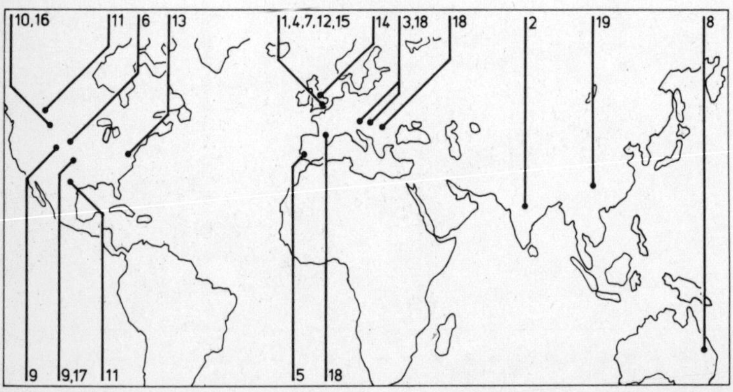

land hatte wie der *Hoplitosaurus* einen starken Oberschenkelknochen und mag diesem Tier ähnlich gesehen haben.

5. Dracopelta (= gepanzerter Drache) hatte fünf Arten der Panzerung. Dieser älteste bekannte Ankylosaurier wurde 1980 benannt. Er maß 2 m und lebte im späten Jura Westportugals.

6. Hoplitosaurus (= Hoplitenechse) wurde nach den Hopliten, den schwerbewaffneten Soldaten des alten Griechenlands benannt. Er hatte fünf Arten der Panzerung: dreieckig, rund, flach, kielförmig und stachelig. Vermutlich waren die Stacheln an der Seite. Frühe Kreide. Calico-Canyon, South Dakota/USA.

7. Hylaeosaurus (= Waldechse) aus der frühen Kreide Südostenglands hatte vielleicht stachelige Seiten, einen gepanzerten Rükken und Platten, die vom Schwanz abstanden. Länge: 6 m.

8. Minmi ist nach Minmi Crossing bei Roma in Southeast Queensland/Australien benannt. 1980 wurde dieser erste zweifelsfreie Ankylosaurier in der südlichen Hemisphäre beschrieben. Er war der erste Fund, bei dem sich Knochenplatten in der Körperwand entwickelten. Länge: vielleicht 2 m. Frühe Kreide.

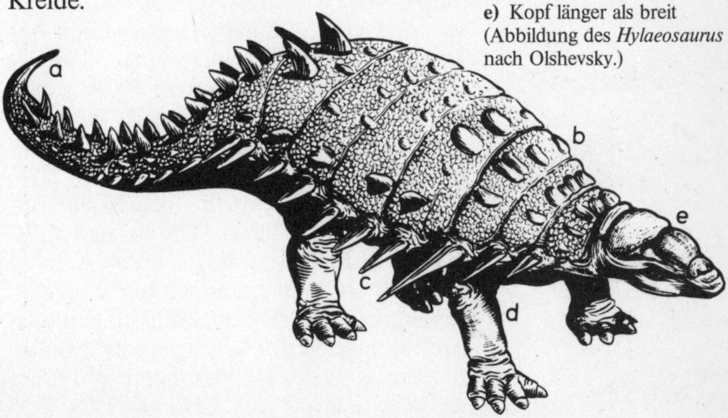

Merkmale der Nodosauriden
a) Keine Schwanzkeule
b) Feste Panzerplatten, vielleicht am Halsrücken am größten
c) Seitenstacheln länger als breit
d) Relativ schlanke Beine
e) Kopf länger als breit
(Abbildung des *Hylaeosaurus* nach Olshevsky.)

9. Nodosaurus (= Knotenechse) hatte abwechselnd Reihen von große und kleine Platten an Rücken und Seiten. Große Platten zwischen den Rippen hatten auf der Haut Knochenknoten. Länge: 5,5 m. Zeit: Anfang späte Kreide. Fundorte: Kansas; Wyoming/USA.

10. Palaeoscincus (= altes Stinktier) aus der späten Kreide Montanas ist von wenigen Überresten bekannt, die zu *Panoplosaurus* gehören könnten. Länge: 7 m.

11. Panoplosaurus (= voll gepanzerte Echse) war einer der letzten Nodosauriden Nordamerikas. Harte Platten schlossen seinen Rücken ein. Länge: 7 m. Gewicht: 3,5 Tonnen. Fundorte: Alberta bis Texas.

12. Polacanthoides (= *Polacanthus*-ähnlich) aus der frühen Kreide Südenglands mag an den *Hyaelosaurus* erinnert haben, hatte aber eine andere Art des Schulterblattes. Länge: vielleicht 5 m.

13. Priconodon (= kegelförmiger Sägezahn) hatte Zähne wie der *Sauropelta* und glich diesem. Länge: vielleicht über 6 m. Zeit: frühe Kreide. Fundort: Maryland/USA.

14. Priodonthognathus (= Sägezahnkiefer) ist nur von einem Kieferstück bekannt, daß 18 ziemlich große Zähne hat, die denen des *Sauropelta* gleichen. Erst als Iguanodontide, dann als Stegosauride falsch eingeordnet, wurde er 1980 als Nodosauride neu beschrieben. Zeit: vielleicht frühe Kreide. Fundort: Yorkshire/England.

15. Sacolestes (= Fleischräuber) ist nur von Stücken bekannt. Dieses Tier aus dem mittleren Jura ist der älteste bekannte Ankylosaurier. Fundort: Cambridgeshire/England.

16. Sauropelta (= Echsenschild) hatte einen langen, schmalen Schädel. Bänder aus langen und kleinen Schilden liefen über den Rücken, während an der Seite Stacheln

gewesen sein mögen. Mit bis zu 7,6 m und 3,2 Tonnen war er einer der größten Nodosauriden. Frühe Kreide. Montana/USA.

17. Silvisaurus (= Waldechse) hatte große Backenknochen und einen ziemlich langen Hals. Reihen von dicken, runden oder vielseitigen Platten bedeckten den Rücken. Von den Schultern standen scharfe Stacheln ab und vielleicht auch von seinem ziemlich breiten, flachen Schwanz. Länge: 4 m. Zeit: frühe Kreide. Fundort: Kansas/USA.

18. Struthiosaurus (= Straußechse) hatte sechs Typen von Panzerplatten und große Stacheln, die die Schultern schützten, wie scharfe Platten dies bei Hüften und Schwanz taten. Nur 1,8 m lang ist er der kleinste bekannte Ankylosaurier. Wie einige heutige Zwergrinder mag er nur auf Inseln gelebt haben. Späte Kreide Österreichs, Ungarns, Rumäniens und Südfrankreichs.

19. »Tenchisaurus« (= Tenchin-Echse) wurde in einem japanischen Buch als früher Nodosauride abgebildet und benannt. Eine wissenschaftliche Beschreibung fehlt noch. Jura. Tenchin Gomba, Szechuan/China.

Tatsachen über die Nodosauriden

a) Die enge Schnauze des *Ponoplosaurus* läßt vermuten, daß er und andere Nodosauriden wie das heutige »schwarze« Nashorn (mit schmaler Schnauze) beim Futter wählerisch waren.

b) Der mit dem Schädel verwachsene Knochenpanzer ließ den Kopf des *Panoplosaurus* von der Seite wie den eines Schafes aussehen.

c) Luft kam auf einfachem Weg zu den Lungen der Nodosauriden.

Größenvergleich (ganz unten) Neben dem kleinsten und größten Nodosauriden ist ein Mensch abgebildet.

A) Der *Struthiosaurus,* eine Inselgattung, könnte der kleinste Nodosauride gewesen sein.

B) Der *Sauropelta,* einer der größten Nodosauriden, wird durch diese fossilifizierte Haut repräsentiert. Reihen von Knochenhöckern schützten Rücken und Schwanz.

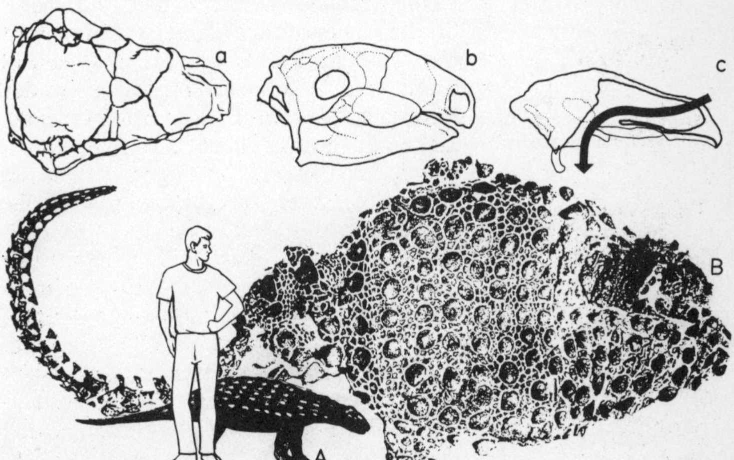

Die Ankylosauriden-Ankylosaurier (1)

Diese »verschmolzenen Echsen« hatten breite Schnäbel, breite Knochenhörner, hohle Panzerplatten und starke Beinknochen. Sie hatten keine langen Stacheln, aber der Schwanz endete in einer großen Knochenkeule.

1. Amtosaurus (= Amtgay-Echse) mag dem *Talarurus* geglichen haben, aber er war mit etwa 7 m größer als dieser. Er wurde in Amtgay/Mongolei gefunden. Zeit: späte Kreide.

2. Ankylosaurus (= gekrümmte Echse) war der größte und letzte bekannte Ankylosaurier. Sein gepanzerter Kopf hatte runde Nasenlöcher und einen zahnlosen Hornschnabel. Reihen von erhöhten Platten, einige schärfer und größer als andere, schützten Rücken und Seiten. Er wurde bis zu 10 m lang und lebte in der späten Kreide Albertas und Montanas.

3. Euoplocephalus (= gut gepanzerter Kopf) hatte Panzerbänder am Rücken mit Reihen kleiner Schilde, Höckerplatten und dicke Stacheln. Er war der häufigste Ankylosaurier Nordamerikas. Länge: bis zu 7 m. Gewicht: 1,8–2,7 Tonnen. Zeit: späte Kreide. Fundorte: Alberta/ Canada und vielleicht Sinkiang/Nordwestchina.

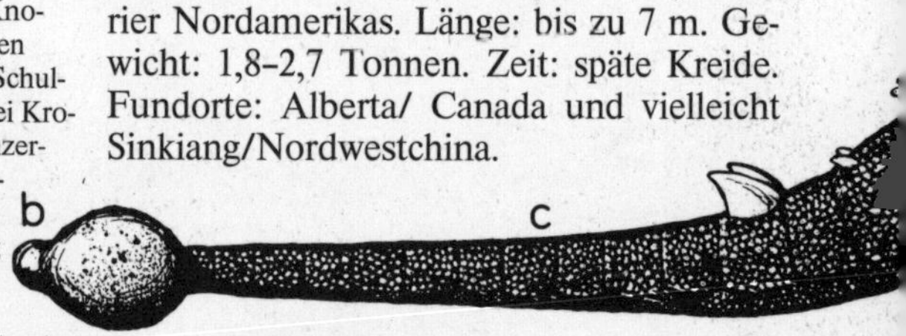

Körperbau des Euoplocephalus
a) Enorme Größe (hier neben einem amerikanischen M47-Panzer)
b) Knochenkeule am Schwanz gegen angreifende Carnosaurier
c) Schwanz erhoben getragen
d) Großer, breiter Körper
e) Beine direkt unter dem Körper
f) Keine Stacheln an Körperseite
g) Bänder von Knochenplatten über Rücken und Schwanz mit kleinen Knochenhöckern dazwischen
h) Platten ragten von Schulter und Rücken; wie bei Krokodilen mögen die Panzerplatten in der Haut eingelagert gewesen sein.
i) Kopf breiter als lang
j) Kleine Augen
k) Breites Maul
l) Dieser Querschnitt durch den gepanzerten Schädel zeigt, wie er durch Knochenverstrebungen leicht und stark gebaut war. Die gekrümmten Nasenräume erwärmten die Luft, bevor sie in die Lungen kam (Abb. nach Carpenter.)

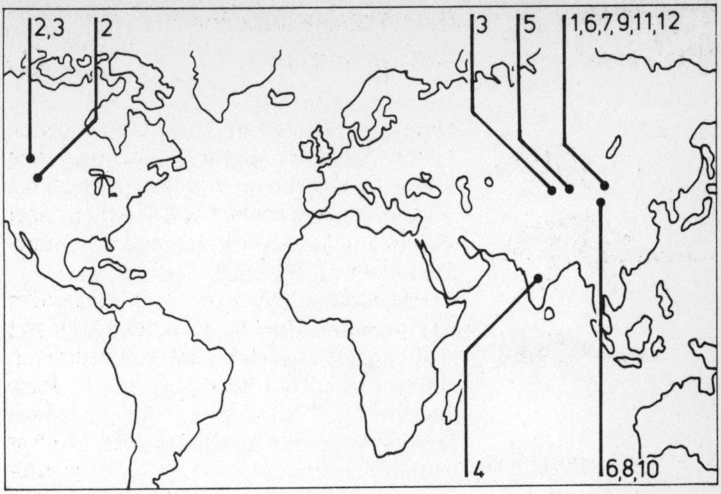

Die Heimat der Ankylosauriden
Die Fundstellen sind auf der Karte eingetragen.

1. *Amtosaurus*
2. *Ankylosaurus*
3. *Euoplocephalus*
4. *Lametasaurus*
5. *Peishansaurus*
6. *Pinacosaurus*
7. *Saichania*
8. *Sauroplites*
9. *Shamosaurus*
10. *Stegosaurides*
11. *Talarurus*
12. *Tarchia*

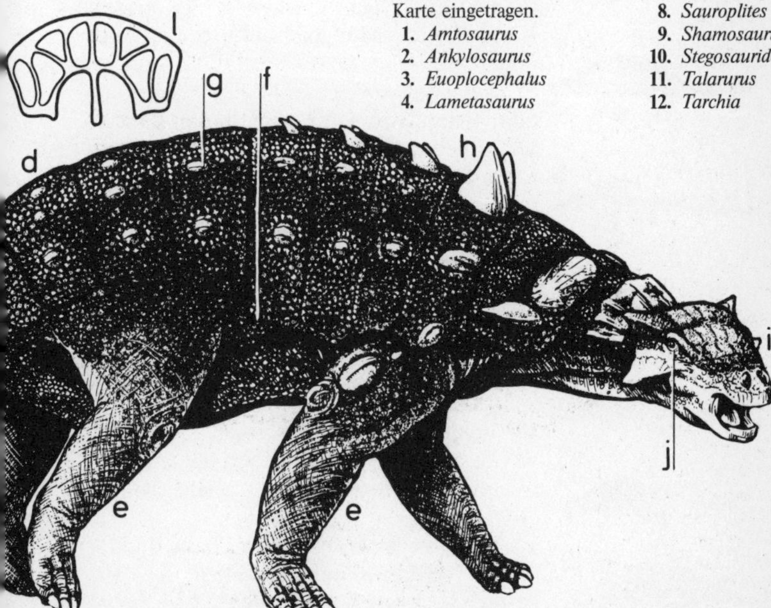

4. **Lametasaurus** (= Lameta-Echse) aus den Lameta Beds in Zentralindien ist von 5000 Knochenplatten und einer knochigen Schwanzkeule bekannt. Späte Kreide.

5. **Peishansaurus** (= Pei-Shan-Echse) aus der späten Kreide Nordwestchinas. Er wurde nach einem Kieferstück benannt, vielleicht das eines Jungtieres.

6. **Pinacosaurus** (= Plankenechse) war ein ziemlich leicht gebauter Ankylosauride mit einem gerundeten Schnabel, drei »Nasenlöchern« und sehr kleinen Füßen. Länge: 5,5 m. Zeit: späte Kreide. Fundorte: Mongolei und Nordchina.

7. **Saichania** (= der Schöne) hatte einen schweren Knochenpanzer an seinem Kopf, einen Bauchpanzer und starke Vorderbeine. Er wurde in den Gesteinen der späten Kreide in der Mongolei gefunden. Länge: 7 m.

8. **Sauroplites** (= Echsenhoplit) bekam seinen Namen von den Hopliten, den schwerbewaffneten Soldaten des alten Griechenlands. Er ist von zerbrochenen Knochen und Panzerplatten bekannt, die man in Nordchina gefunden hat. Länge: 6 m. Zeit: frühe Kreide.

9. **Shamosaurus** ist ein Ankylosaurier aus der Mongolei, der 1981 benannt, aber nicht beschrieben wurde. Kopf und Schnabel waren im Vergleich zu dem *Tarchia* schmal. Länge: vielleicht 7 m.

10. **Stegosaurides** (= Stegosaurier-ähnlich) wurde nach wenigen Knochen benannt, die vermutlich verloren sind. Späte Kreide Nordchinas.

11. **Talarurus** (= Korbschwanz) hatte Bänder dicker Platten und hohler Stacheln, die Rükken, Hüften und Schwanz schützten. Seine starken Beine hatten kleine, hufartige Nägel.

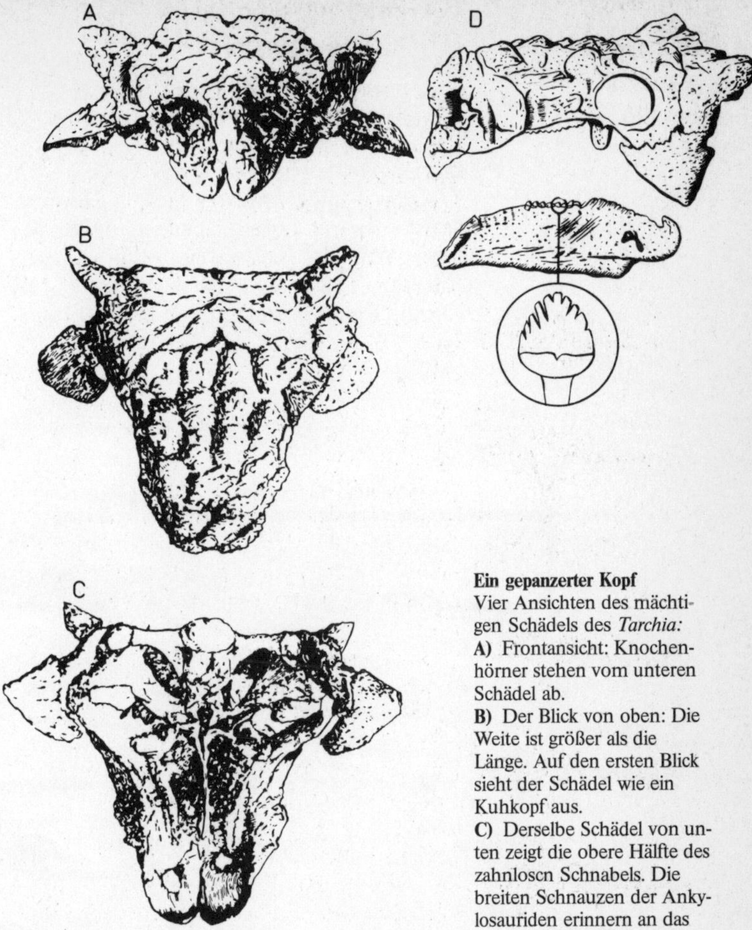

Ein gepanzerter Kopf
Vier Ansichten des mächtigen Schädels des *Tarchia:*
A) Frontansicht: Knochenhörner stehen vom unteren Schädel ab.
B) Der Blick von oben: Die Weite ist größer als die Länge. Auf den ersten Blick sieht der Schädel wie ein Kuhkopf aus.
C) Derselbe Schädel von unten zeigt die obere Hälfte des zahnloscn Schnabels. Die breiten Schnauzen der Ankylosauriden erinnern an das »weiße« Nashorn – ein grasendes Säugetier. Vielleicht waren die Ankylosauriden wie dieses weniger wählerisch beim Futter als die schmalschnauzigen Nodosauriden.
D) Seitenansicht: Der große Schädel hatte winzige, schwache Zähne (einer vergrößert). (Abbildungen der *Tarchia*-Schädel nach Maryanska.)

Länge: 6 m. Zeit: späte Kreide der Mongolei.

12. Tarchia (= der Intelligente) aus der südlichen Mongolei hatte einen massiven Schädel mit einer breiten Schnauze. Der *Tarchia gigantea* war der größte und letzte überlebende aller bekannten asiatischen Ankylosaurier. Länge: 8,5 m. Sehr späte Kreide.

Die Ceratopsier (Horndinosaurier)

Die Horndinosaurier waren eine der letzten, größten und häufigsten Gruppen der Dinosaurier. Die meisten waren Vierbeiner mit riesigen Köpfen, die mit großen Hörnern bewehrt waren. Eine Knochenkrause, die hinter dem Schädel abstand, schützte den Hals und hielt die kraftvollen Muskeln, welche die Kiefer bewegten, die in einem star-

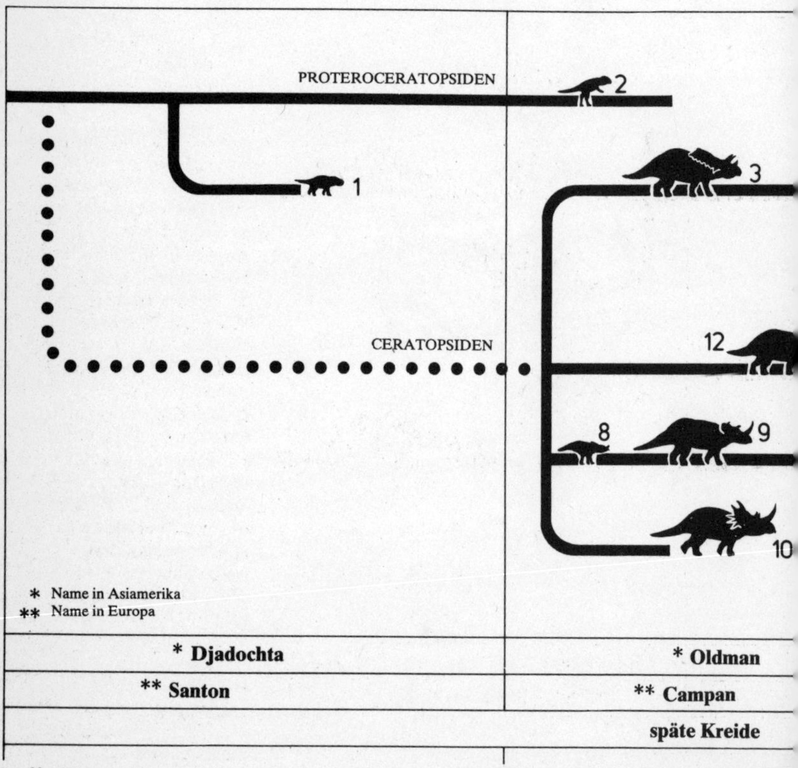

ken »Papageienschnabel« endeten. Die Horndinosaurier konnten so die hartblättrigen Pflanzen abweiden und die Angriffe der Raubsaurier abwehren.
Diese Dinosaurier entwickelten sich rasch aus so beweglichen Vorfahren wie dem *Psittacosaurus* und brachten immer größere Arten hervor. Einige strotzen vor Hörnern und Stacheln.
Die kleinsten Horndinosaurier waren leichter als ein Mensch, die größten hatten das Gewicht eines großen Elefanten.

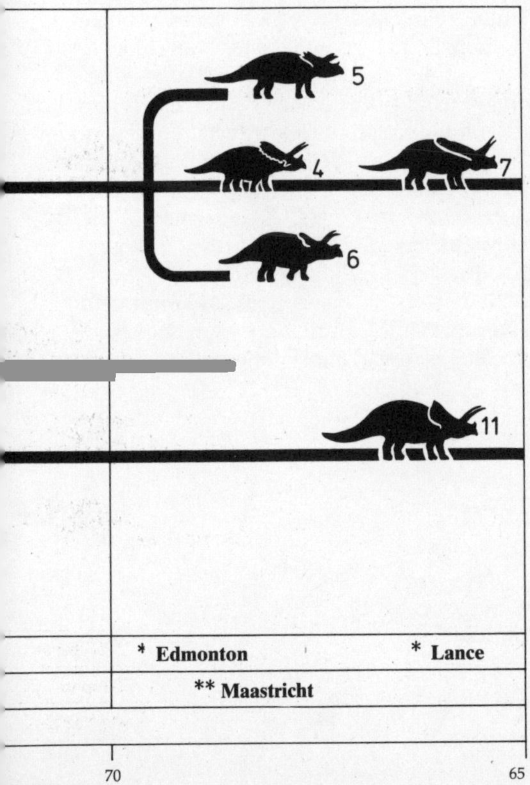

Stammbaum der Ceratopsier Die Horndinosaurier bildeten eine Unterordnung der Ornithischier, die sich aus den Ornithopoden entwickelt hatte. Der Stammbaum zeigt die Mitglieder zweier Familien: der Proteroceratopsiden und der Ceratopsiden. Die letzteren umfaßten Formen mit langen und kurzen Krausen.

Proteroceratopdiden-Beispiele:
1. *Protoceratops*
2. *Leptoceratops*

Ceratopsiden mit langen Krausen:
3. *Chasmosaurus*
4. *Pentaceratops*
5. *Anchiceratops*
6. *Arrhinoceratops*
7. *Torosaurus*

Ceratopsiden mit kurzen Krausen:
8. *Brachyceratops* (vielleicht nur eine Form des *Monoclonius*)
9. *Monoclonius*
10. *Styracosaurus*
11. *Triceratops*
12. *Pachyrhinosaurus*

Anfang der Horndinosaurier (unten) Vielleicht stammten die Familien b–f von der Ornithopoden Familie a.
a) Heterodontosauriden
b) «Chaoyoungosauriden«
c) Pachycephalosauriden
d) Psittacosauriden
e) Protoceratopsiden
f) Ceratopsiden

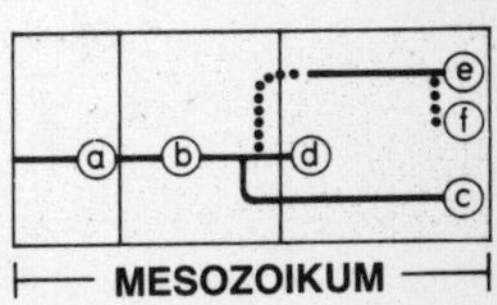

Die Psittacosauriden

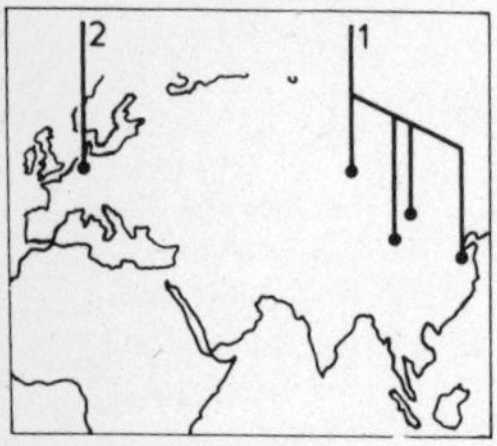

Fossilfunde
Die Fundstellen des *Psittacosaurus* (1) und des *Stenopelix* (2).

Eine Psittacosaurus-Gruppe
Abgebildet sind ein *Psittacosaurus,* der auf seinen Hinterbeinen steht **(A)** und einen anderen auf allen vieren **(B).** Der scharfe, breite Schnabel konnte durch harte Blätter und holzige Äste schneiden. Vielleicht suchten die Jungen **(C)** bei ihrer Mutter Schutz.

Diese »Papageienechsen« waren menschengroß oder kleiner und hatten einen breiten, tiefen, hornlosen Schädel, der in einem papageienähnlichen Schnabel endete. Sie konnten auf allen vieren gehen oder auf den starken Hinterbeinen schnell laufen. Wie die Knochenschädel und die Protoceratopsiden könnten sich diese Tiere der frühen Kreidezeit in China aus Jura-Dinosauriern wie dem »Chaoyoungosaurus« oder dem »Tianchungosaurus« entwickelt haben, die noch beschrieben werden müssen.

1. Psittacosaurus (= Papageienechse) hatte einen zahnlosen Schnabel, relativ wenige Backenzähne, Augen und Nasenlöcher hoch an den Schädelseiten und kurze Knochenstacheln, die von den Seiten des Kopfes nach hinten ragten. Eine Art hatte ein winziges Nasenhorn. Jede Hand hatte nur vier ansehnliche Finger, die beim Fressen benutzt wurden. Länge: 80 cm bis 1,5 m. Gewicht: bis zu 23 kg. Mongolei, Ost- und Nordwestchina, südliches Sibirien.

2. Stenopelix (= enges Becken) könnte ein anderer Psittacosauride gewesen sein (sein Schädel ist unbekannt) Länge: 1,5 m. Fundort: Deutschland.

Die Protoceratopsiden

Die Protoceratopsiden waren kleine, primitive Ceratopsier. Sie hatten Zehen mit Klauen und schwach entwickelte Hörner oder Höcker anstelle von Hörnern.

1. Bagaceratops (= kleines Horngesicht) aus der Mongolei war klein und plump. Länge: 1 m.

2. Leptoceratops (= schlankes Horngesicht) war leicht gebaut, hatte eine flache Halskrause, kein Horn und kurze Vorderbeine. Länge: 1,8 m. Gewicht: 55 kg. Höhe: 1,2 m. Fundorte: Alberta, Wyoming/USA und die Mongolei.

3. Microceratops (= winziges Horngesicht) aus der Mongolei und Ostchina war klein und schlank.

4. Montanoceratops (= Horngesicht aus Montana) erinnerte an den *Protoceratops*, hatte aber ein ausgebildetes Nasenhorn. Länge: 3 m.

5. Protoceratops (= erstes Horngesicht) ist der früheste bekannte Horndinosaurier. Er hatte einen großen Schädel mit Schnabel, eine breite Halskrause und Höcker über Augen und Schnauze (Vorläufer der Hörner der Ceratopsiden). Länge: 1,8 m. Gewicht: 1,4 Tonnen. Höhe: 75 cm. Fundort: die Mongolei.

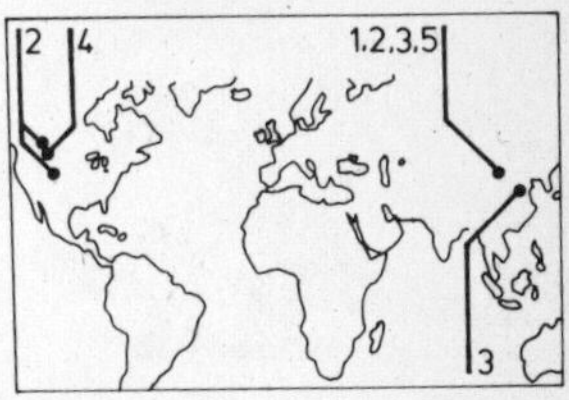

Fossilfunde
Protoceratopsiden-Fundstellen:
1. *Bagaceratops*
2. *Leptoceratops*
3. *Microceratops*
4. *Montanoceratops*
5. *Protoceratops*

Nester und Eier
Der *Protoceratops* legte seine Eier in Löcher im Sand. Jedes Weibchen legte zwölf oder mehr in einer Art horizontaler Spirale, wobei die schmalen Enden der Eier nach innen zeigten. Größere Zahlen von Eiern sprechen dafür, daß zwei Weibchen ein Nest benutzten.

Die Ceratopsiden mit langer Halskrause

Die Ceratopsiden mit langer Halskrause waren viel größer als ihre Protoceratopsiden-Vorfahren. Vom Schädel stand eine lange Knochenkrause oder ein langer Knochenkamm über Hals und Schulter nach hinten ab. Bei einigen Arten reichte die Krause über den halben Rücken.

1. Anchiceratops (= Fast-Horngesicht) war größer als der *Chasmosaurus* und hatte größere Brauenhörner. Er lebte in alten Sümpfen von Alberta/Canada.

2. Arrhinoceratops (= Nasen-Horngesicht) aus Alberta hatte eine kürzere Krause als der *Anchiceratops.*

3. Chasmosaurus (= Kluftechse) aus Alberta und New Mexico hatte ein kleines Nasenhorn, aber zwei größere Hörner über den Brauen. Große »Fenster« in den Krausen verminderten deren Gewicht. Länge: 5,2 m.

4. Pentaceratops (= Fünfhorngesicht) war größer als der *Chasmosaurus*, hatte längere Hörner, ein kürzeres Gesicht und kleinere Löcher in seiner Halskrause. Er hatte zwei große Brauenhörner, ein kleines Horn auf der Schnauze und zwei Knochenauswüchse an den Backen. New Mexico.

5. Torosaurus (= Stierechse) war der größte seiner Gruppe: 7,6 m und 7,3–8,2 Tonnen. Montana bis Texas.

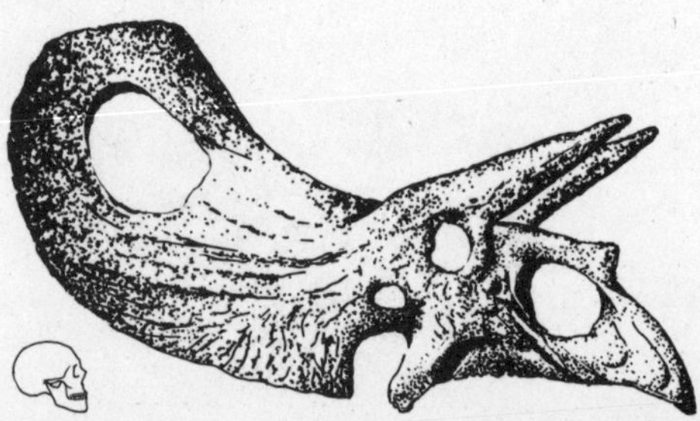

Ein massiver Schädel
Der riesige Schädel des *Torosaurus* mit drei Hörnern ist hier neben einem Menschenschädel gezeigt.

Die Ceratopsiden mit kurzer Halskrause (1)

Wie die Ceratopsiden mit langer Halskrause hatten die meisten Hörner, Krausen, schuppige Haut und Zehen mit Hufen. Aber ihre Halskrausen waren relativ kurz und hatten manchmal keine Löcher. Einige hatten Knochenstacheln, und alle lebten in Nordamerika.

1. Agathaumas (= Wunderbarer) aus Wyoming erinnerte an den *Triceratops*, der er vielleicht auch war.

2. Brachyceratops (= Kurzhorngesicht) aus Alberta und Montana hatte ein kleines Nasenhorn. Vielleicht war er ein kleiner *Monoclonius*. Er maß nur 1,8 m.

3. Centrosaurus (= Scharfspitzenechse) aus Alberta hatte ein nach vorn gebogenes Nasenhorn. Länge: 6 m.

4. Ceratops (= Horngesicht) aus Colorado und Montana hatte einen kurzen Kopf mit drei Hörnern.

5. Eoceratops (= frühestes Horngesicht) aus Alberta hatte einen kurzen, breiten Kopf mit drei Hörnern.

6. Monoclonius (= Einhorn) hatte einen großen Nasenstachel, kleine Brauenhörner und eine kurze Halskrause mit zwei großen Löchern und Knochenhöckern. Länge: 5,5 m. Alberta bis Mexico.

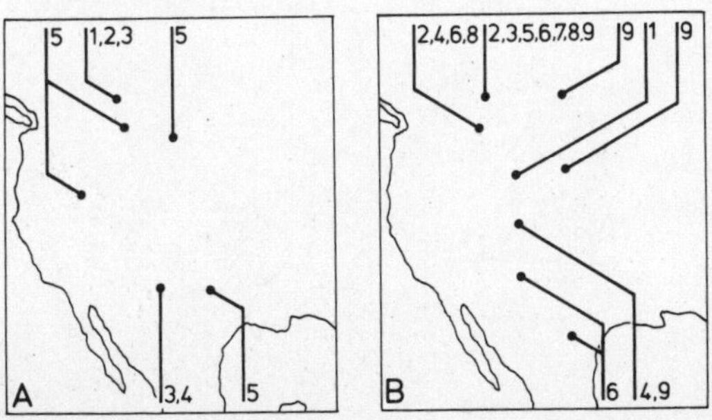

Fossilfunde von Ceratopsiden
Diese zwei Karten zeigen, wo Ceratopsiden mit langen und kurzen Krausen gefunden wurden.

A) Mit langer Krause:
1. *Anchiceratops*
2. *Arrhinoceratops*
3. *Chasmosaurus*
4. *Pentaceratops*
5. *Torosaurus*

B) Mit kurzer Krause:
1. *Agathaumas*
2. *Brachyceratops*
3. *Centrosaurus*
4. *Ceratops*
5. *Eoceratops*
6. *Monoclonius*
7. *Pachyrhinosaurus*
8. *Styracosaurus*
9. *Triceratops*

Die Ceratopsiden mit kurzer Halskrause (2)

7. Pachyrhinosaurus (= Dicknasenechse) hatte keine Hörner, nur eine dicke Knochenwulst zwischen den Augen. Länge: 5,5 m. Fundort: Alberta.

8. Styracosaurus (= stachelige Echse) hatte ein langes, gerades Nasenhorn, winzige Brauenhörner und sechs lange, nach hinten gerichtete Stacheln an der Halskrause. Länge: 5,5 m. Alberta und Montana.

9. Triceratops (= Dreihorngesicht) war einer der letzten und größten Ceratopsiden. Er wog 5,4 Tonnen und maß bis zu 9 m. Fast ein Drittel seiner Länge nahm der massive Kopf mit einer kurzen, festen Krause und großen Brauenhörnern, die länger als das Nasenhorn waren, ein. Allein die Knochenkerne der Hörner maßen bis zu 90 cm, so daß die Hörner selbst noch viel länger gewesen sein müssen. Alberta bis Colorado und Saskatchewan bis South Dakota.

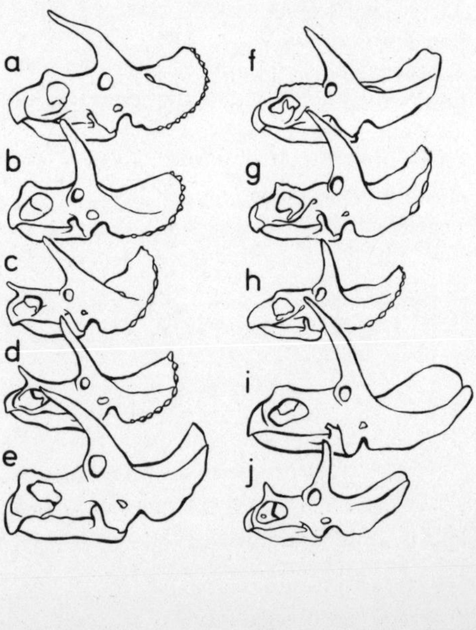

Triceratops-Arten
Abgebildet sind die Schädel von 10 *Triceratops*-Arten. Die mit den kleinen Brauenhörnern hatten meist ein großes Nasenhorn und umgekehrt.
a) *Triceratops horridus* war die größte Art.
b) *Triceratops flabellatus* hatte ein breites Gesicht.
c) *Triceratops prorsus* war die kleinste Art.
d) *Triceratops serratus* hatte ein schmaleres Gesicht als Art b.
e) *Triceratops elatus* hatte eine lange Schnauze.
f) *Triceratops obtusus* hatte kein Nasenhorn.
g) *Triceratops calicornis* hatte eine lange Schnauze.
h) *Triceratops hatcheri* hatte kein Nasenhorn.
i) *Triceratops eurycephalus* hatte lange Brauenhörner.
j) *Triceratops albertensis* hatte aufrechte Hörner.
(Abbildungen nach Steel.)

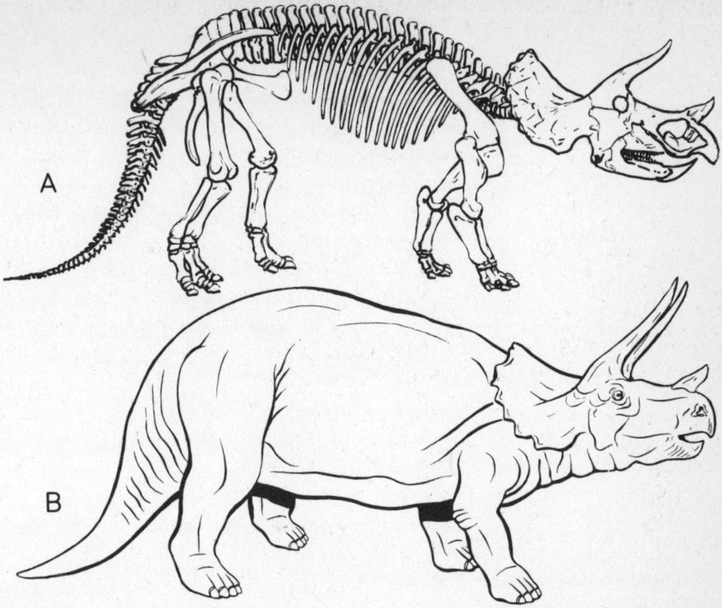

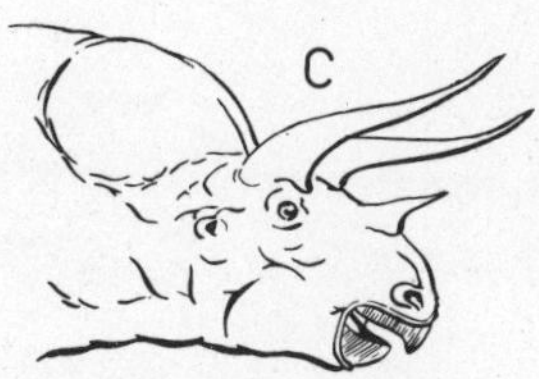

Rekonstruktion des Triceratops
Das rekonstruierte Skelett des *Triceratops* **(A)** führte zu unterschiedlichen Auffassungen über das Aussehen dieses Dinosauriers. Mit inneren Organen, Muskeln und Haut mag er wie Abbildung **B** ausgesehen haben. Einige Experten zeigen den Schwanz gestreckt, einige denken, daß der *Triceratops* vorstehende Zehen hatte, während andere an stumpfe Füße wie bei einem Elefanten oder Nashorn denken. Die Abbildung **C** (nach McLoughlin) zeigt eine neue Rekonstruktion, bei der die Krause des *Triceratops* mit Muskeln bedeckt ist, die Kiefer und Kopf bewegten. Dieses eher kuhähnliche Profil bedeutet, daß die Krause Muskeln hielt und kein Halsschutz war.

Viele Dinosaurier kennt man nur von wenigen Knochenstücken, vom *Triceratops* sind aber Hunderte von Schädeln erhalten. Daran kann man einzelne Arten unterscheiden, die so verschieden sind wie Pferde und Zebras. Man hat so 15 vermutliche *Triceratops*-Arten und fünf *Triceratops*-ähnliche Gattungen benannt, aber vier der Gattungen sind in Wirklichkeit Formen des *Triceratops* – einige kranke Formen.

Wie die Ceratopsier lebten

Untersuchungen der Horndinosaurier-Fossilien lassen vermuten, daß sie sich der Entwicklung neuer Arten von hartblättrigen Pflanzen anpaßten. Sogar der frühe *Protoceratops* hatte einen relativ größeren Kopf mit einem schärferen, stärkeren und schmaleren Schnabel mit längeren und schärferen Zähnen als seine Vorfahren wie der *Psittacosaurus.* Sogar der *Protoceratops* hatte eine Halskrause, die die Kiefermuskeln unterstützte. Später wurde dies alles noch deutlicher.

Die Horndinosaurier mußten vielleicht auf allen vieren gehen, obwohl ihre Hinterbeine länger als die Vorderbeine waren, weil ihre Köpfe so schwer wurden. Vielleicht wurden die Köpfe auch größer, weil sie auf allen vieren gingen.

Die Hörner wurden anscheinend mit der Körpergröße größer, da sich die großen Tiere nicht mehr gut vor Feinden verbergen

Stehen oder bewegen
A) Diese altertümliche Ansicht des *Chasmosaurus* zeigt ihn mit gespreizten Beinen, so daß die Füße nicht unter dem Körper stehen.
B) Diese neue Rekonstruktion des *Torosaurus* beruht auf einer modernen Theorie, daß bei den meisten Horndinosauriern die Beine unter dem Körper waren, so daß das Gewicht besser getragen wurde. So gebaute Tiere konnten ziemlich schnell laufen: Nach Berechnungen des amerikanischen Paläontologen Robert Bakker galoppierten die großen Horndinosaurier mit 18 km/h.

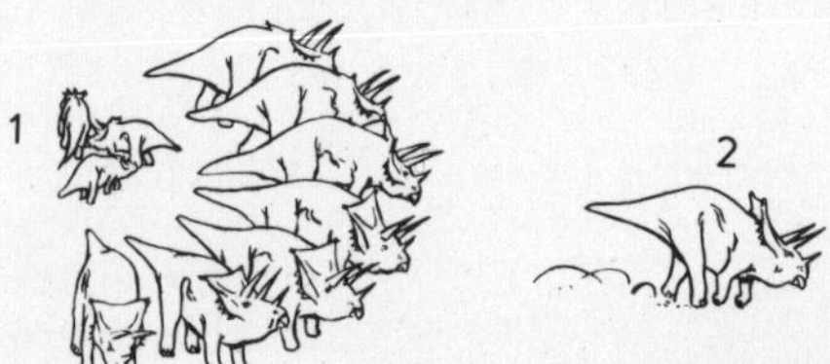

Verteidigung und Angriff
1. Wenn Horndinosaurier in Herden lebten, könnten die erwachsenen Tiere gegen Raubtiere einen Verteidigungsring nach außen gebildet haben.
2. Große Ceratopsiden könnten einen Räuber mit ihren Hörnern angegriffen haben. Riesen wie der *Triceratops* waren gefährlicher als alle anderen Pflanzenfresser.

konnten. Obwohl bei beiden Geschlechtern Hörner wuchsen, scheinen sie rivalisierende Männchen beim Kampf eingesetzt zu haben. Die Vielfalt der Hörner erinnert an die Vielfalt bei afrikanischen Antilopen. Der *Pachyrhinosaurus* könnte mit seinem Knochenschädel kleine Palmen umgestoßen haben. Bei ihm dürften die Männchen nur die Köpfe aneinandergestoßen haben, bei Arten mit längeren Hörnern haben sie diese vielleicht »gekreuzt«. Die Horndinosaurier waren offensichtlich ruhige Tiere, nur dann gefährlich, wenn sie angegriffen wurden. Oft hat man sie als riesige Einzelgänger-Nashörner angesehen.

Aber die Vielzahl der Fossilien weist auf große Herden hin. Ohne Zweifel gab das Leben in der Herde den einzelnen Tieren den besten Schutz.

Die Nahrung (oben)
Horndinosaurier fraßen vielleicht die Wedel der palmähnlichen Cycadeen (a) und die spitzen Wedel der eigentlichen Palmen (b), deren milchiger Saft reich an Nährstoffen war. Die Palmen waren unter den neuen, hartblättrigen Blütenpflanzen, die sich gegen ältere weichblättrige Pflanzen wie Farne durchsetzten.

Scherenartige Zähne (unten)
Der Unterkiefer (1) und die Querschnitte durch Ober- und Unterkiefer (2) zeigen, wie der *Triceratops* und andere Horndinosaurier das von den Schnäbeln gerupfte Futter kauten. Die scharfen Zähne durchschnitten wie Scherenblätter die Pflanzenfasern. Stets wuchsen neue Zähne nach, um alte zu ersetzen.

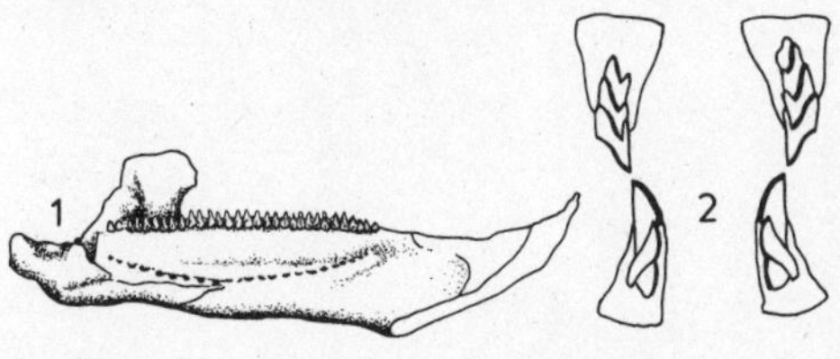

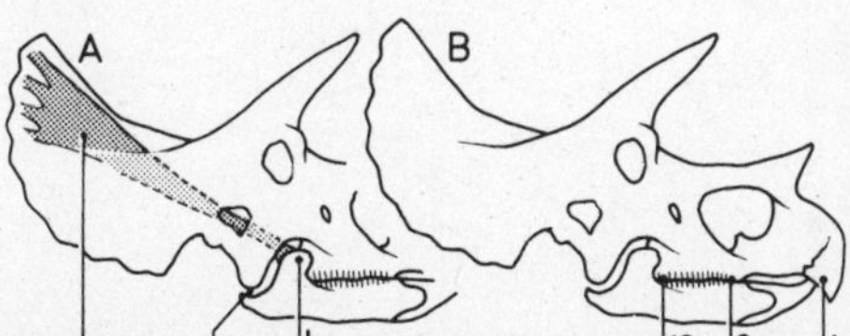

Muskelkraft für die Kiefer
A) Durch die Hilfe eines großen Muskels (a) zwischen Krause und einem Knochenfortsatz (b) am Unterkiefer erhielt der Kiefer des *Triceratops* eine große Hebelkraft um den Drehpunkt (c).
B) Die Abbildungen in diesem Diagramm zeigen ein Verhältnis von 10 : 2 : 1 zwischen der Zugkraft auf die Backenzähne, Frontzähne und den Schnabel des *Triceratops*.

Während des Mesozoikums, der »Zeit des mittleren Lebens«, die weitgehend mit dem Zeitalter der Dinosaurier identisch ist, veränderten sich Landmassen und Klimabedingungen langsam. Kontinente brachen auseinander, Wüsten gingen zurück, Meere überfluteten weite Landflächen, Berge erhoben sich, und die ersten Blütenpflanzen begannen zu wachsen. Diese Veränderungen beeinflußten indirekt auch die Dinosaurier, bei denen neue Arten die alten verdrängten. Hier wird gezeigt, daß in verschiedenen Perioden des Mesozoikums verschiedene Gruppen von Dinosauriern neben verschiedenen anderen Wirbeltieren lebten. Am Ende des Kapitels stehen Überlegungen zum plötzlichen Aussterben der Dinosaurier, das vielleicht nur eine Sache von Monaten war, nachdem sie zuvor 140 Millionen Jahre gelebt hatten.

Diese Ansichten zeigen die alte Welt, wie sie sich der deutsche Meteorologe Alfred Wegener vorgestellt hatte. Ähnliche Karten erschienen 1915 in seinem Buch *Der Ursprung der Kontinente und Ozeane.* Zuerst wurde seine Idee der driftenden Kontinente von Geologen belächelt, aber jüngere Untersuchungen belegten Wegeners Theorie. Abbildung aus Nigel Calders *Restless Earth* (BBC).

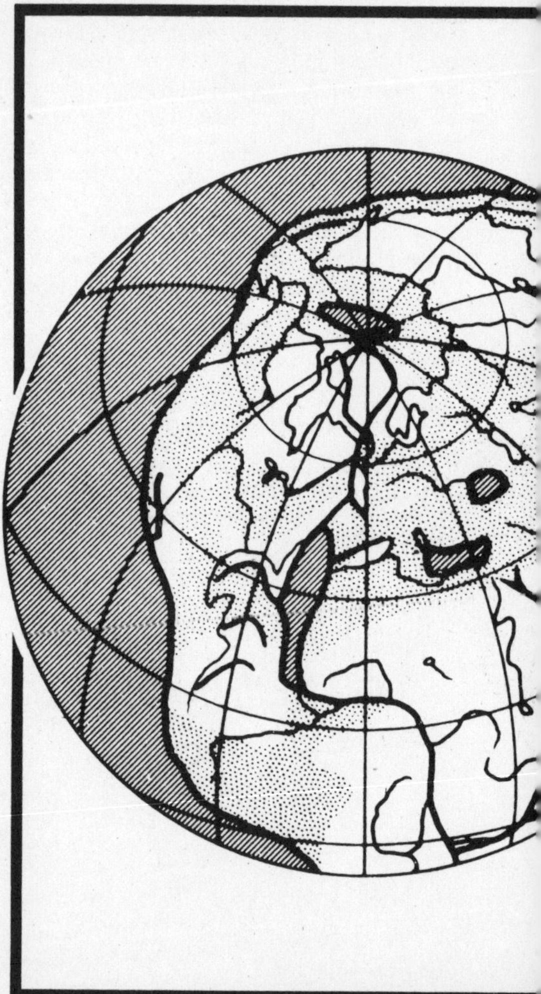

Kapitel 4

Die Welt verändert sich

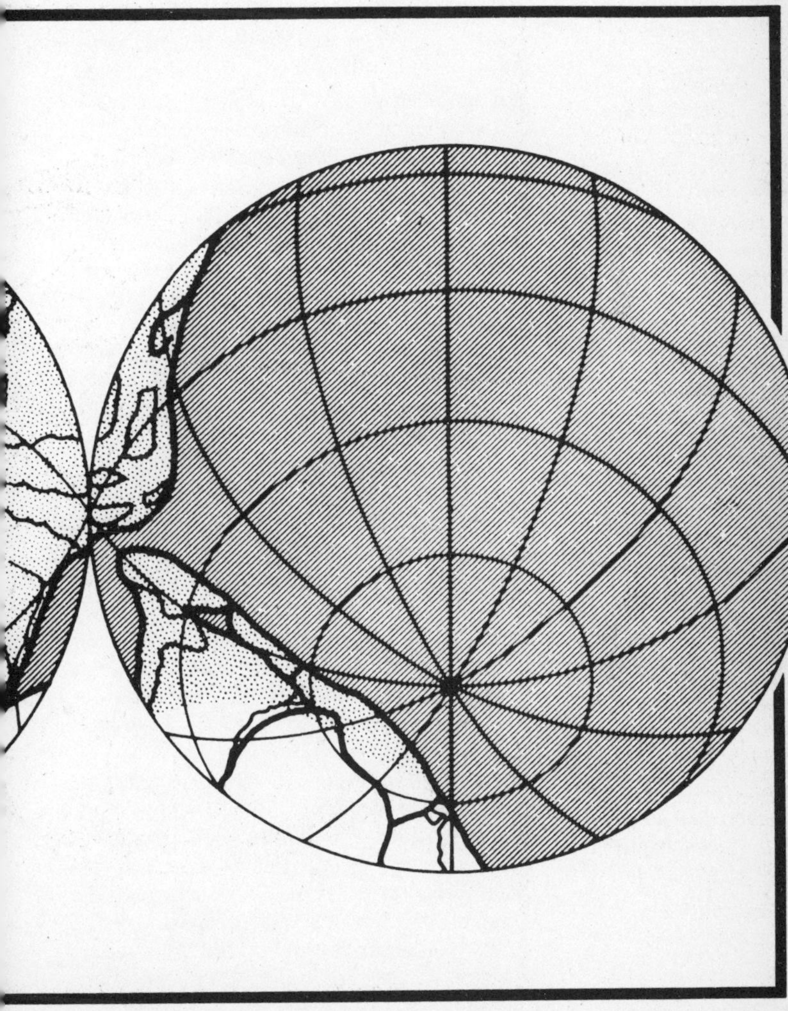

Die Welt verändert sich

Während des größten Teils des Mesozoikums lagen alle großen Landmassen der Erde eng aneinander; die meisten Gebiete waren das ganze Jahr über warm. Anfangs konnten sich so die Dinosaurier und andere wärmeliebende Tiere überall verbreiten. Später entfernten sich die Kontinente voneinander, und die klimatischen Bedingungen änderten sich. Voneinander abgeschnitten, entwickelten sich einzelne Tiergruppen an verschiedenen Orten unterschiedlich.

Der erste Teil des Mesozoikums, die Trias, hat ihren Namen vom lateinischen Wort für drei, da drei Gesteinsschichten diese Zeit (vor 225–193 Millionen Jahren) in Deutschland repräsentieren. Der eine große Superkontinent Pangaea (= Gesamterde) zerbrach jetzt in zwei Teile: Laurasia (= Nordamerika, Europa und Asien) und Gondwana (= Südamerika, Afrika, Indien, Antarktis und Australien). Die Dinosaurier fanden fern von den Ozeanen große Wüstengebiete vor.

Die Jurazeit (vor 193–136 Millionen Jahren) hat ihren Namen von Gesteinen aus dieser Zeit, die den Französischen und den Schweizer Jura bilden. Damals brach Gondwana auseinander, aber die Dinosaurier konnten immer noch alle Kontinente durchqueren, bis sie schließlich am Ende des Jura am besten in vegetationsreichen Regengebieten lebten.

In der Kreidezeit (vor 136–65 Millionen Jahren) bildeten Kalkschichten (Kreide ist eine Art des Kalks) Teile des Meeresbodens. Eindringende Meere teilten Laurasia in Asiamerika (Ostasien und westliches Nordamerika) und Euramerika (Europa und östliches Nordamerika). Die Südkontinente wurden zu großen Inseln. Berge erhoben

Die Welt der späten Trias (A)
Etwa vor 200 Millionen Jahren lagen die Kontinente eng beieinander. Das Tethys-Meer (a) trennte das östliche Laurasia (b) vom östlichen Gondwana (c), aber die frühen Dinosaurier konnten jeden Teil der Welt erreichen.

- ■ Heute trockenes Land
- ▒ Versunkenes Land, das zu manchen Zeiten trocken gewesen sein kann.
- □ Ozeane
- ▓ Flache prähistorische Meere

Die Welt des mittleren Jura (B)
Etwa vor 160 Millionen Jahren füllte das Meer die Risse, die sich zwischen einigen Landmassen auftaten. Die Geburt des Atlantischen Ozeans (d) trennte Afrika von Nordamerika. Indien (e) trennte sich von Afrika und der Antarktis, und auch Australien begann sich von der Antarktis zu lösen.
Trotzdem wanderten neue Typen von Saurischiern und Ornithischiern auf dem Land in alle Teile der Jura-Welt.

Die Welt der späten Kreide (C)
Etwa vor 80 Millionen Jahren nahmen die Kontinente ihre heutigen Positionen ein. Einst verbundene Länder waren weit getrennt, und niedrige Meere hatten viele Gebiete überflutet. Diese Veränderungen trennten einige Dinosauriergruppen voneinander. Neue Typen, die sich auf der Landmasse von Asiamerika (f) entwickelten, konnten die anderen Kontinente nicht erreichen und umgekehrt.

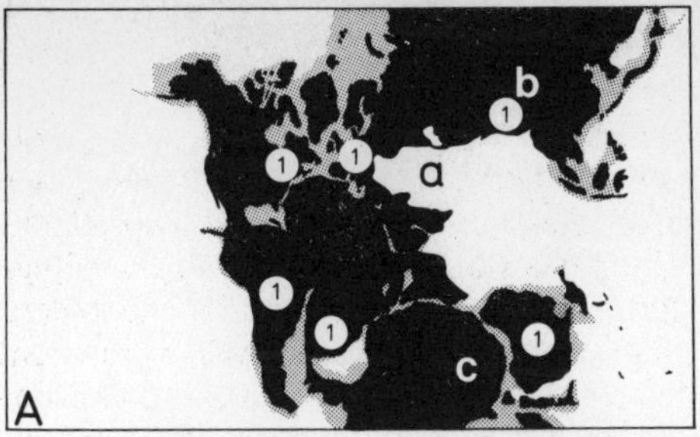

Dinosaurier der Trias
Plateosauriden-Prosauropoden-Reste (1) wurden in Nordamerika, Südamerika, Europa, Afrika, Asien und Australien gefunden. Diese frühen Dinosaurier wanderten in alle Kontinente über Land.

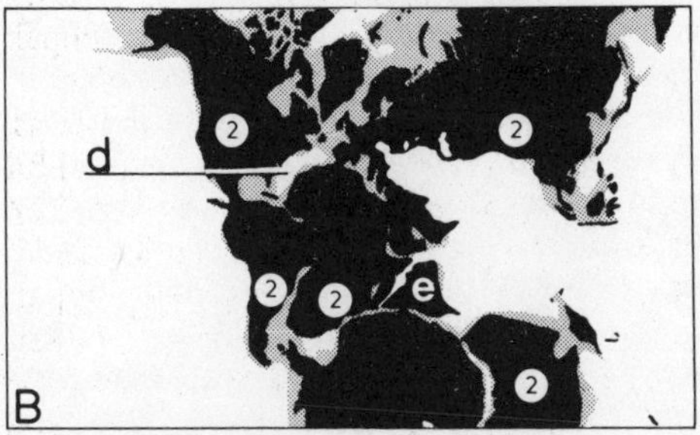

Dinosaurier des Jura
Cetiosauriden-Sauropoden (2) wurden in Nordamerika, Südamerika, Europa, Afrika, Asien und Australien gefunden. Wie frühere Dinosaurier besiedelten sie die ganze Welt, bevor die Kontinente auseinanderbrachen.

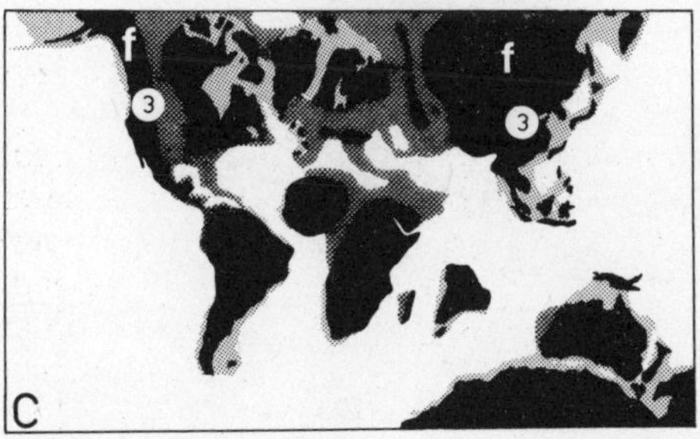

Dinosaurier der Kreide
Tyrannosauriden-Dinosaurier (3) sind nur aus Zentral- und Ostasien, dem westlichen Nordamerika und vielleicht aus Indien bekannt. Ihre Heimat muß eine riesige Insel gebildet haben, die von den anderen Kontinenten getrennt war.

sich, und die Jahreszeiten wurden deutlicher. Neue Arten von Landlebewesen konnten sich nicht mehr überall verbreiten. So gab es nur in Asiamerika Dromaeosauriden, Tyrannosauriden, Knochenschädel, Horndinosaurier, Ankylosaurier und Entenschnäbel. Bei Funden in anderen Gebieten handelt es sich vermutlich um Nachkommen gemeinsamer Vorfahren.

Das Leben in der Trias

Eine Landschaft der Trias
Alle hier abgebildeten Tiere und Pflanzen könnten am Ende der Trias gelebt haben.
a) Prosauropoden-Dinosaurier
b) Spitzmausähnliche frühe Säugetiere - vielleicht gab es aber auch erst nach der Trias Säugetiere.
c) Frühes Krokodil
d) Coelophyside, ein kleiner fleischfressender Dinosaurier
e) Der *Longisquama*, ein seltsamer Pseudosuchier-Theocodontier. Knochenfunde sprechen für die frühe Trias, aber vielleicht lebte er auch noch später.
f) Früher Pterosaurier

Die späte Trias, in der die Dinosaurier auftraten, unterschied sich sehr von der heutigen Welt. Es gab keine Gräser oder Blütenpflanzen und nur wenige Baumarten. Feuchtigkeitsliebende Farne und Schachtelhalme wuchsen in sumpfartigen Gebieten. Wie viele frühe Landpflanzen vermehrten sich die Farne durch Sporen, die feuchten Boden zum Überleben brauchen. Die trokkeneren Gebiete wurden von Gymnospermen (= Nacktsamern) erobert. Ihre Samen konnten noch nach Monaten keimen. Unter ihnen waren große Koniferen, die der Auracarie verwandt waren. Eiben und Ginkgobäume erschienen. Andere Bäume oder baumähnliche Pflanzen umfaßten die Cycadeen mit einer Krone palmähnlicher Wedel, die von einem dicken Stamm ausgingen, und die Bennettiteen, die den Cycadeen glichen, aber bei denen Blattwedel an kurzen Ästen wuchsen.

Die säugetierähnlichen Reptilien, die Thecodontier, und die Neu-

seelands Brückenechse verwandten Rhyncosaurier starben aus. Frühe Saurischier wie der *Coelophysis* und der *Anchisaurus* lebten neben Schildkröten und Eidechsen. Viele Wissenschaftler glauben, daß sich damals die frühen Dinosaurier mit Vogelhüften, die Fabrosauriden und Heterodontosauriden, entwickelt haben - wie auch die ersten winzigen spitzmausartigen Säugetiere. Über ihren Köpfen segelten Eidechsen mit Flugsprüngen von Baum zu Baum, und die ersten Pterosaurier flatterten mit ihren Hautflügeln vorbei. Flüsse und Seen der Trias waren die Heimat von Fröschen und Krokodilen, während die flachen Meere Jagdgründe für seltsame Meeresreptilien waren: die Nothosaurier und Ichtyosaurier (= Fischechsen), Tiere, bei denen die Glieder zu Flossen entwickelt waren. In der Luft, an Land und im Süßwasser waren die Archosaurier (= die herrschenden Saurier), die Reptilgruppe, zu der die Dinosaurier, die Pterosaurier und die Krokodile gehörten, bis zum Ende des Mesozoikums die Herren.

Das Leben im Jura

Im Jura bedeckten flache Meere große Teile Nordamerikas und Europas, und der Regen erreichte Gebiete, die bis dahin Wüste waren. An den feuchten Flußufern wuchsen üppige Pflanzen. Man hat diese Periode die Zeit der Cycadeen genannt, aber diese »Palmfarne« waren weniger erfolgreich als ihre Verwandten, die Bennettiteen. Wie Koniferen, Farne und Baumfarne wuchsen diese in den feuchten Tropen, die damals Europa und das südliche Nordamerika einschlossen. Bei diesem reichen Nahrungsangebot entwickelte sich eine Vielzahl von Dinosauriern. Unter den Vogelhüftern mögen niedriggebaute, frühe gepanzerte Dinosaurier Bodenfarne und Pilze gefressen haben. Kleine, bewegliche Hypsilophodontiden naschten kniehohe Blätter. Die Camptosauriden und die Plattendinosaurier könnten sich auf den Hinterbeinen aufgerichtet haben, um Blätter von den Zweigen der Bäume abzurupfen. Die großen Echsenhüften-Dinosaurier, die Sauropoden,

waren vermutlich die »Giraffen« des Jura: Sie erreichten die Blätter noch ganz oben an den Bäumen. Diese großen Tiere müssen Pfade durch die Wälder getrampelt haben, auf denen auch kleinere Dinosaurier Futter suchen konnten. Ihre Ausscheidungen düngten den Boden, so daß aus Samen Bäume entstehen konnten.
Dann gab es noch die Jäger. Kleine Raubsaurischier wie der *Compsognathus* und der *Coelurus* könnten im Unterholz nach Eidechsen gejagt haben. Einige dieser Coelurosaurier fraßen vielleicht Aas von Beutetieren, das ihnen ihre größeren Verwandten, die Megalosauriden und Allosauriden übriggelassen hatten.
In dieser Zeit schwangen sich die ersten Vögel in die Luft in der neue Arten von pelzigen Pterosauriern mit zerbrechlichen Flügeln aus Haut und Knochen flatterten. Im flachen Meer schwammen große, kurzhalsige Plesiosaurier mit paddelartigen Gliedern und ihre stromlinienartigen Reptilverwandten, die Ichtyosaurier.

Eine Landschaft des Jura
Die abgebildeten Tiere und Pflanzen lebten im späten Jura Nordamerikas.
a) »Vogeldinosaurier«
b) *Brachiosaurus*
c) Primitives Säugetier
d) *Stegosaurus*
e) *Dryosaurus*
f) Geflügeltes Insekt
g) *Eidechse*
h) *Allosaurus*
i) *Coelurus*
j) *Diplodocus*

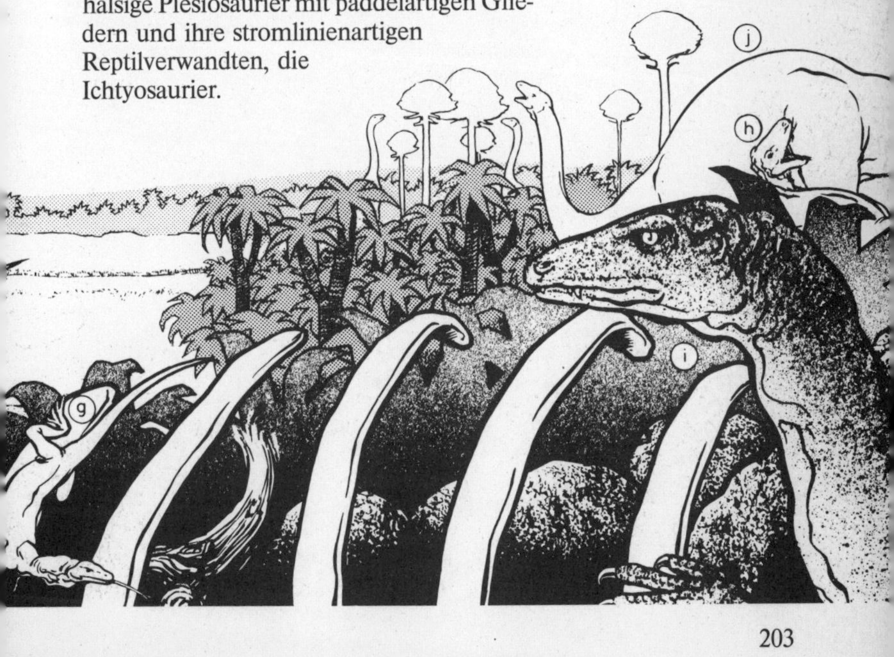

Das Leben in der Kreide

Viele moderne Pflanzen- und Tierarten erschienen in dieser längsten Periode, in der die Dinosaurier schließlich ausstarben.

Die Blütenpflanzen vermehrten sich und breiteten sich aus. Ihre gutgeschützten Samen überlebten kalte Winter besser als andere Samen. Aber selbst im Norden waren harte Winter vor 70 Millionen Jahren unbekannt. Dann wuchsen Wälder von Eichen, Hickory und Magnolien an den Flüssen des heutigen Alberta; daneben noch Sumpfzypressen, Riesensequoias und China-Fichten in Sumpfgebieten.

Die Dinosaurier, deren Zähne neue Arten hartblättriger Pflanzen kauen konnten, vermehrten sich. Entenschnäbel wie der *Hypacrosaurus* weideten unter Hickorys und Eichen, während der *Edmontosaurus* die Blätter von breit-

Eine Landschaft der Kreide
Alle abgebildeten Tiere und Blütenpflanzen mögen in der späten Kreide im heutigen Alberta/Canada gelebt haben.

a) *Hypacrosaurus*
b) Frühe Möve
c) Frosch
d) Früher Reiher
e) *Quetzalcoatlus*
f) Langhalsiger Plesiosaurier
g) *Anchiceratops*
h) Frühe Enten
i) Saurornithoididen-Dinosaurier

blättrigen und zypressenähnlichen Bäumen fraß. Der Horndinosaurier *Anchiceratops* fraß Farne am Flußufer und Cycadeenkerne. Jedes Tier hatte bestimmte Weidegebiete (die höhergelegenen, trockeneren Gebiete waren vermutlich die Heimat der Knochenschädel und der Panzerdinosaurier). Durch das Abweiden des Bodens schufen die Entenschnäbel Platz für die Straußdinosaurier. Die Tyrannosauriden fraßen die Entenschnäbel, hielten so ihre Zahl in Grenzen und schützten die Wälder vor Überweidung.

Über den Dinosauriern flogen Pterosaurier wie der *Quetzalcoatlus* mit der Spannweite eines Kampfflugzeugs. Die großen Meeresreptilien waren jetzt langhalsige Plesiosaurier und Mosasaurier, 10 m lange Echsen mit Flossen. Andere Tiere umfaßten Schlangen, Schildkröten mit weichem Panzer, Frösche, Salamander, Möven, Stelzvögel und Opossums. Diese sieben haben alle heute lebende Verwandte.

Ein Massensterben
Dieses Diagramm zeigt, welche von 18 Wirbeltiergruppen das Ende der Kreidezeit (Linie A) überlebten und welche nicht.
1. AMPHIBIEN
2.– 9. GEWÖHNLICHE REPTILIEN
2. Schildkröten
3. Ichtyosaurier
4. Plesiosaurier
5. Eosuchier
6. Rhynchocephalier
7. Eidechsen
8. Schlangen
9. Krokodile
10. PTEROSAURIER
11.–16. DINOSAURIER
11. Theropoden
12. Sauropoden
13. Ornithopoden
14. Stegosaurier
15. Panzerdinosaurier
16. Horndinosaurier
17. VÖGEL
18. SÄUGETIERE

Der Tod der Dinosaurier

Vor 70 Millionen Jahren schienen die Dinosaurier das Land für immer zu beherrschen. Dann, vor etwa 65 Millionen Jahren, starben sie alle aus. Mit ihnen verschwanden die Plesiosaurier, die Pterosaurier und viele andere Land- und Seetiere aller Größen.

Zur Erklärung dieser Naturkatastrophe hat man viele Ursachen vorgeschlagen. Theorien, die man heute verworfen hat, schließen die folgenden ein: Fleischfresser fraßen alle Pflanzenfresser und starben so selbst aus; die Dinosaurier entwickelten so schwerfällige Körper, daß sie sich nicht mehr bewegen oder vermehren konnten; Seuchen löschten die Dinosaurier aus; kleine Säugetiere fraßen alle ihre Eier. Keine dieser Theorien berücksichtigt, daß die Dinosaurier wie alle anderen Tiere an das Leben angepaßt waren und daß viele andere Tiere ebenfalls ausstarben.

Dies hat die Wissenschaftler vermuten lassen, daß die ganze Welt von einer Katastrophe erfaßt wurde. Kosmische Strahlen von einem explodierenden Stern mögen ungeborene Tiere verändert haben, oder wäh-

Millionen Jahre vor heute

rend der Umpolung des Magnetfeldes könnte tödliche Strahlung die Erdoberfläche erreicht haben. Vielleicht wurden die Kontinente kälter, als sich ihre Positionen veränderten, und die Winterkälte hat die Dinosaurier getötet. Falls sie Warmblüter waren, fehlten ihnen Pelz oder Federn, um die Köperwärme zu halten. Falls sie Kaltblüter waren, waren die meisten zu groß, um in frostfreien Löchern zu überwintern.

Um 1980 wurden neue Theorien vorgeschlagen. Geologen meinten, daß vor 65 Millionen Jahren ein Meteorit von 10 km Durchmesser auf die Erde gestürzt sei. Der Aufprall wirbelte Staub und Feuchtigkeit in die Atmosphäre, so daß der Himmel über Monate verdunkelt war. Viele Pflanzen und Pflanzenfresser müßten gestorben sein. Vielleicht fror die Welt für kurze Zeit. Dann wurde es extrem heiß, da das Wasser in der Atmosphäre wie ein Treibhausdach wirkte, als sich der Staub bereits gelegt hatte. Der Hitzestreß tötet Tiere leicht, die ihre Körpertemperatur nicht gut kontrollieren können; Überhitzung mag die Dinosaurier getötet haben, die noch nicht durch Kälte oder Hunger gestorben waren.

Millionen Jahre vor heute

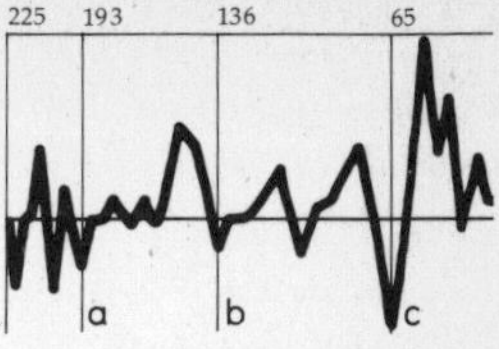

Leben wächst und schwindet (oben)
Diese Kurve zeigt die Zahlen der Wirbeltierarten, die im Mesozoikum entstanden und verschwanden; der größte Einbruch fand am Ende dieser Zeit statt.
a) Ende der Trias
b) Ende des Jura
c) Ende der Kreide

Eine »Bombe« aus dem All (unten)
Die Größe der Insel von Manhattan/New York neben der vermutlichen Größe eines Asteroiden, der die Dinosaurier und andere Lebensformen indirekt getötet haben könnte.

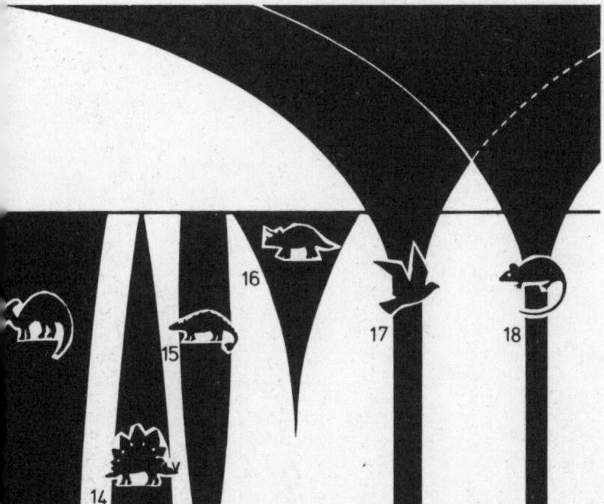

Seit den ersten Jahren des 19. Jahrhunderts haben Fossilsucher die Knochen von Dinosauriern in den Gesteinen aller Kontinente mit Ausnahme der Antarktis gefunden (obwohl wir wissen, daß es auch dort welche geben muß). In einer Reise um die Welt werden die reichsten Fundstellen vorgestellt. Diese Reise beginnt in den nördlichen Ländern, die einst im mächtigen Kontinent von Laurasia verbunden waren; dann geht es zu den Ländern, die einst den südlichen Superkontinent Gondwana gebildet haben. Zuvor wird aber noch beschrieben, wie die Dinosaurierknochen in den Gesteinen erhalten blieben, wie Fossilsucher sie finden und freilegen und wie Wissenschaltler das Alter eines Fossils feststellen. Nur eine Handvoll Dinosaurier hinterließ Fossilien, und nur ein Bruchteil dieses Bruchteils wurde gefunden – das meiste davon seit 1970. Welche erstaunlichen Entdekkungen werden noch vor uns liegen?

Diese Dinosauriersucher vom Ende des vergangenen Jahrhunderts sind bis an die Zähne bewaffnet, um gegen feindselige Indianer gerüstet zu sein. Der Führer dieses Teams war der bekannte Dinosauriersammler Charles Marsh, der untersetzte, bärtige Mann in der Mitte der hinteren Reihe.
(Wiedergabe des Fotos mit freundlicher Genehmigung des Yale Peabody Museums.)

Kapitel 5

Die Entdeckung der Dinosaurier

Wie Dinosaurier zu Fossilien wurden

Wenn Tiere sterben, verwesen ihre Körper im Normalfall. Manchmal werden jedoch die harten Teile in Gesteinen als Fossilien erhalten. Diese geben uns Hinweise auf die längst ausgestorbenen Dinosaurier.

Fossilien bilden sich in verschiedener Weise. Der Prozeß beginnt oft damit, daß ein Tier von einem Fluß erfaßt und an eine Sandbank gespült wurde. Dort wurden sein Fleisch und seine Haut schnell zersetzt. Bevor seine Knochen verfaulen konnten, wurden sie von Sand- und Schlammteilchen bedeckt, die sie vom Sauerstoff abschlossen, der für die Verwesung unerläßlich ist. Später drangen Mineralien, die im Wasser gelöst waren, durch winzige Löcher oder Poren in die Knochen. Darin wurden einige der Mineralien ausgefällt. So füllten Schichten von Substanzen wie Kalzit, Quarz, Eisensulfid oder Opal die feinen Löcher in den Knochen und verstärkten diese, so daß sie das Gewicht der darüberliegenden Sedimente tragen konnten.

Die Geschichte eines Fossils
Diese Abbildungen zeigen die Stadien der Entstehung eines Dinosaurier-Fossils.

1. Ein eben gestorbener Dinosaurier liegt auf der Sandbank eines Flusses.

2. Das Fleisch verwest.

3. Schlamm oder Sand, die vom Fluß abgelagert werden, bedecken die Knochen und verhindern die Zerstörung durch Sauerstoff.

4. Schlammschichten lagern sich über den durch Mineralien, die mit dem Sickerwasser kamen, verstärkten Knochen ab.

5. Die zu Stein gewordenen Schichten werden zur Erdoberfläche gehoben und dann durch Verwitterung abgetragen. Regen und Frost legen die fossilen Knochen frei.

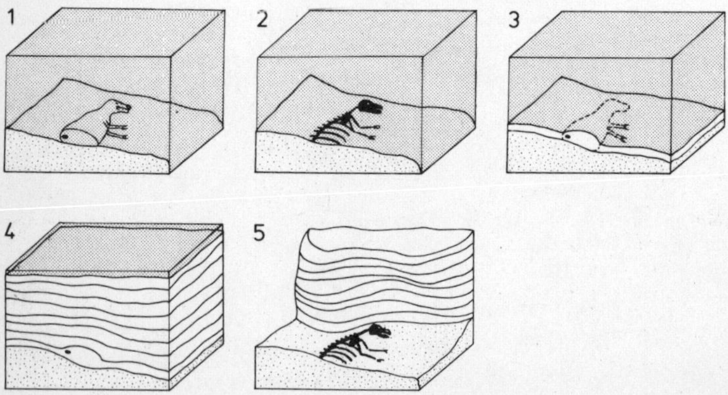

Manchmal wurden die Knochen auch aufgelöst und hinterließen Hohlformen in ihrer Gestalt, sogenannte *Abdrücke*. Wenn Mineralien diese Hohlformen füllten, entstanden Steinkerne. Die meisten Dinosaurier-Fossilien entstanden auf einem dieser Wege. Aber nicht alle Fossilien bildeten sich unter Wasser: Einige wurden auch im Wüstensand erhalten.

Unglücklicherweise sind oft nur verstreute fossile Knochen erhalten – Überreste von Körpern, die durch Aasfresser oder Wasser verteilt wurden. Aber neben Knochen wurden manchmal auch Fußabdrücke, Exkremente und sogar Haut konserviert.

Wenn ein Fossil unter Wasser hart wird, mögen sich Schichten von Lehm oder Sand über ihm bilden. Ihr Gewicht und die natürlichen Bindestoffe, die sie enthalten, mögen dann diese Schichten zu Gesteinen werden lassen.

Millionen Jahre später können große Bewegungen der Erdkruste diese Schichten zu hohen Bergen auftürmen. Regen und Frost beginnen danach mit der Abtragung. So legt die Verwitterung auch die inneren Schichten und ihre Fossilien frei.

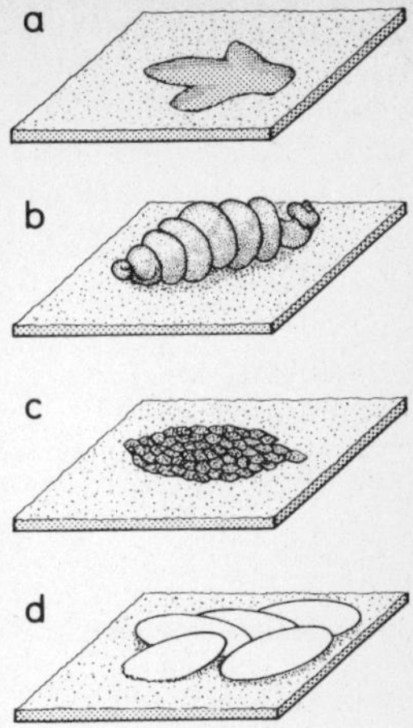

Vier Arten von Fossilien (oben)
Neben Knochen hinterließen Dinosaurier auch andere Fossilien.
a) Fußabdrücke im weichen Schlamm blieben als Fossilien erhalten, wenn der Schlamm zum Gestein wurde, bevor Regen oder fließendes Wasser die Spuren verwischte.
b) Fossilgewordene Ausscheidungen heißen Koprolithen. Die größten Koprolithen dürften von den Sauropoden stammen.
c) Fossilgewordene Häute oder Hautabdrücke blieben von Dinosauriern erhalten, die in Trockengebieten starben. So kennen wir Hautteile von Ankylosauriden und Hadrosauriden.
d) Erhalten blieben auch die fossilen Eier einiger Sauropoden und Horndinosaurier.

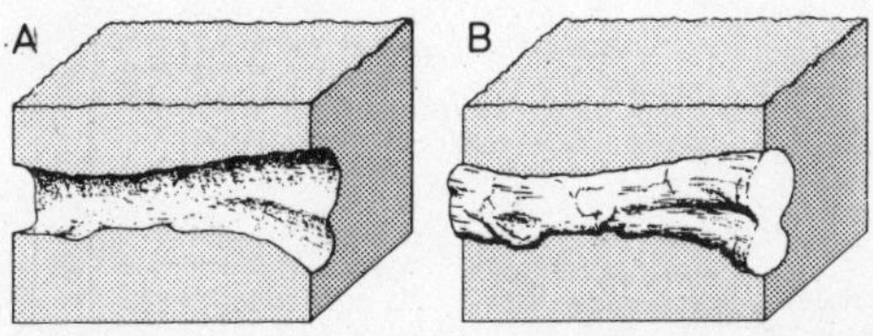

Form und Abguß
Eine fossile Form **(A)** wird erzeugt, wenn sich ein Dinosaurierknochen auflöst und eine Knochenform im Gestein hinterläßt. Wenn diese durch Mineralien gefüllt wird, ensteht der Abguß eines Fossils **(B)**.

Die Datierung von Fossilfunden

Als alte Formen der Dinosaurier ausstarben, nahmen neue ihren Platz ein. Wann welche Dinosaurier lebten, läßt sich nur durch sorgfältige Detektivarbeit sagen.

Zu den wichtigsten Hinweisen gehören die Gesteine, in denen sich die Fossilien finden: Sedimente wie Sandsteine, Tonschiefer und Kalke. Jede Gesteinsschicht enthält Fossilien der Tiere und Pflanzen, die lebten, als die Schicht abgelagert wurde. In einem Steinbruch oder an einem Felsen kann man viele angeschnittene Schichten sehen. Im Normalfall ist die unterste Schicht die älteste. Gleiche Fossilien, die in weit voneinander entfernten Schichten gefunden wurden, dürften etwa zur selben Zeit gelebt haben. Durch sorgfältiges Vergleichen der Schichten in aller Welt weiß man zum Beispiel, daß der *Tyrannosaurus* in Nordamerika lebte, der *Tarbosaurus* in der Mongolei und daß beide Dinosaurier lange nach der Zeit lebten, in der der *Scelidosaurus* durch Südengland wanderte.

Gesteinsschichten sind geologischen Perioden zugeordnet, in denen sie sich gebildet haben. Jede Periode ist in eine frühe, mitt-

Relative Zeitbestimmung
Indem sie Fossilien aus Gesteinen verschiedener Schichten und Gebiete vergleichen, bestimmen Paläontologen das relative Alter der Gesteine in aller Welt. In Nordamerika findet man *Hypsilophodon*-Fossilien im Lakota-Sandstein (1), einer jüngeren, höheren Gesteinsschicht als die Gesteine der Morrison-Formation (2), die *Brachiosaurus*-Fossilien enthalten. Dies zeigt indirekt, daß die Gesteine des Wealden in Europa (3) jünger als die von Tendaguru (4) in Ostafrika sind.

lere oder späte Zeit unterteilt, die den unteren, mittleren und oberen Schichten entspricht.
Gesteinsschichten können uns nicht genau sagen, wann ein Tier lebte, aber man kann einige Gesteine genau datieren, indem man bestimmte radioaktive Elemente in ihnen untersucht. In einer bestimmten Zeit - der »Halbwertszeit« - zerfällt die Hälfte der radioaktiven Substanz eines Elements in andere Elemente. Wenn diese Zeit wieder vergangen ist, wird die Hälfte des Übriggebliebenen ebenfalls zerfallen sein. Zur Altersbestimmung von Gesteinen, die so alt wie die Dinosaurierfunde sind, benutzt man die Kalium-Argon-Methode. Die Halbwertszeit des entsprechenden Kalium-Isotops beträgt 1310 Millionen Jahre: In dieser Zeit wird die Hälfte dieses Kalium-Isotops in einen nachweisbaren Anteil von Argon zerfallen sein. Diese Nachweismethode funktioniert am besten mit Lavagesteinen, die nach der Schmelze schnell abkühlten. Lavaströme helfen aber auch oft bei einer indirekten Zeitbestimmung: Manche Sedimentschichten können durch direkt darüber oder darunter liegende Lavaschichten datiert werden.

Radiometrische Zeitbestimmung
Die Hälfte der Masse einer Menge von Kalium-40 zerfällt in einer Periode von 1310 Millionen Jahren (= Halbwertszeit) durch Strahlung in stabiles Argon-40 und Kalzium-40 in bekannten Proportionen. In den darauf folgenden 1310 Millionen Jahren zerfällt die Hälfte des Restes und so weiter. Die Abbildungen zeigen die Masse von Kalium-40 in einem neu gebildeten Gestein (A) und die Mengen von Kalium-40, die nach einer Halbwertszeit (B) und einer weiteren (C) übrigbleiben.

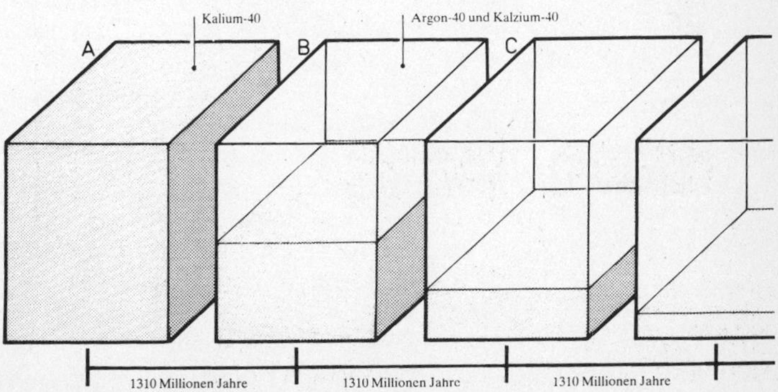

Die Ausgrabung fossiler Dinosaurier

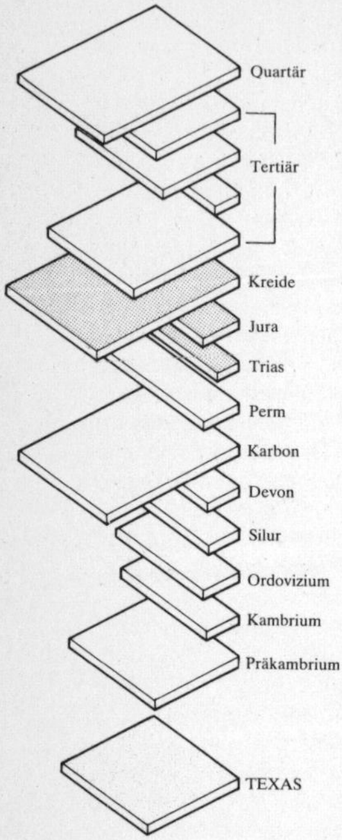

Gesteine in den USA
Platten in diesem Diagramm zeigen die Größc der Gebiete von Gesteinen aus bestimmten Perioden, die heute in den USA freiliegen. Zum Vergleich entspricht eine Platte der Größe von Texas. Nur die Gesteine der Trias, des Jura und der Kreide – ein kleiner Teil des Ganzen – stammen aus dem Mesozoikum.

Fossilsucher achten auf Gesteine aus der Zeit der Dinosaurier, die von der Verwitterung freigelegt wurden. In vielen Teilen der Welt wurden diese mesozoischen Gesteine abgetragen, überflutet oder von anderen Gesteins- und Bodenschichten überdeckt. Die besten Gebiete für die Suche nach Dinosauriern sind trockene Länder, in denen die Erosion den Boden über den mesozoischen Gesteinen abgetragen hat.

Obwohl einige Dinosaurier riesig wurden, waren viele klein, und von den meisten blieben nur Zähne oder Knochenbruchstücke. Diese zu finden kann sehr anstrengend und langwierig sein. Die Fossilsucher durchwandern mühsam Gebiete verwitterter Gesteine und suchen Felsen und Schluchten ab. Oft ist ihr erster Lohn ein mitgenommenes, farbloses Objekt. Nur seine schimmernde Oberfläche oder das schwammartige Innere geben Hinweise, daß es sich um Knochenmaterial handelt. Auch dann sind sich selbst Experten oft nicht sicher. Der »Dinosaurier« *Achenosaurus* wurde 1888 nach einem Stück benannt, das sich als versteinertes Holz erwies.

Indem er den Hang über der ersten Fundstelle absucht, kann ein glücklicher Sammler den Rest des Skelettes im Gestein entdecken. Vielleicht kann er es so ausgraben, daß Größe und Zustand erhalten bleiben. Die nächste Aufgabe kann sehr schwierig werden. Vielleicht braucht man einen Bulldozer, um Gesteinsmassen zu beseitigen, bevor man mit Hacken und Schaufeln weitermachen kann. Wenn man den Knochen näherkommt, bearbeitet man das umliegende Gestein vorsichtig mit Meißeln und kratzt und bürstet Boden und Sand weg.

Wenn die Knochen freiliegen, werden sie numeriert und in ihrer genauen Lage fotografiert.

Um ein Zerbrechen zu vermeiden, werden die fossilen Knochen mit gelösten Harzen gefestigt oder mit dem umgebenden Gestein abtransportiert. Um diese Blöcke oder Knochen zu schützen, umgibt man sie vorsichtig mit Gips oder Schaumstoff.

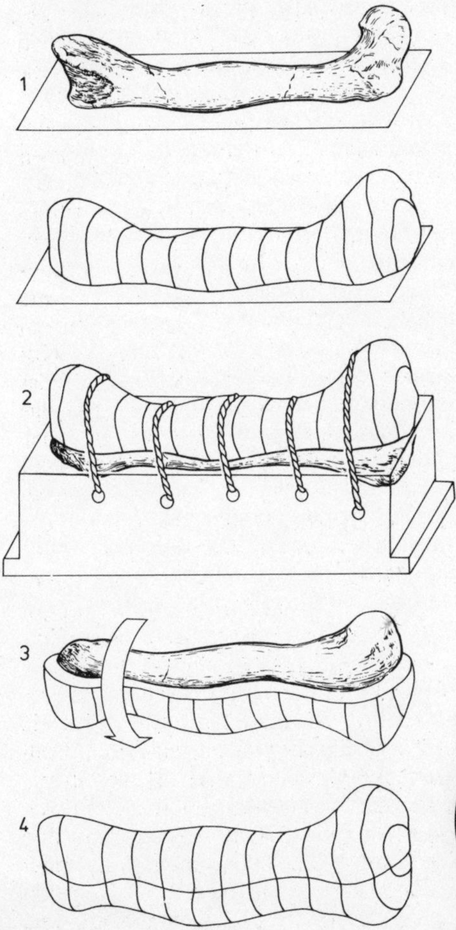

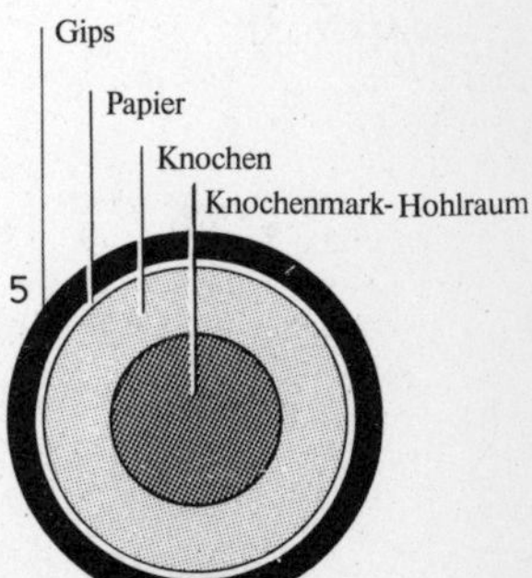

Ausgrabung eines Dinosauriers
Diese Abbildungen zeigen den traditionellen Weg, einen großen fossilen Knochen zu bergen. (Eine neue Technik benutzt Aluminiumfolie statt nassem Papier und Kunststoffschaum statt Gips.)
1. Mehr als die Hälfte des Knochens ist freigelegt.
2. Nachdem man nasses Papier um den freigelegten Knochen gewickelt hat, packen ihn die Experten mit gipsgetränkten Binden ein, die nach dem Härten Schutz bieten. Danach graben sie den Knochen ganz aus und lassen nur einen Gesteinssokkel übrig. Durch diesen werden Löcher für die Seile gebohrt, die den ganzen Knochen sichern.
3. Dann wird der ganze Knochen mit der Unterlage gedreht.
4. Der noch freiliegende Teil wird mit Gipsbandagen gesichert.
5. Ein Querschnitt durch einen vollständig verpackten Knochen.

1

2

Pioniere der Forschung
1. Reverend Robert Plot, der erste Inhaber des Ashmolean-Museums in Oxford.
2. Das Knieende eines Megalosauriden-Oberschenkelknochens, den Plot 1677 beschrieb und zeichnete. Dies war der erste (zuerst fälschlich als Knochen eines Riesen) beschriebene-Dinosaurierknochen.
3. Wissenschaftler speisen 1853 in einem unvollständigen Modell des *Iguanodons.* Dieses Gipsmonster ist noch im Crystal Palace Park in London zu sehen.

Die Pioniere der Dinosaurierforschung

Durch Zufall wurden seit Jahrhunderten Dinosaurier-Fossilien gefunden. Zuerst dachte man, diese großen alten Knochen würden von Riesen stammen. Vor mehr als 300 Jahren beschrieb ein englischer Museumsbeamter den Schenkelknochen eines Megalosauriden in dieser Weise. In den ersten Jahren des 19. Jahrhunderts wurde es Wissenschaftlern klar, daß die großen Knochen und Zähne, die in Südengland ausgegraben wurden, von Tieren stammten, die vor Millionen Jahren lebten. 1809 entdeckte ein Unbekannter in Sussex den Schienbeinknochen eines *Iguanodons.* 1822 fand Mary Ann Mantell, die Frau eines Landarztes, weitere Überreste. Ihr Mann, Dr. Gideon Mantell, veröffentlichte 1825 die erste (ungenaue) Beschreibung des *Iguanodons.* Unterdessen hatte 1824 der Geologe William Buckland den scharfzähnigen Megalosaurus beschrieben, den ersten Dinosaurier, der einen richtigen Namen bekam.
Bei einem bedeutenden wissenschaftlichen Treffen prägte 1841 der Paläontologe Richard Owen den Namen »Dinosauria« (= schreckliche Echsen) für diese und ähnliche prähistorische Reptilien.
Dann gab es überall Entdeckungen. 1787

3

beschrieb der Anatom Casper Wistar in Philadelphia/USA einen mächtigen Schenkelknochen - vermutlich den eines Entenschnabels -, der heute leider verloren ist. 1802 fand der Bauernjunge Pliny Moody aus Massachusetts die Spuren riesiger »Vögel« in Sandsteinen. Erst in den 60er Jahren des 19. Jahrhunderts wurde klar, daß diese Spuren von frühen Dinosauriern stammten.

1856 beschrieb ein weiterer Anatom aus Philadelphia, Joseph Leidy, die ersten amerikanischen Dinosaurier. Sie umfaßten *Palaeoscincus* und *Troödon*, aber sie waren nur von Zähnen bekannt, die im Jahr zuvor von Dr. Ferdinand Vandiveer Hayden im heutigen Montana gefunden wurden. Dann, 1858, beschrieb Leidy den *Hadrosaurius* anhand in New Jersey entdeckter fossiler Knochen. Danach erfolgte in aller Welt die Suche nach Dinosauriern.

4

5

6

7

4. Einige der vielfältigen Spuren fossiler Dinosaurier aus dem Tal des Connecticut, die der Geologe Edward Hitchcock (1793–1864) benannte. Er hielt sie für die Spuren prähistorischer Vögel.

5. Frau Mary Ann Mantell war die Frau von Dr. Gideon Mantell.

6. Ihr Zufallsfund eines *Iguanodon*-Zahns unter Straßensteinen führte ihn zur Beschreibung des ersten Hinweises auf einen pflanzenfressenden Dinosaurier.

7. Owens fehlerhafte Beschreibung des *Megolosaurus* als Vierbeiner war nur eine Weise, in der dieser Wissenschaftler frühe Vorstellungen von Dinosauriern darstellte.

Zwei berühmte Fossilsucher

Othniel Charles Marsh
Der Professor der Yale University, Othniel Charles Marsh (1831–1899), gab riesige Summen aus, um Teams für die Suche nach »neuen« Dinosauriern zusammenzustellen. Siebzehn Gattungen tragen noch heute die Namen, die er ihnen gab. Vier davon sind abgebildet:
a) *Diplodocus*
b) *Allosaurus*
c) *Stegosaurus*
d) *Triceratops*

In den späten Jahren des 19. Jahrhunderts gingen zwei reiche amerikanische Wissenschaftler auf die bisher längste Suche nach Dinosauriern in den USA. Othniel Charles Marsh und Edward Drinker Cope mieteten Teams von Fossilsuchern, deren Funde die Welt erstaunten und zeigten, wie riesig, zahlreich und vielfältig einige Gruppen von Dinosauriern waren. Ihre reichsten Funde machten sie in Gesteinen des oberen (späten) Jura im rauhen Wilden Westen. Die Suche war hart und gefährlich. Die Männer arbeiteten bewaffnet, um angreifende Indianer abwehren zu können. Ihre Führer waren so eifersüchtig aufeinander, daß jedes Team seine Funde geheimhielt, und man sagt, daß Copes und Marshs Leute sich einmal sogar eine Schlägerei lieferten. So wurde die Suche zu einem Rennen nach den ergiebigsten Knochenlagern. 1877 entdeckten Marshs Leute Knochen bei Morrison/Colorado. Unterdessen gruben bei Canyon City südlich von Morrison Copes Leute nach riesigen Knochen in anderen Aufschlüssen derselben Gesteinsformation. Aber vor dem

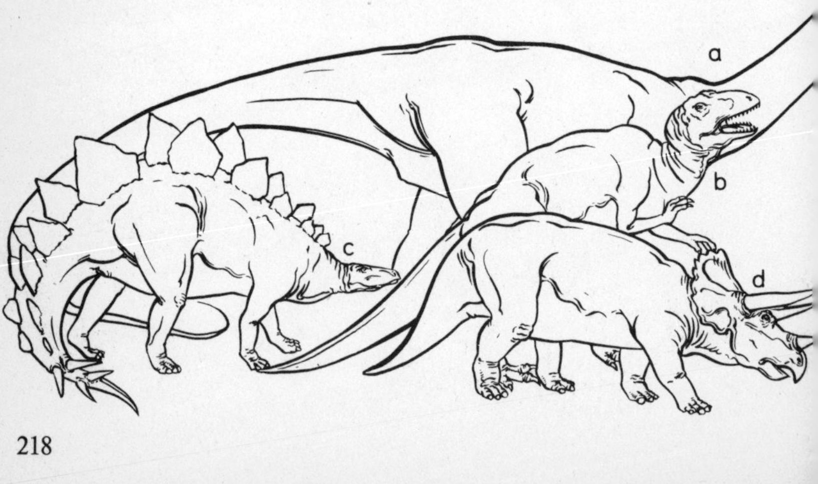

Ende des Sommers wurden beide Fundstellen durch Como Bluff in den Schatten gestellt, wo mächtige fossile Knochen über 12 km hinweg angehäuft lagen. Hier verbrachten Marshs Leute Jahre, um Dinosaurier aus Dutzenden von Steinbrüchen auszugraben, die sie in die Felsen geschlagen hatten, wobei sie Versuche Copes, das gleiche zu tun, abzuwehren versuchten. Beide Teams erzielten erstaunliche Erfolge. Sie gruben riesige Skelette von Sauropoden wie des *Apatosaurus (Brontosaurus)*, *Barosaurus*, *Camarasaurus* und *Diplodocus* aus. Sie fanden den kleinen Jäger *Coelurus* und den großen Carnosaurier *Allosaurus*. Sie entdeckten Überreste des *Stegosaurus*, des ersten bekannten Plattendinosauriers, und vogelhüftige Zweibeiner wie den *Camptosaurus* und den *Nanosaurus*, der nicht größer als eine Katze war. Vor der Fossilsuche von Marsh und Cope waren nur neun Dinosaurierarten aus Nordamerika bekannt. Sie fügten 136 hinzu (Marsh 80 und Cope 56).

Edward Drinker Cope (1840–1897) rivalisierte mit Marsh bei der Entdeckung fossiler Dinosaurier in den USA des 19. Jahrhunderts. Die meisten der von ihm beschriebenen Dinosaurier haben sich als bereits bekannte Arten herausgestellt. Die bekanntesten von ihm benannten Gattungen sind:
e) *Camarasaurus*
f) *Monoclonius*
g) *Coelophysis*

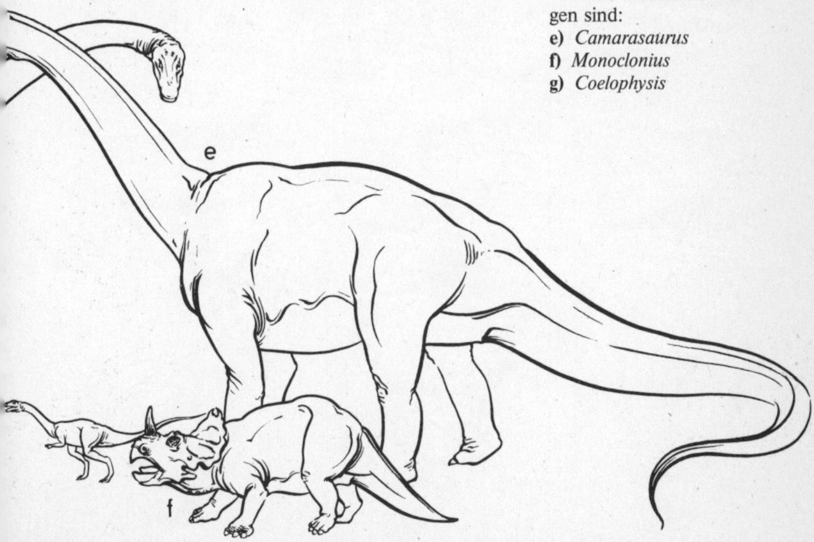

Weitere Funde in Nordamerika

Sammler, die für Museen arbeiteten, haben den Entdeckungen von Marsh und Cope im späten Jura Wichtiges hinzugefügt. In Wyoming fand ein Team des American Museum of Natural History 1903 Tonnen von Fossilien an Fundstellen wie Bone Cabin Quarry, benannt nach einer Schäferhütte, die aus fossilen Knochen gebaut war. 1909 grub Earl Douglas, der für das Carnegie Museum in Pittsburgh arbeitete, eine ganze Menagerie von Jura-Dinosauriern bei Vernal/Utah aus.
Die Vereinigten Staaten erwiesen sich aber auch reich an Dinosauriern aus anderen Zeiten. Reste des kleinen Fleischfressers *Coelophysis* stammen aus Gesteinen der späten Trias von New Mexico und Connecticut. Vermutlich gaben die Trias-Gesteine des Connecticut-Tales auch fossile Knochen und Spuren von Prosauropoden frei. Aber Paul Olsen von der Yale University und Peter Galton von der Bridgeport University haben behauptet, daß viele der Dinosaurier aus der »Trias« Connecticuts und Südafrikas vor 190 Millionen Jahren lebten, also kurz nach der Trias. Falls dies so ist, füllt dies eine Wissenslücke über die Dinosaurier des frühen Jura.

Das mesozoische Nordamerika Drei Karten zeigen Gebiete mit anstehenden mesozoischen Gesteinen. Die darüber abgebildeten Dinosaurier lebten bei der Entstehung dieser Gesteine. Einige Gesteine bildeten sich im Meer und enthalten keine Dinosaurierknochen; einige Gesteinsvorkommen sind für eine Darstellung zu klein.

A) Trias (einige Gesteine mögen zum Jura gehören)
a) *Coelophysis*
b) *Anchisaurus*

B) Jura
a) *Allosaurus*
b) *Diplodocus*
c) *Stegosaurus*

C) Kreide
a) *Tyrannosaurus*
b) *Parasaurolophus*
c) *Triceratops*

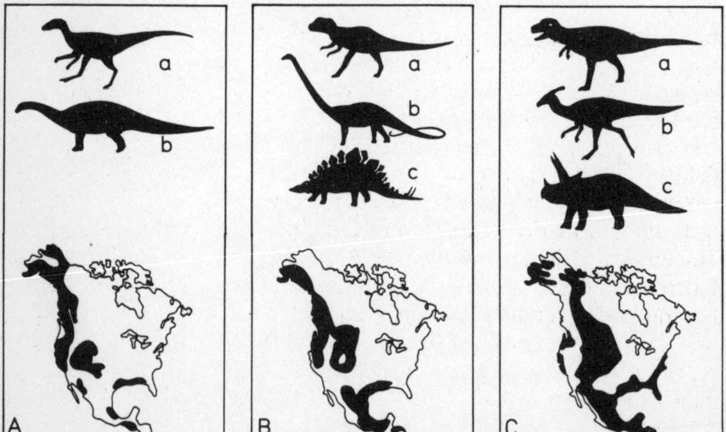

Seit der Mitte der 60er Jahre haben John Ostrom, Peter Galton und andere Forscher Dinosaurier aus der frühen und späten Kreide beschrieben. Wir wissen heute, daß der Westen die Heimat vieler Entenschnäbel, Horndinosaurier und Raubdinosaurier mit nahen Verwandten in Zentralasien war. Um 1900 kamen die aufregendsten Dinosaurierfunde aus den Vereinigten Staaten. Bald begann jedoch ein Fossil-»Goldrausch« in Canada. Sein Ziel waren die Skelette Hunderter von Tieren, die vor 76–65 Millionen Jahren in Gebieten lebten, die damals warme, bewaldete und sumpfige Ebenen zwischen den wachsenden Rocky Mountains und einem Binnenmeer waren.

1889 hatte der Geologe Thomas Chesmer Weston in den Felsen über dem Red Deer River im heutigen Alberta fossile Knochen gesammelt. Dann, 1910, hatte das American Museum of Natural History den Fossilsucher Barnum Brown bezahlt, bei einer Fahrt auf diesem Fluß Knochen in einem flachbodigen Boot zu sammeln. Um nicht durch die Amerikaner in den Schatten gestellt zu werden, sandte der Geological Survey of Canada die erfahrene Sternbergfamilie ebenfalls dort auf die Suche. Glücklicherweise enthielten die Felsen des Red Deer River genügend Knochen für beide Teams.

In jüngerer Zeit kamen viele Funde aus dem Dinosaur Provincial Park - eine Folge von steilen Hügeln und Tälern, die einen Abschnitt des Red Deer Rivers in Alberta schneidet. In den späten 70er und in den frühen 80er Jahren fanden die Paläontologen so reiche Fossillager, daß sie kaum einen Schritt tun konnten, ohne über die Knochen von Herden von Horndinosauriern, wie dem *Centrosaurus*, zu stolpern. Noch größere Entdeckungen könnten weiter im Norden gemacht werden. Dort finden sich Blätter aus der frühen Kreide, die durch Albertas Ölsande erhalten (nicht fossilifiziert!) sind.

Fundstellen in Nordamerika
Diese Karten zeigen, wo fossile Dinosaurier gefunden wurden. Die Symbole stehen für Perioden. Wichtige Fundorte sind:

1. Connecticut Valley
2. Ghost Ranch, New Mexico
3. Como Bluff, Wyoming
4. Canyon City, Colorado
5. Dinosaur National Monument, Utah und Colorado
6. Hell Creck, Montana
7. Red Deer River, Alberta

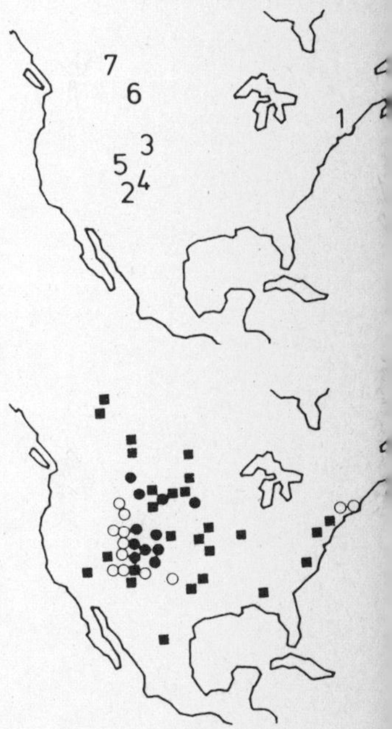

○ Trias
● Jura
■ Kreide

Funde in Europa

Das mesozoische Europa
Drei Karten zeigen die in den drei Perioden des Mesozoikums gebildeten, heute anstehenden Gesteine. Die Dinosaurier über den Karten lebten zur Zeit der Gesteinsbildung. Einige Gesteinsvorkommen sind für eine Abbildung zu klein, und einige marine Ablagerungen enthalten keine Dinosaurierknochen.

A) Trias
a) *Procompsognathus*
b) *Plateosaurus*
c) *Teratosaurus*

B) Jura
a) *Compsognathus*
b) *Scelidosaurus*
c) *Cetiosaurus*

C) Kreide
a) *Megalosaurus*
b) *Hypsilophodon*
c) *Iguanodon*

Seit man die ersten Dinosaurier in England fand (s. S. 218/219), haben Fossilsucher die mesozoischen Gesteine Europas mehrfach durchsucht. Die Gesteine Südwestdeutschlands gaben einige der frühesten Dinosaurier der Welt frei. 1837 hatte der Paläontologe Hermann von Meyer bereits den *Plateosaurus* beschrieben - einen großen Prosauropoden, der vor mehr als 200 Millionen Jahren in der Trias Deutschlands lebte. 1921 machte Friedrich von Huene die ersten Funde von Tausenden von *Plateosaurus*-Knochen in einem Steinbruch bei Trossingen. Die Dinosaurier starben offensichtlich bei einem langen Marsch durch die Wüste auf der Suche nach Futter. In Süddeutschland bewahrten die feinkörnigen Jurakalke die Abdrücke von Federn des »Vogeldinosauriers« *Archaeopteryx*, der 1860 zum ersten Mal gefunden wurde. In Südengland fanden sich möglicherweise mehr Dinosaurierarten der frühen Kreide als sonst in der Welt. Vieles, was wir über diese Periode wissen, wissen wir von Fossilfunden auf der Isle of Wight oder den nahen Regionen des Weald.

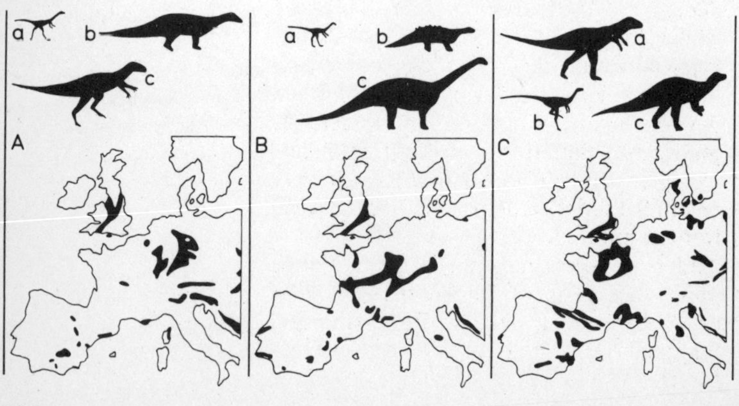

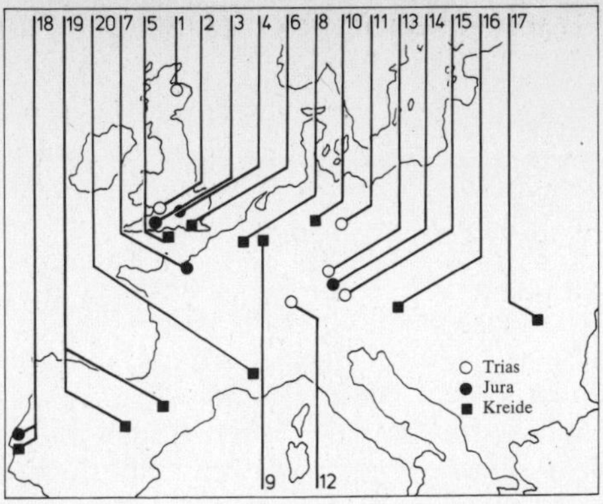

Fundorte in Europa
Die Karte zeigt ausgewählte Fundstellen und Gebiete, wo Dinosaurier gefunden wurden. Die Symbole stehen für Perioden.

1. Elgin, Schottland
2. Bristol, England
3. Charmouth, England
4. Oxfordshire, England
5. Isle of Wight, England
6. Weald, England
7. Caen und Dives, Frankreich
8. Bernissart, Belgien
9. Maastricht, Niederlande
10. Bückeberg, Bundesrepublik
11. Halberstadt, Bundesrepublik
12. Trossingen, Bundesrepublik
13. Heroldsberg, Bundesrepublik
14. Solnhofen, Bundesrepublik
15. Pfaffenhofen, Bundesrepublik
16. Östliches Österreich
17. Rumänien
18. Westliches Zentralportugal
19. Nordostspanien
20. Provence, Frankreich

Die Gesteine dieses Gebietes enthalten die Reste von Vogelhüften-Dinosauriern wie dem schwerfälligen *Iguanodon*; dem kleinen *Hypsilophodon*; des *Yaverlandia* (des ersten bekannten Knochenschädels) und des Panzerdinosauriers *Hylaeosaurus*. Hier lebten auch der große, wilde *Megalosaurus* und Sauropoden wie der mächtige *Pelorosaurus*. Alle lebten offensichtlich in einem sumpfigen Delta, das sich bis Frankreich und Belgien erstreckte. So machten 1878 belgische Bergarbeiter, die 322 m unter der Erde arbeiteten, Europas spektakulärste Entdeckung: die Skelette von 31 *Iguanodons,* die in eine Schlucht gefallen waren.

Vielleicht die interessantesten Funde aus Frankreich sind die großen fossilen Eier, die in der Provence ausgegraben wurden. Seit den 60er Jahren des letzten Jahrhunderts hat man ganze Batterien von Eiern gefunden, die offensichtlich von dem *Hypselosaurus*, einem Sauropoden der späten Kreide gelegt worden waren.

Andere interessante europäische Funde umfassen die Dinosaurier der späten Kreide, die in Österreich, Ungarn, Rumänien und Südfrankreich lebten, damals eine Kette von Inseln.

Dinosaurier aus Zentralasien

Früher zogen nur nomadische Schafhirten durch die Weiten Zentralasiens. Zu den härtesten Regionen gehört die Wüste Gobi, die im Sommer von der Sonne verbrannt und im Winter von eisigen Winden gepeitscht wird. Aber seit den 20er Jahren ziehen ihre weglosen Felsen- und Sandwüsten die Fossilsucher wie ein Magnet an, und das mit gutem Grund. Die großen Inlandbecken der südlichen Mongolei gehören zu den reichsten Knochenlagern. Die ernsthafte Erforschung begann 1922, als Roy Chapman Andrews die erste von fünf Expeditionen für das American Museum of Natural History dorthin führte. Die Wissenschaftler fuhren viele hundert Kilometer in klapprigen Fahrzeugen, während bis zu 125 Kamele ihre Lasten trugen. Die Funde erstaunten die Paläontologen in aller Welt. Am berühmtesten wurden die Eier, Nester und fossilen Knochen des frühen Horndinosauriers *Protoceratops*, die bei Byayn-Dzaks roten Sandsteinen, den »Flammenden Felsen« entdeckt wurden. Es gab auch kleine fleischfressende Dinosaurier: *Oviraptor*, *Velociraptor* und *Saurornithoides*.

Das mesozoische Asien
Drei Karten zeigen die freiliegenden mesozoischen Gesteine des größten Teils von Asien und dem benachbarten Europa. Die Dinosaurier über der Karte lebten, als die Gesteine entstanden, die dort eingetragen sind. Einige untermeerisch entstandene Gesteine enthalten keine Dinosaurierfossilien, und einige Vorkommen sind für die Abbildung zu klein. Fast alle in diesem riesigen Gebiet gefundenen Dinosaurier stammen aus den Kreidegesteinen Zentralasiens (siehe Karten auf S. 225).

A) Trias
B) Jura
C) Kreide
a) *Tarchia*
b) *Saurolophus*
c) *Oviraptor*

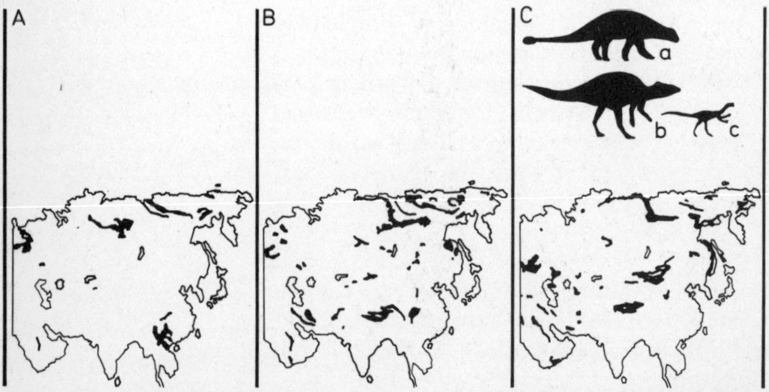

Seit dem Zweiten Weltkrieg haben Russen, Polen und Mongolen weit mehr gefunden. In den späten 40er Jahren führte Professor Efremov drei russische Expeditionen. Im Nemegt-Becken fanden sie vermutlich die weltweit reichsten Funde von Dinosauriern der späten Kreide: große Carnosaurier, Sauropoden, Entenschnäbel und Panzerdinosaurier, die vor 70 Millionen Jahren zu Tausenden den Fluten zum Opfer fielen. Die Sammler füllten 460 Körbe mit Fossilien von Tieren wie dem *Saurolophus* und dem *Tarbosaurus.* In den 60er Jahren fanden polnisch-mongolische Expeditionen unter Zofia Kielan-Jaworowska neue Wunder wie das riesige kopflose Skelett des *Opisthocoelicaudia,* die erstaunlichen Arme des *Deinocheirus* und die Schädel der Knochenschädel. In den 80er Jahren hatten die Sammler Dutzende »neuer« Dinosaurier in der Mongolei, in der nahen Sowjetunion und im chinesischen Zentralasien gefunden. Diese Funde warfen ein Licht darauf, wie sich einige Gruppen der Dinosaurier entwickelten.

Funde in der Mongolei
Die kleine Karte oben zeigt die Lage der Mongolei, dem Land mit den meisten Dinosaurieifunden Zentralasiens. Die größere Karte links zeigt die wichtigsten Fundorte und Gebiete in der Mongolei.

1. Dzerguen-Becken
2. Beguer-Nür
3. Nemegt-Becken
4. Orog Nür
5. Chirguin-Gachuon
6. Ochi-Noarov
7. Bayn-Dzak
8. Olgoi-Ulan-Tsab
9. *Ergull Ubo*
10. *Bayn-Chiré*
11. Khara-Khutul-Ula

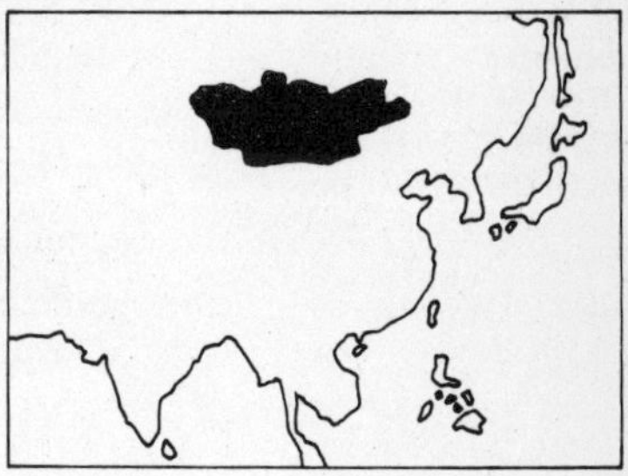

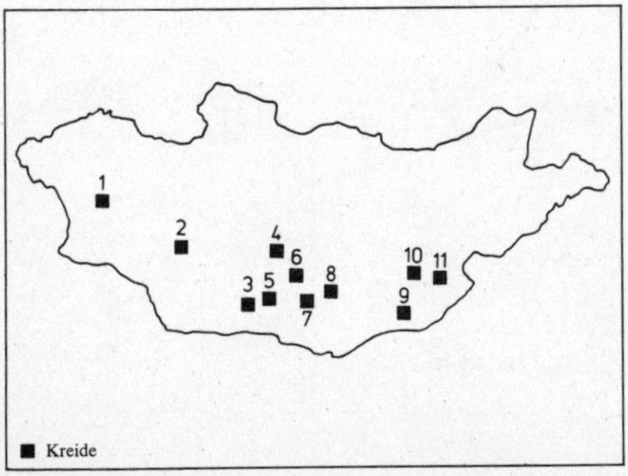

Fossilfunde in China

Das mesozoische China
Drei Karten zeigen freiliegende mesozoische Gesteine in China. Die darüber abgebildeten Dinosaurier lebten zu der Zeit, als sich die Gesteine bildeten. Einige untermeerisch entstandene Gesteine enthalten keine fossilen Dinosaurierknochen, und einige Gesteinsvorkommen sind für eine Abbildung zu klein.

A) Trias (einige Gesteine mögen aus dem Jura stammen)
a) *Lukousaurus*
b) *Lufengosaurus*
c) *Chinshakiangosaurus*

B) Jura
a) *Tuojiangosaurus*
b) *Yangchuanosaurus*
c) *Mamenchisaurus*

C) Kreide
a) *Tsintaosaurus*
b) *Tyrannosaurus*
c) *Asiatosaurus*

Vor dem 20. Jahrhundert wurde aus China kein Dinosaurierfund berichtet. Aber 1981 konnte der Paläontologe Dong Zhi-ming Fossilfunde aus allen Provinzen, bis auf eine, anführen. Der erste fossile Dinosaurier, der in China entdeckt wurde, war der *Mandschurosaurus*, ein Entenschnabel, der 1902 im Norden der Mandschurei ausgegraben wurde.
Nach Rußland gebracht, schmückt er jetzt ein Museum in Leningrad.
Zwanzig Jahre nach dieser Entdeckung fanden Sammler einen fossilen *Euhelopus* in der östlichen Provinz Shantung (dieser Sauropode ist heute in der schwedischen Universität von Uppsala zu sehen). 1939 fand Professor Young Chung Chien bei Lufeng, einer Stadt im südlichen Zentralchina, eine Menge früher Dinosaurier. Der Prosauropode *Lufengosaurus* und andere dort gefundene Dinosaurier mögen aus der Trias stammen und vielleicht 200 Millionen Jahre alt sein. Einige Dinosaurier aus China waren besonders interessant.
1950 wurde in der Shantung-Provinz der

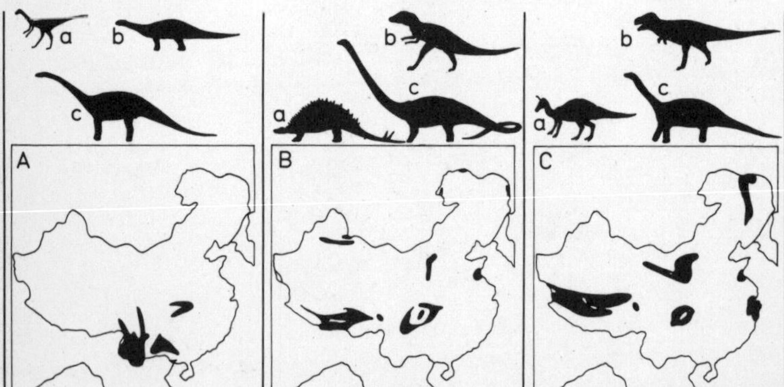

Tsintaosaurus, ein Entenschnabel mit einem Horn, der an das Einhorn erinnerte, gefunden. In den 70er Jahren kam dazu der *Shantungosaurus*, vielleicht der größte Entenschnabel überhaupt.

Vermutlich ist keine Provinz so reich an Dinosaurierfunden wie Szechuan: 1956 fand man dort den *Mamenchisaurus*, einen unglaublich langhalsigen Sauropoden. Viele Fossilien fand man von 1979 bis 1981 im Zigong-Gebiet, das chinesische Zeitungen als »Jura-Friedhof« bezeichneten, der mit den Resten einer Vielfalt von Dinosauriern vollgepackt war, die vor 150 Millionen Jahren gestorben waren.

Aus Zigong kamen Skelette des *Omeisaurus*, des *Szechuanosaurus* und des *Tuojiangosaurus*, des besterhaltenen Plattendinosauriers aus Asien.

Unterdessen fanden 1976 Straßenarbeiter in Tibet Dinosaurierfossilien in 4200 Meter Höhe, wohin die Gesteine mit den Sauropoden-Fossilien aufgetürmt wurden, als Indiens Landmasse mit dem Rest Asiens zusammenstieß. In der Mitte der 70er Jahre stammte ein Viertel aller bekannten Dinosaurier aus China und anderen asiatischen Staaten.

Wichtige Fundorte in China
Die Karte zeigt wichtige Dinosaurierfundstellen in China. Drei Symbole stehen für die verschiedenen Perioden des Mesozoikums. Einige zeigen einzelne Funde, andere ganze Fossillagerstätten. Zu den wichtigsten Gebieten gehören:

1. Mandschurei
2. Shantung
3. Szechuan
4. Yünnan
5. Tibet
6. Innere Mongolei
7. Kansu
8. Sinkiang

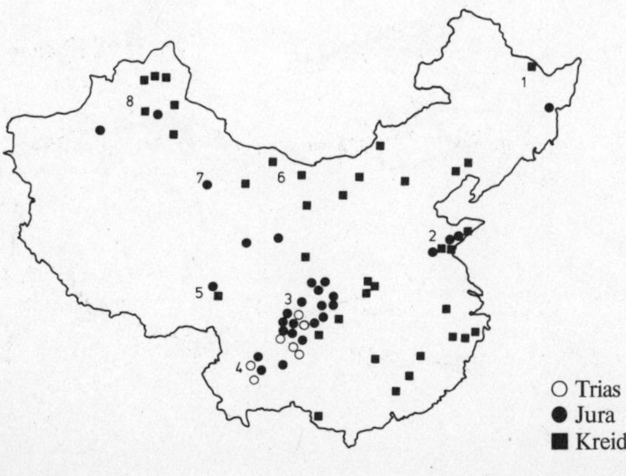

Entdeckungen in Südamerika

Das mesozoische Südamerika
Drei Karten zeigen die freiliegenden mesozoischen Gesteine Südamerikas. Die über jeder Karte abgebildeten Dinosaurier lebten in der Zeit, als die Gesteine gebildet wurden. Einige untermeerisch entstandene Gesteine enthalten keine fossilen Dinosaurierknochen, und einige Gesteinsvorkommen sind für die Abbildung zu klein.

A) Trias
a) *Staurikosaurus*
b) *Pisanosaurus*

B) Jura
a) *Amygdalodon*
b) *Piatnitzkysaurus*

C) Kreide
a) *Saltasaurus*
b) *Noasaurus*
c) *Secernosaurus*

Südamerikanische Fossilsucher waren vor allem in Südbrasilien und im westlichen und südlichen Argentinien tätig, vor allem in Patagoniens Grasländern und Halbwüsten. Der erste südamerikanische Dinosaurierfund wurde 1882 in Argentinien gemacht. Bald wurde die wissenschaftliche Untersuchung von den Ameghino-Brüdern geführt: Carlos sammelte, und Florentino beschrieb die Funde.

In den 20er Jahren waren die Lagerräume des Museums von La Plata mit Knochen aus verschiedenen Teilen Argentiniens gefüllt. Viele kamen von großen Sauropoden und anderen Dinosauriern, die am Ende des Dinosaurier-Zeitalters ein niedriges, heißes Land mit Seen und Flüssen, in denen Lungenfische, Krokodile und Schildkröten schwammen, bewohnt hatten.

In den späten 20er Jahren gab es auch Hinweise auf sehr frühe Dinosaurier in Südamerika. Der Deutsche Friedrich von Huene fand vermutliche Prosauropoden-Reste, als er Spalten in Triasgesteinen bei Santa Maria

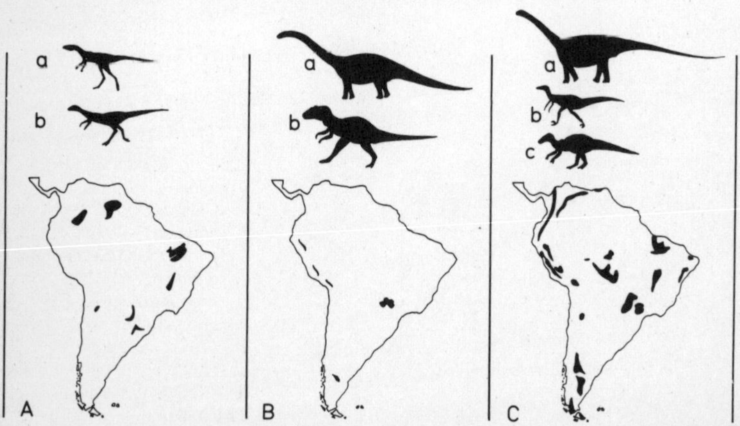

in Südbrasilien untersuchte. Dort fand man später den *Staurikosaurus*, einen der allerersten Dinosaurier; in Rioja in Nordwestargentinien fand man den *Pisanosaurus*, den vielleicht ersten aller bekannten Vogelhüften-Dinosaurier. 1979 schloß José Bonaparte aus Argentinien mit der Beschreibung von Jura-Dinosauriern aus Patagonien eine Lücke.

Ein großer *Allosaurus*-ähnlicher Fleischfresser und zwei Sauropodenarten waren mit anderswo gefundenen Arten verwandt. Ihre Entdeckung bewies, daß Dinosaurier in der Jurazeit zwischen Südamerika und den anderen Kontinenten wandern konnten.

In den 80er Jahren umfaßten die etwa 30 bekannten Gattungen südamerikanischer Dinosaurier auch drei Überraschungen: *gepanzerte* Sauropoden; Entenschnäbel, die bisher in der südlichen Atmosphäre unbekannt waren; und den *Noasaurus*, einen kleinen Jäger mit einer großen, seltsam aussehenden »schalterartigen« Zehenklaue.

Vielleicht gibt es noch Überraschungen, da sich Südamerika als das Gebiet erweisen könnte, in dem die Dinosaurier vor langer Zeit entstanden sind.

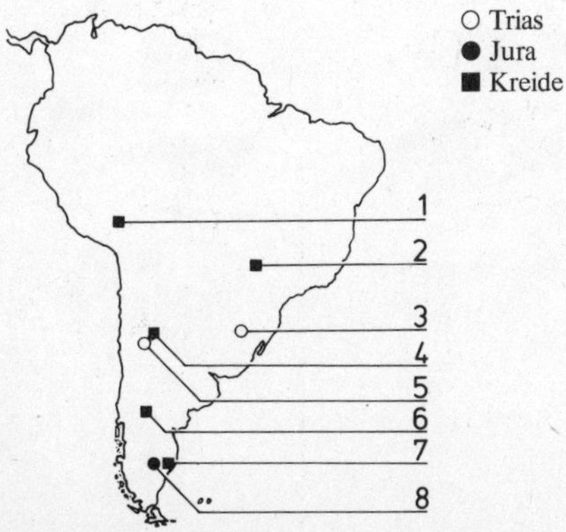

Fundstellen in Südamerika
Die Karte zeigt ausgewählte Fundstellen von Dinosauriern in Südamerika. Die Symbole stehen für die verschiedenen Perioden. Einige zeigen einzelne Funde, die meisten aber ganze Fossillagerstätten. Die numerierten Gebiete sind:

1. Laguna Umayo, Peru
2. Bauru-Formation, Brasilien
3. Santa-Maria-Formation, Brasilien
4. Andenbecken, Argentinien
5. Ischigualasto-Formation, Argentinien
6. Neuquen-Becken, Argentinien
7. Chubut-Provinz, Argentinien
8. Chubut-Provinz, Argentinien

Fossilfunde in Afrika

Das mesozoische Afrika
Drei Karten zeigen freiliegende mesozoische Gesteine in Afrika. Die über jeder Karte abgebildeten Dinosaurier lebten zu der Zeit, als diese Gesteine entstanden. Einige untermeerisch gebildete Gesteine enthalten keine fossilen Dinosaurierknochen, und bestimmte Gesteinsvorkommen sind für eine Abbildung zu klein.

A) Trias (einige Gesteine mögen zum Jura gehören)
a) *Euskelosaurus*
b) *Syntarsus*
c) *Lesothosaurus*

B) Jura
a) *Dryosaurus*
b) *Kentrosaurus*
c) *Brachiosaurus*

C) Kreide
a) *Spinosaurus*
b) *Aegyptosaurus*
c) *Ouranosaurus*

Afrika, der Kontinent, in dem der Mensch entstand, war auch die Heimat vieler früher Dinosaurier. Die Entdeckungen gingen meist von den europäischen Kolonialmächten aus. 1866 beschrieben britische Wissenschaftler den *Massospondylus* und den *Euskelosaurus*, Prosauropoden aus dem heutigen Südafrika.
In den ersten Jahren des 20. Jahrhunderts machte Robert Broom, ein schottischer Arzt, mehr Entdeckungen, als er in der Kleidung eines städtischen Geschäftsmanns durch Südafrikas wildes Hinterland reiste. Später kamen »Fuzz« Crompton, Alan Charig und andere.
Einige suchten in Lesotho. Dessen Jura- und Triasschichten sind die obersten Lager von vielen großen Felsschüsseln, die das Karroo-Becken bilden, das den größten Teil Südafrikas bedeckt.
Aus Lesothos Gesteinen stammen die zerbrechlichen Fossilien kleiner, beweglicher Dinosaurier wie des *Lesothosaurus* - von Tieren, die den Vorfahren aller Vogelhüften-Dinosaurier nahestanden. Anderswo haben

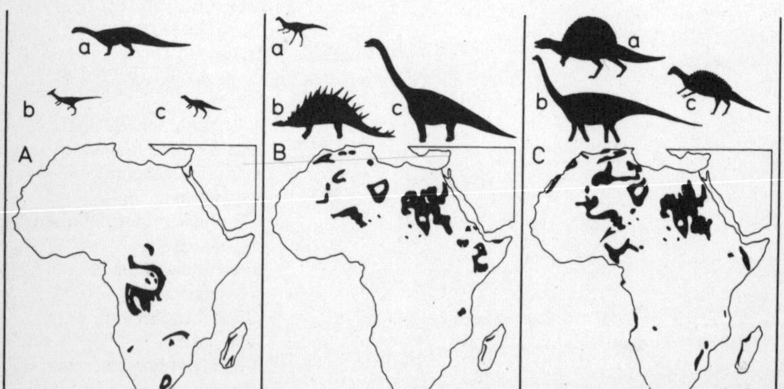

französische Wissenschaftler wie Albert de Lapparent und Philippe Taquet Dinosaurier untersucht, die einst die Gebiete der heutigen Sahara, des Atlasgebirges und Marokkos durchzogen.
Auch das heutige Madagaskar war französisches Forschungsgebiet.
Afrikas reichste Funde fossiler Dinosaurier wurden in Tandaguru Hill, heute in Tansania, gemacht. Von 1909 bis 1912 bezahlten deutsche Expeditionen, die von Werner Janensch geführt wurden, bis zu 500 Afrikaner für die Ausgrabung von Gruben, die viele tausend Knochen bargen. Diese gehörten zu mächtigen Sauropoden wie dem *Brachiosaurus* und dem *Dicraeosaurus*, dem Plattendinosaurier *Kentrosaurus* und kleineren Dinosauriern. Viele waren Verwandte der bereits in Nordamerika bekannten Dinosaurier aus dem späten Jura. Die Dinosaurier lebten und starben offensichtlich nahe einer Flußmündung. Die Fluten könnte sie hinabgerissen und auf Sandbänke gespült haben, wo ihre Knochen erhalten wurden.
Insgesamt wurden damals 1000 Kisten mit 250 Tonnen von Fossilien nach Deutschland verschifft.

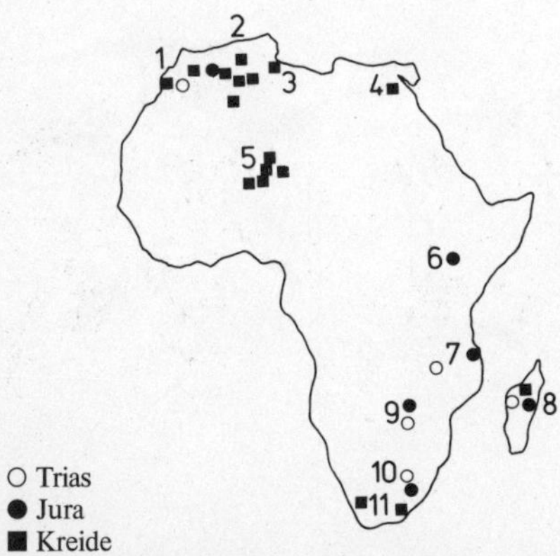

Ausgewählte Funde in Afrika
Die Nummern stehen für Staaten, in deren mesozoischen Gesteinen fossile Dinosaurier gefunden wurden. Drei Symbole stehen für die Perioden des Mesozoikums. (Einige Triasfunde mögen dem Jura zuzuordnen sein.)

1. Marokko (vorwiegend im Atlas)
2. Algerien (Atlas und Sahara)
3. Tunesien (Sahara)
4. Ägypten (Sahara)
5. Niger (Sahara)
6. Kenia
7. Tansania (Jura-Funde in Tendaguru)
8. Madagaskar
9. Zimbabwe
10. Lesotho (Stormberg-Formation)
11. Südafrika (Stormberg- und andere Formationen)

Dinosaurier aus Indien

Am Anfang des Zeitalters der Dinosaurier gehörte der indische Subkontinent zum südlichen Superkontinent Gondwana. Später trennte er sich von Afrika und der Antarktis und bildete eine große Insel, die auf Asien zudriftete. Wann diese »Fahrt« begann und wann sie endete, ist ein Geheimnis, zu dessen Lösung fossile Dinosaurier beitragen könnten, da sich Tiere auf einer Insel anders entwickeln.

Die Fossilfunde lassen vermuten, daß Indiens große Reise nicht im frühen Zeitalter der Dinosaurier begann. Dies wurde deutlich, als 1960 bei Kota in Zentralindien die Knochen eines großen, unbekannten Sauropoden gefunden wurden. Der *Barapasaurus,* wie das Tier später genannt wurde, hatte einen eigenartig primitiven Körper und gehört zu den zuerst gefundenen Sauropoden. Dieser Fund zeigt, daß Indien vor dem Auftreten der Sauropoden im frühen Jura noch nicht abgetrennt war.

Eine große zeitliche Lücke trennt den *Barapasaurus* von den meisten anderen Dinosauriern, die in Indien gefunden wurden. Deren

Das mesozoische Indien
Drei Karten zeigen die wichtigsten Gebiete freiliegender mesozoischer Gesteine in Indien. Die Dinosaurier über den Karten lebten, als die Gesteine entstanden. Einige untermeerisch gebildete Gesteine enthalten keine Dinosaurierfossilien, und einige Gesteinsvorkommen sind für eine Abbildung zu klein.

A) Trias

B) Jura
a) *Barapasaurus*

C) Kreide
a) *Antarctosaurus*
b) *Indosuchus*
c) *Jubbulpuria*

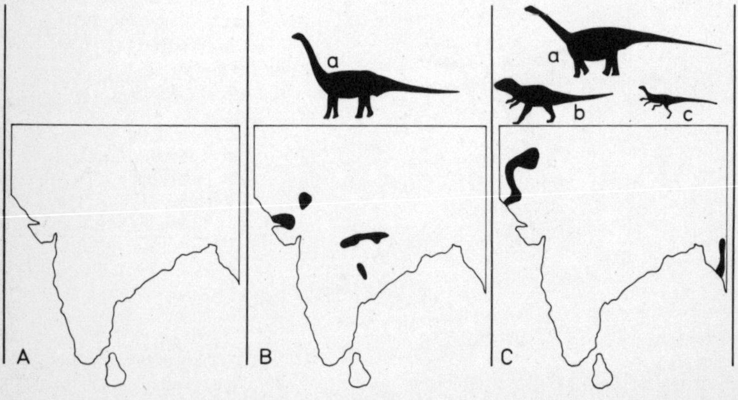

Knochen stammen hauptsächlich aus Gesteinen der späten Kreide, die vor langer Zeit von Lava überflossen wurde, deren Decken heute den größten Teil Zentralindiens überziehen. Flußtäler, die in die Lava eingeschnitten sind, legten die fossilführenden Schichten frei.

Schon 1860 wurden dort fossile Dinosaurier der späten Kreide gefunden. 1920 hatte man die Reste von Fleischfressern wie dem *Indosuchus*, von Coelurosauriern, Sauropoden und Panzerdinosauriern ausgegraben.

Seit 1860 wurden auch in den Gesteinen Südindiens Dinosaurier der späten Kreide gefunden. Von dort kommen die Reste eines massigen Megalosauriden, massive Schenkelknochen von Titanosauriden und der *Dravidosaurus*, ein Plattendinosaurier, der alle anderen Mitglieder seiner Familie lange überlebte. Möglicherweise konnten Reptilien, die anderswo für die Vernichtung der Stegosauriden verantwortlich waren, nicht auf die Insel Indien gelangen. Gegen diese »Inseltheorie« sprechen aber die Funde annähernd identischer Sauropoden der späten Kreide in Indien und Südamerika. Wie sollten diese so weit voneinander auftreten, wenn Indien damals noch eine Insel war?

Fundstellen in Indien
Die Karte Indiens (unten links) zeigt ausgewählte Fundstellen von Dinosauriern. Symbole stehen für die Perioden, aus denen die Funde stammen. Einige Symbole bedeuten Einzelfunde, andere ganze Fossillagerstätten.

1. Jabalpur (Lameta-Formation)
2. Pisdura
3. Kota (Kota-Formation)
4. Ariyalur
5. Tiruchirapalli

Die Vergrößerung des Gebietes im Rechteck zeigt die Jura-Fundstellen bei Kota, der Heimat des Sauropoden *Barapasaurus*.

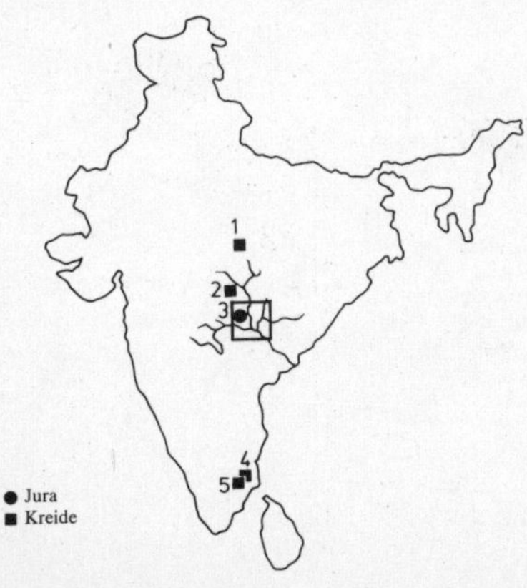

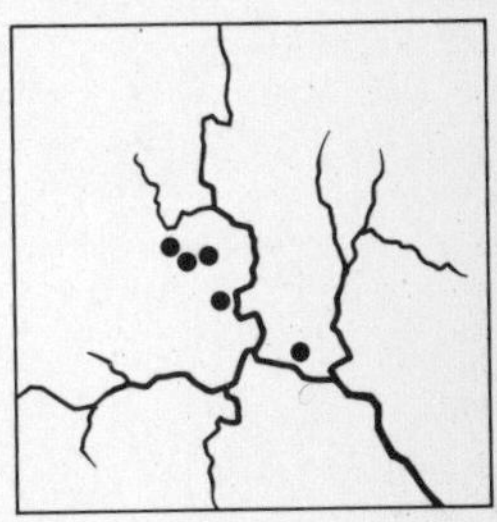

Dinosaurier aus Australasien

Bis vor kurzer Zeit hatte man in Australien nur wenige fossile Dinosaurier gefunden und in Neuseeland keine. Die Funde waren meist Zufallsfunde von Bergleuten und Erzsuchern. In den 80er Jahren begannen jedoch systematische Ausgrabungen.

Unter den frühen Dinosauriern erreichte zumindest eine Art der Prosauropoden Australien, indem sie über die Antarktis von Südamerika, von Afrika oder von Indien kam, als alle diese Länder noch miteinander verbunden waren. Daneben ist auch nur ein Sauropode aus dem Jura beschrieben. Aber man weiß heute, daß in der frühen Kreide eine beträchtliche Zahl von Dinosauriern im östlichen Australien lebte. Viele Knochen fanden sich in den Weiten des heutigen Queensland. Von dort kommen der primitive Sauropode *Austrosaurus*; der riesige Hughenden-Sauropode; der kleine, gepanzerte *Minmi* und der große zweibeinige Ornithischier *Muttaburrasaurus*.

Da das südöstliche Australien in der Kreidezeit nahe dem Südpol lag, dachten einige, daß es für Dinosaurier zu kalt war. Aber in den frühen 80er Jahren haben Fossilsucher

Das mesozoische Australien
Drei Karten von Australien zeigen die Hauptgebiete freiliegender mesozoischer Gesteine. Die über den Karten abgebildeten Dinosaurier lebten, als die Gesteine entstanden. Einige untermeerisch gebildete Gesteine enthalten keine fossilen Dinosaurierknochen, und einige Gesteinsvorkommen sind für eine Abbildung zu klein.

A) Trias
a) *Theocodontosaurus*

B) Jura
a) *Rhoetosaurus*

C) Kreide
a) *Austrosaurus*
b) *Muttaburrasaurus*
c) *Minmi*

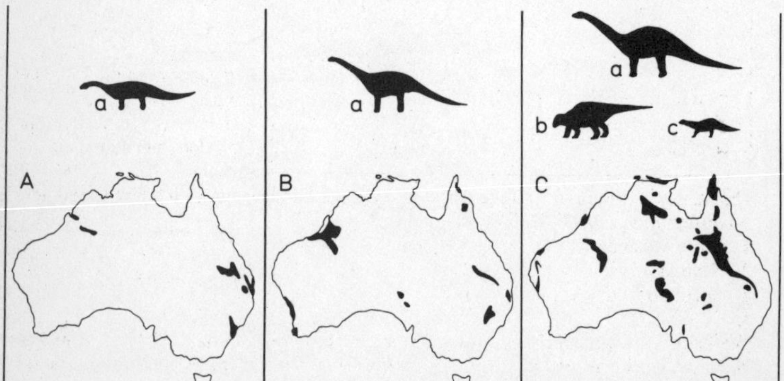

Dutzende von fossilen Knochen in den graugrünen Felsen von Cape Paterson gefunden. Überraschend häufig waren Überreste der »Gazellen« unter den Dinosauriern, der Hypsilophodontiden, und es gab Spuren eines großen Allosauriden. Dieser Fund legt nahe, daß in der Kreide noch Dinosaurier nach Australien kamen.
Das Überleben des »altertümlichen« Sauropoden *Austrosaurus* weist auf eine Grenze hin, die Konkurrenten ausschloß. Dies mag die dreimonatige Polarnacht gewesen sein, die die Route über die Antarktis schloß, bevor Australien eine Insel wurde. Ein überraschender Hinweis auf längst verlorene Verbindungen zwischen Australien und anderen Ländern wurde 1980 entdeckt: In diesem Jahr beschrieb Ralph Molnar vom Queensland Museum den Schwanzknochen eines Theropoden, des ersten in Neuseeland gefundenen Dinosauriers.

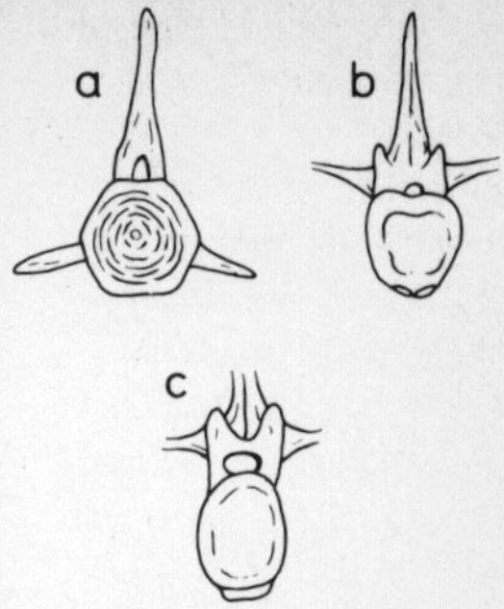

Ein Dinosaurier aus Neuseeland
Gezeigt werden die Hintenansichten der Schwanzknochen von drei mesozoischen Tieren.
a) Mosasaurier (eine Meeresechse)
b) Theropoden-Dinosaurier
c) Tier aus der späten Kreide der Nordinsel von Neuseeland.
(c) erinnert an (b), aber nicht an (a) oder einen anderen mesozoischen Knochen mit Ausnahme den eines Omithopoden-Dinosauriers. Vielleicht stammt der Knochen von einem Theropoden-Dinosaurier (Fleischfresser), der 4 m lang war und fast eine halbe Tonne wog. (Abbildungen nach Molnar.)

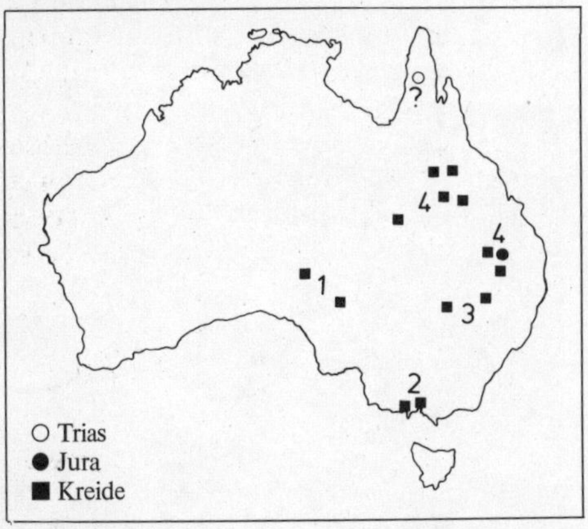

Fundstellen in Australien (links)
Die Karte zeigt die Fundstellen fossiler Dinosaurier. Die Symbole stehen für die Perioden, aus denen sie stammen. Die meisten stellen Einzelfunde dar, einige wenige Fossillagerstätten. Die Staaten der Dinosaurierfunde sind:
1. South Australia
2. Victoria
3. New South Wales
4. Queensland
Die Lage des wichtigen Fundortes aus dem nördlichen Queensland ist heute unbekannt. Nicht auf der Karte sind die fossilen Dinosaurierspuren in Queensland und Westaustralien.

Es gibt keine lebenden Dinosaurier zu sehen (außer die Vögel sind wirklich Dinosaurier); aber Dutzende von Museen stellen Dinosaurierskelette und Modelle, fossile Eier, Fußspuren und Darstellungen des Lebens in mesozoischer Zeit aus. Am Anfang des Kapitels wird beschrieben, wie fossile Skelette rekonstruiert werden. Die folgenden Seiten listen die besten Dinosaurier-Ausstellungen der Welt auf und erwähnen viele weitere. Einige dieser Museen sind nicht ständig geöffnet, und viele Fossilien werden nicht ausgestellt, sondern für wissenschaftliche Untersuchungen aufbewahrt.

Diese ersten lebensgroßcn Rekonstruktionen von Dinosauriern entstanden 1853 im Studio des britischen Bildhauers Benjamin Waterhouse Hawkins. Sein Gipsmodell eines *Iguanodons* (das große Tier in der Mitte) steht im Crystal Palace Park in London. Illustration aus *London Illustrated News,* 1853.

Kapitel 6

Ausstellungen von Dinosauriern

Die Reinigung und Restaurierung von Fossilien

Oft erhält ein Museum zerbrochene Dinosaurierknochen in einer Gesteinsmasse und soll diese freilegen und zusammenstellen. Eine solche Aufgabe kann Monate oder Jahre dauern. Zuerst mögen die Laborarbeiter die Gipsbandagen beseitigen, mit denen der Fossilsucher seinen Fund gesichert hat. Dann müssen schwache Bereiche der freiliegenden Knochen mit besonderen chemischen Lösungen gehärtet werden. Darauf wird das umgebende Gestein mit Hammer und Meißel abgeschlagen, wobei zuvor die Gesteinsplatte abgepolstert wird, um zu vermeiden, daß die Schläge die Fossilien zerstören.

Bohrer können die Arbeit oft beschleunigen. Die Experten verwenden zum Teil Zahnbohrer mit Diamant-Schneidescheiben, Schleifsteinen und Drahtbürsten. Pneumatische »Kraftgriffel« mit vibrierenden Wolframspitzen fressen sich durch das Gestein wie durch weichen Käse, genau wie es Sandstrahlgebläse

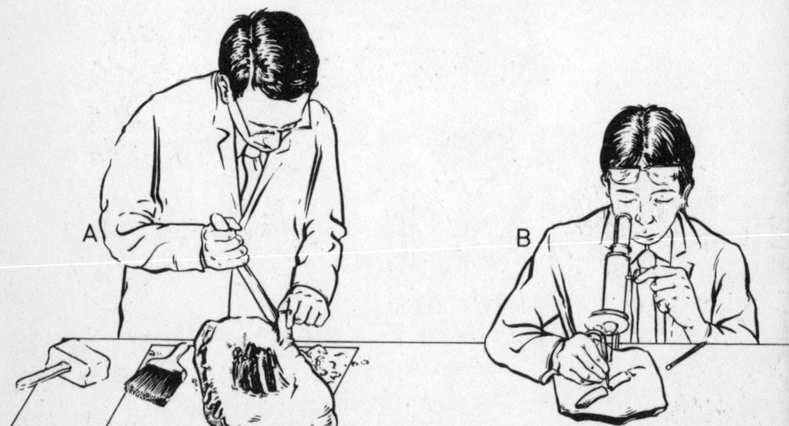

tun. Man kann die fossilen Knochen manchmal auch durch ein Essigsäurebad vom Gestein befreien. Sehr brüchige Schädel werden mit Nadeln gereinigt.
Wenn der größte Teil des Skeletts freigelegt ist, kann man überlegen, wie die Knochen einst verbunden waren. Dann kann das Skelett in einer lebensähnlichen Stellung zusammengebaut werden. Hüftgürtel, Schädel, Rippen, Schenkelknochen, Brustbein, Halsknochen, Rückgrat und Schwanz müssen in einer bestimmten Anordnung aneinandergefügt werden, wobei fehlende Teile durch Kunststoff ergänzt werden. Große Knochen hängen während der Rekonstruktion an Seilen, während ein hölzernes Gerüst gebaut wird, um sie in ihrer Position zu halten. Schließlich werden die verbundenen Knochen mit Metallstäben verstärkt und mit Metallklammern gehalten, so daß das Gerüst weggenommen werden kann. So können Museumsbesucher fast das ganze Skelett sehen.
Oft stellt man auch lebensgroße Kunststoffkopien von Skeletten her. Diese dienen zur Ergänzung anderer Sammlungen.

Im Museumslaboratorium
Vier Laboratoriumsangestellte bereiten Überreste eines Dinosauriers für eine Ausstellung vor:
A) Abschlagen des schützenden Gipses um den fossilen Knochen
B) Reinigung der zerbrechlichen Teile mit einem elektrischen Bohrer
C) Reinigung einer Form, die durch den Abdruck eines fossilen Schädels in Glasfiber entstand
D) Befestigung eines *Hypsolophodon*-Skeletts an schmalen Metallstreben

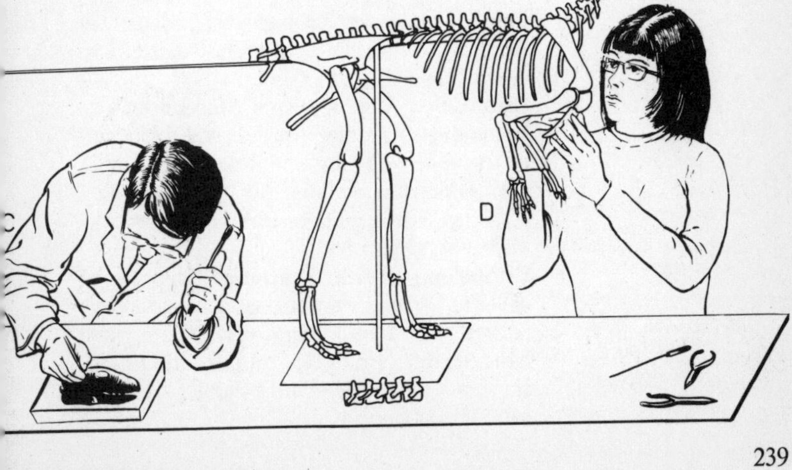

Museen in aller Welt

Viele Museen in aller Welt zeigen Dinosaurierfossilien, -abgüsse oder -modelle. Auf den folgenden sechs Seiten finden sich mehr als 70 Museen mit Ausstellungsstücken zum Zeitalter der Dinosaurier. Viele waren so freundlich, uns mit Informationen zu unterstützen. Die Auflistung erfolgt nach dem Alphabet der Länder und dann der Städte.

ARGENTINIEN

La Plata: Museum der La-Plata-Universität: Vorwiegend in Argentinien gefundene Dinosaurier. Auch ein Schädel des Horndinosauriers *Centrosaurus* und ein Abguß des *Diplodocus.*

AUSTRALIEN

Fortitude Valley, Queensland: Queensland Museum: Gezeigt werden die Reste des Sauropoden *Rhoetosaurus.*

BELGIEN

Brüssel: Königliches Institut der Naturwissenschaften: Der Welt größte und beste Sammlung von *Iguanodon*-Skeletten.

CANADA

Calgary, Alberta: Zoological Gardens: 50 lebensgroße Modelle von Dinosauriern in einem Freilichtpark.

Drumheller, Alberta: Tyrell Museum of Palaeontology: Gezeigt werden seit 1985 eindrucksvolle Fossilien und Rekonstruktionen von Dinosauriern aus der späten Kreide Albertas. Einige Dinosaurier wurden vorübergehend gezeigt.

Edmonton, Alberta: Provincial Museum of Alberta: Gezeigt werden: das unvollständige Skelett eines *Lambeosaurus* (1); lebensgroße Modelle des *Corythosaurus*, der Straußdinosaurier *Struthiomimus* und der Panzerdinosaurier *Ankylosaurus.*

1

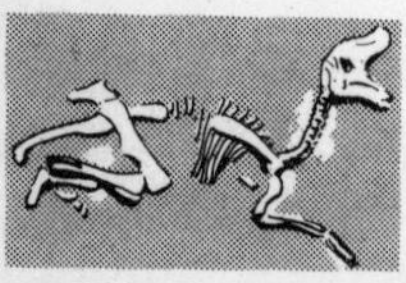

Ottawa, Ontario: National Museum of Natural Sciences: Gezeigt werden Dinosaurier aus der späten Kreide Westcanadas: die besten bekannten Skelette von *Styracosaurus* und *Anchiceratops* sowie der *Leptoceratops*; Der *Triceratops*; die Entenschnäbel *Brachylophosaurus*, *Edmontosaurus* und *Hypacrosaurus*; der *Thescelosaurus*; der *Dromiceiomimus*; der *Daspletosaurus*; eine Schwanzkeule des *Euoplocephalus* und ein Modell des kleinen Theropoden *Stenychosaurus* (2).

2

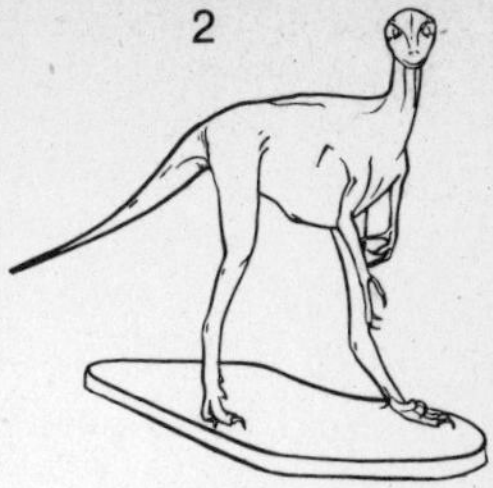

Toronto, Ontario: Royal Ontario Museum: Canadas größtes öffentliches Museum hat eine Dinosauriergalerie von drei Räumen, in der meist freistehende Skelette von 13 Dinosauriern vor natürlichem Hintergrund zu sehen sind. Im Raum 1 ein *Camptosaurus* und zwei *Allosaurus*, die einen *Stegosaurus* angreifen. Im Raum 2 sind ein *Carnosaurier (Albertosaurus)*, die Entenschnäbel *Parasaurolophus*, *Lambeosaurus* und *Corythosaurus*, der Horndinosaurier *Chasmosaurus* und der Straußdinosaurier *Ornithomimus*. Im Raum 3 sind Entenschnäbel: *Edmontosaurus (Anatosaurus)*, *Prosaurolophus* und *Hadrosaurus (Kritosaurus)*.

CHINA

Peking: Naturgeschichtliches Museum: Gezeigt werden fünf Skelette chinesischer Dinosaurier: der Prosauropode *Lufenogosaurus*, der Sauropode *Mamenchisaurus*, der Carnosaurier *Yangchuanosaurus*, der riesige Entenschnabel *Shantungosaurus* (3) und die »Papageienechse« *Psittacosaurus*. Auch einige andere chinesische Museen zeigen Dinosaurier.

3

DEUTSCHLAND

Frankfurt am Main: Senckenberg Museum der Naturgeschichte: Hat fossile Dinosaurier aus Europa, Afrika, Asien und Nordamerika. Gezeigt werden: ein *Diplodocus*; Skelette des *Plateosaurus*; ein mumifizierter Entenschnabel: Europas einziger *Edmontosaurus (Anatosaurus)*; Schädel des *Triceratops*; Schädelabgüsse des *Tyrannosaurus* und *Protoceratops* und ein Skelettabguß des *Iguanodons.* In Zukunft: Skelettabgüsse von *Triceratops* und *Stegosaurus.*

München: Bayerische Landesanstalt für Paläontologie und Historische Geographie: Das Originalskelett des *Compsognathus.*

Stuttgart: Landesmuseum für Naturgeschichte: *Plateosaurus*-Skelette sind ausgestellt. In den Sammlungen: wichtige frühe Dinosaurier aus Deutschland und Dinosaurier aus Tansania.

Tübingen: Institut und Museum für Geologie und Paläontologie: Gezeigt werden Skelette des *Plateosaurus* und des *Kentrosaurus*; Teile eines *Diplodocus* und *Protoceratops*; komplette Abgüsse eines *Coelophysis* und *Hypsilophodon*; Schädelabgüsse des *Tyrannosaurus* und *Iguanodon.*

4

Berlin: Naturgeschichtliches Museum der Humboldt-Universität: Eindrucksvolle Skelette aus dem späten Jura Tansanias: *Dicraeosaurus* und *Brachiosaurus* (das größte aufgestellte Skelett der Welt) (4); der *Elaphrosaurus*; der *Dryosaurus (Dysalotosaurus);* der *Kentrosaurus* und der »Vogeldinosaurier« *Archaeopteryx.*

FRANKREICH

Paris: Nationalmuseum der Naturgeschichte: Fossile Dinosaurier und -abgüsse aus Europa, Afrika, Asien und Nordamerika. Gezeigt werden: Fossilien des *Bothriospondylus* und des *Rebbachisaurus*, des *Mochlodon (Rhabdodon)* und des *Triceratops*; fossile Eier des *Hypselosaurus* und *Protoceratops*; Abgüsse von *Allosaurus*, *Compsognathus*, *Diplodocus*, *Iguanodon* und *Tarbosaurus.*

GROSSBRITANNIEN

Cambridge: Sedgwick Museum, Cambridge University: Teile einiger Dinosaurier aus Großbritanien.

Elgin, Scotland: Elan Museum: Reste von Reptilien des frühen Mesozoikums Schottlands.

Dorchester: Dorchester Museum: Zahlreiche Fußabdrücke.

Glasgow, Scotland: Hunterian Museum: Dinosaurierfußabdrücke und ein *Triceratops*-Schädel.

5

London: British Museum (Natural History): Fossile Dinosaurier und -abgüsse aus Nordamerika, Europa und Zentralasien. Gezeigt werden: *Iguanodon*- und *Hypsilophodon*-Skelette (5) aus Südengland; die fossile Haut eines *Euoplocephalus (Scolosaurus)*; Abgüsse von *Diplodocus* (6), *Gallimimus* und *Triceratops* und *Protoceratops*-Eier. Eine der größten Sammlungen fossiler Dinosaurier.

6

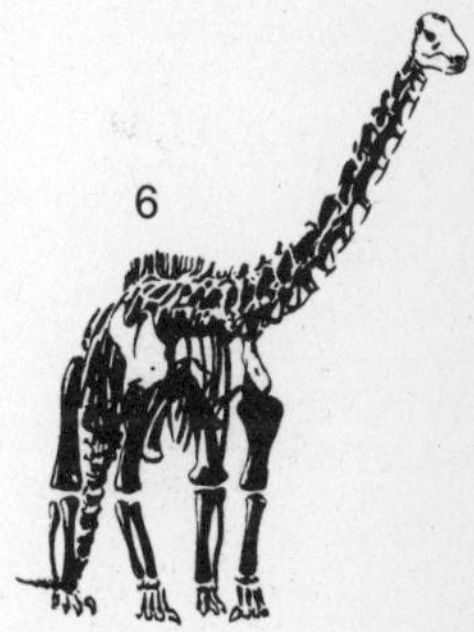

London: Crystal Palace Park: Lebensgroße, aber ungenaue, faszinierende Modelle von Dinosauriern (1854).

Oxford: University Museum: Reste der Carnosaurier *Megalosaurus*, *Mericanthosaurus* und *Eustreptospondylus* (Europas vollständigster Theropode), der Sauropode *Cetiosaurus*; der einzige bekannte englische *Camptosaurus*; der Stegosaurier *Dacentrurus (Omosaurus)*; Abguß eines *Iguanodons.*

Sandown, Isle of Wight: Museum of Isle of Wight Geology: Ein Schädelteil des *Yaverlandia* des ältesten bekannten Knochenschädel-Dinosauriers. Fußabdrücke.

INDIEN

Calcutta: Geology Museum, Indian Statistical Institute: Das einzige aufgestellte Skelett des seltsamen frühen Sauropoden *Barapasaurus* (7).

7

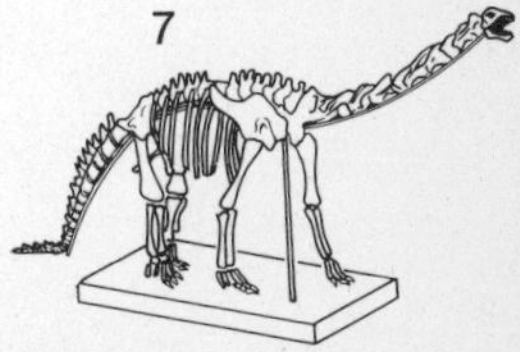

ITALIEN

Bologna: G. Capellini Museum: Abguß eines *Diplodocus.*

JAPAN

Tokio: Nationalmuseum der Wissenschaften: Eine ständige Ausstellung von Dinosauriern.

MAROKKO

Rabat: Museum der Erdwissenschaften: Wird bald das größte *Cetiosaurus*-Skelett der Welt zeigen.

MEXICO

Mexico City: Museum der Naturgeschichte: Unter anderem ein Abguß des Sauropoden *Diplodocus.*

MONGOLEI

Ulan Bator: Staatliches Zentralmuseum: Dinosaurier der Gobi-Wüste, einschließlich des Carnosauriers *Tarbosaurus.*

NIGER

Niamey: Nationalmuseum: Ein vollständiges Skelett des seltsamen Iguanodontiden *Ouranosaurus* mit Rückensegel.

ÖSTERREICH

Wien: Naturgeschichtliches Museum: Auch Reste des kleinen Panzerdinosauriers *Struthiosaurus.*

POLEN

Warschau: Paläobiologisches Institut, Akademie der Wissenschaften: Eindrucksvolle Dinosaurier der Mongolei.

SCHWEDEN

Uppsala: Paläontologisches Museum, Universität Uppsala: Chinesische Dinosaurier, die von Skandinavischen Fossilsuchern gefunden wurden, einschließlich eines *Euhelopus.*

SOWJETUNION

Leningrad: Zentralmuseum für Geologie und Lagerstättenkunde: Unter anderem der Entenschnabel *Mandschurosaurus* und ein Abguß des Sauropoden *Diplodocus.*

Moskau: Paläontologisches Museum: Fünf Skelette des Carnosauriers *Tarbosaurus* aus der Mongolei.

SÜDAFRIKA

Kapstadt: South African Museum: Reste wichtiger früher Dinosaurier: ein Skelett des Prosauropoden *Massospondylus* und ein Schädel des Ornithopoden *Heterodontosaurus.*

VEREINIGTE STAATEN VON AMERIKA

Amherst, Massachusetts: Amherst College: Das erste beschriebene Beispiel des Prosauropoden *Anchisaurus.*

Berkeley, California: University of California Museum of Palaeontology: Trias-Reptilien und einen *Dilophosaurus.*

Buffalo, New York: Buffalo Museum of Science: Das Skelett eines jungen *Allosaurus;* Abgüsse von *Triceratops* und *Psittacosaurus;* ein *Hypselosaurus*-Ei; verschiedene Knochen, Hautabdrücke, Zähne, Spuren und Gastrolithe (Magensteine).

Cambridge, Massachusetts: Museum of Comparative Zoology, Harvard University: Nordamerikas beste Sammlung von Reptilien aus dem frühen Mesozoikum Südamerikas (einschl. *Staurikosaurus*); einen *Scutellosaurus.*

Canyon, Texas: Panhandle Plains Historical Museum: Reptilien aus der Trias vor den Dinosauriern von nahen Funden.

Chicago, Illinois: Field Museum of Natural History: Auch Skelette des *Albertosaurus* und seines *Lambeosaurus*-»Opfers«; ein *Apatosaurus* und ein *Protoceratops*; Schädel von Horndinosauriern, ein Entenschabel und ein *Diplodocus* (Abdruck); Theropoden-Spuren (8).

8

Cleveland, Ohio: National History Museum: Frühe Fische vor der Dinosaurierzeit. Das einzige aufgestellte Skelett des *Haplocanthosaurus.*

Denver, Colorado: Denver Museum of Natural History: Skelette von *Diplodocus*, *Stegosaurus*, *Tyrannosaurus* (Abguß) und *Edmontosaurus (Anatosaurus).*

East Lansing, Michigan: The Museum, Michigan State University: Fossilien und Wandmalereien von mesozoischen Reptilien.

Hays, Kansas: Sternberg Memorial Museum: Zwei Vögel mit Zähnen aus den Kreidegesteinen der Umgebung.

Houston, Texas: Houston Museum of Natural Science: Der größte Teil eines Diplodocus-Skeletts.

9

Jensen, Utah: Dinosaur National Monument: Dieses Gelände von fossilreichen Canyons umfaßt auch einen überdachten Steinbruch für Besucher, in dem man sehen kann, wie die 2000 Dinosaurierknochen dieses früheren Carnegie-Steinbruchs (9) aus dem Gestein befreit werden. Die Fossilien aus dem späten Jura umfassen: die Carnosaurier *Allosaurus* und *Ceratosaurus*; die Sauropoden *Apatosaurus*, *Camarasaurus* und *Diplodocus*; die Ornithopoden *Camptosaurus* und *Dryosaurus*; den Plattendinosaurier *Stegosaurus* mit seinem kleinsten Exemplar.

Los Angeles, California: Los Angeles County Museum of Natural History: Skelette von fünf Dinosauriern: der Fleischfresser *Dilophosaurus*; ein *Allosaurus*, der einen *Camptosaurus* angreift; die Entenschnäbel *Corythosaurus* und *Edmontosaurus (Anatosaurus).* Daneben Schädel des *Tyrannosaurus* (gut erhalten) und des *Parasaurolophus.*

New Haven, Connecticut: Peabody Museum of Naturul History; Yale University: Vor allem durch Othniel Charles Marsh hat dieses Museum viele Typbeispiele (die ersten ihrer

Art, die beschrieben wurden). Ein *Allosaurus* (Antrodemus)-Schädel; Skelette der Sauropoden *Apatosaurus* und *Camarasaurus;* der Ornithopoden *Othnielia (Laosaurus), Tenontosaurus, Camptosaurus, Claosaurus* und *Edmontosaurus (Anatosarus)*; Skelette des *Stegosaurus* und *Monoclonius*; Schädel der Horndinosaurier *Chasmosaurus,*
Torosaurus und *Triceratops.*

10

New York City, New York: American Museum of Natural History: Die größte Dinosauriersammlung der Welt mit vielen Skeletten und Schädeln nordamerikanischer Dinosaurier, fossilen Spuren, Hautabdrücken und Eiern (10). Es gibt vollständige Skelette der folgenden Dinosaurier: der Coelurosaurier *Coelophysis, Ornitholestes, Struthiomimus*; der Carnosaurier *Albertosaurus, Allosaurus, Tyrannosaurus*; des Prosauropoden *Plateosaurus*; des Sauropoden *Apatosaurus*; der Ornithopoden *Camptosaurus, Corythosaurus (Procheneosaurus)* (jung und erwachsen), *Edmontosaurus (Anatosaurus)* (Mumie), »Edmontosaurus (Anatosaurus) copei«, Lambeosaurus (jung), *Saurolophus*; des Plattendinosauriers *Stegosaurus*; des Panzerdinosauriers *Panoplosaurus*; der Horndinosaurier *Monoclonius, Montanoceratops, Protoceratops, Psittacosaurus, Styracosaurus* (11) und *Triceratops.*

Philadelphia, Pennsylvania: Academy of Natural Sciences: Relikte einiger der ersten in Nordamerika gefundenen Dinosaurier.

11

Pittsburgh, Pennsylvania: Carnegie Museum of Natural History: Der mesozoische Saal hat einige der besten Stücke von Dinosauriern des späten Jura mit zehn Skeletten: die Carnosaurier *Allosaurus*, *Tyrannosaurus*; die Sauropoden *Apatosaurus*, *Camarasaurus*, *Diplodocus*; die Ornithopoden *Camptosaurus*, *Corythosaurus*, *Dryosaurus*; der Horndinosaurier *Protoceratops*; der Plattendinosaurier *Stegosaurus.* Daneben fünf Schädel, Gipsabgüsse und Dutzende von Knochen.

Princeton, New Jersey: Museum of Natural History, Princeton University: Dinosaurier der späten Kreide und Fußabdrücke aus der Trias.

St. Paul, Minnesota: The Science Museum of Minnesota: Fossilien (keine Dinosaurier) aus der Kreide der Umgebung; unter anderem die prähistorischen Reptilien Champsosaurier.

Salt Lake City, Utah: Utah Museum of Natural History: Zwei *Allosaurus* und ein *Camptosaurus* aus dem Cleveland-Lloyd-Steinbruch des Emery Countys (von dort kommen 10 000 Dinosaurierknochen) und ein *Parasaurolophus.*

Washington, DC: National Museum of Natural History, Smithsonian Institution: Eine gute Sammlung von Skeletten. Der restaurierte Dinosauriersaal öffnete 1981. Die Beispiele umfassen die folgenden nordamerikanischen Fossilien: die Carnosaurier *Albertosaurus*, *Allosaurus*, *Dilophosaurus*, *Tyrannosaurus*; die Sauropoden *Camarasaurus*, *Diplodocus*; die Ornithopoden *Camptosaurus*, *Corythosaurus*, *Edmontosaurus*, *Maiasaura*, *Thescelosaurus*; daneben den *Stegosaurus* (12) und die Horndinosaurier *Brachyceratops* , *Triceratops.*

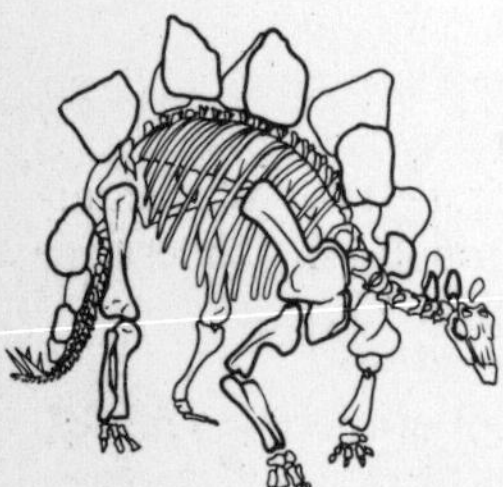

12

Ständige Berater: *Dr. Angela Milner,* Department of Palaeontology, British Museum (Natural History), London, England
Dr. Ralph E. Molnar, Queensland Museum, Queensland, Australia

Andere Berater: *Dr. David S. Berman,* Carnegie Museum of Natural History, Pittsburgh, Pennsylvania, USA
Professor José F. Bonaparte, Museo Argentino de Ciencias Naturales, Buenos Aires, Argentina
Dr. Alan Charig, Department of Palaeontology, British Museum (Natural History), London, England
Professor Peter M. Galton, University of Bridgeport, Bridgeport, Connecticut, USA
Professor Sohan L. Jain, Geological Studies Unit, Indian Statistical Institute, Calcutta, India
Dr. John S. McIntosh, Wesleyan University, Middletown, Connecticut, USA
Dr. David Norman, Department of Zoology, University of Oxford, England
George Olshevsky, San Diego, California, USA
Dr. Halszka Osmlska, Paläobiologische Abteilung, Polnische Akademie der Wissenschaften, Warschau, Polen
Professor John H. Ostrom, Peabody Museum of Natural History, Yale University, New Haven, Connecticut, USA
Dr. Pamela Robinson, University College, London, England
Dr. Dale A. Russel, National Museum of Natural Sciences, Ottawa, Canada
Masahiro Tanimoto, Osaka, Japan
Dr. Philippe Taquet, Institut de Paléontologie, Paris, Frankreich
Dr. Dong Zhi-ming, Institut für Wirbeltier-Paläontologie und Paläoanthropologie, Chinesische Akademie, Peking, China

Members of Staff, Department of Library Services, British Museum (Natural History), London, England

Danksagungen

Der Autor möchte folgenden Museen für die Hilfe über Details ihrer Sammlungen danken:
American Museum of Natural History, New York City, New York, USA
British Museum (Natural History), London, England
Buffalo Museum of Science, Buffalo, New York, USA
Carnegie Museum of Natural History, Pittsburgh, Pennsylvania, USA
Denver Museum of Natural History, Denver, Colorado, USA
Dinosaur National Monument, Jensen, Utah, USA
Dorchester Museum, Dorchester, Dorset, England
Field Museum of Natural History, Chicago, Illinois, USA
Geology Museum, Indian Statistical Institute, Calcutta, India
Institut Royal des Sciences Naturelles de Belgique, Brüssel, Belgien
Institut und Museum für Geologie und Paläontologie, Universität Tübingen, Tübingen, Bundesrepublik Deutschland
Ipswich Museum, Ipswich, Suffolk, England
Los Angeles County Museum of Natural History, Los Angeles, California, USA
Maidstone Museum, Maidstone, Kent, England
Museum für Naturkunde der Humboldt-Universität, Berlin, Bundesrepublik Deutschland
Muséum National d'Histoire Naturelle, Paris, Frankreich
National Museum of Natural History, Smithsonian Institution, Washington, DC, USA
Natur-Museum Senckenberg, Frankfurt, Bundesrepublik Deutschland
New Walk Museum, Leicester, England
Peabody Museum of Natural History, Yale University, New Haven, Connecticut, USA
Peking Museum (Naturgeschichte), Peking, China
Provincial Museum of Alberta, Edmonton, Alberta, Canada
Queensland Museum, Fortitude Valley, Queensland, Australien
Royal Ontario Museum, Toronto, Ontario, Canada
South African Museum, Cape Town, Südafrika
Staatliches Museum für Naturkunde der Humboldt-Universität, Stuttgart, Bundesrepublik Deutschland
University Museum, Oxford, England
Utah Museum of Natural History, Salt Lake City, Utah, USA

Weiterführende Literatur

Calder, Nigel: Das Geheimnis der Kometen. München 1985.
Charig, Alan: Dinosaurier. Rätselhafte Riesen der Urzeit. Berlin 1984.
Desmond, Adrian J.: Das Rätsel der Dinosaurier. Köln 1978.
Halstead, Beverly: Die Welt der Dinosaurier. Hamburg 1976.
Lambert, David: Dinosaurier. Wiesbaden 1980.
Romer, Alfred S. u. Thomas S. Parsons: Vergleichende Anatomie der Wirbeltiere. Hamburg 1983.
Steiner, Walter: Die große Zeit der Saurier. Hannover 1986.

Die neuesten Beiträge über Dinosaurier erscheinen auch in populärwissenschaftlichen Zeitschriften wie »Bild der Wissenschaft« und »Spektrum der Wissenschaft«.

Register

Neben Dinosauriernamen, die heute von den Wissenschaftlern nicht mehr verwendet werden, stehen die heute gebräuchlichen Namen. (Wissenschaftler benutzen einen Namen nicht mehr, wenn sie feststellen, daß er ein bereits benanntes Tier beschreibt.)